JN156628

珪藻観察図鑑

ガラスの体を持つ不思議な微生物「珪藻」の、
生育環境でわかる分類と特徴

誠文堂新光社

はじめに

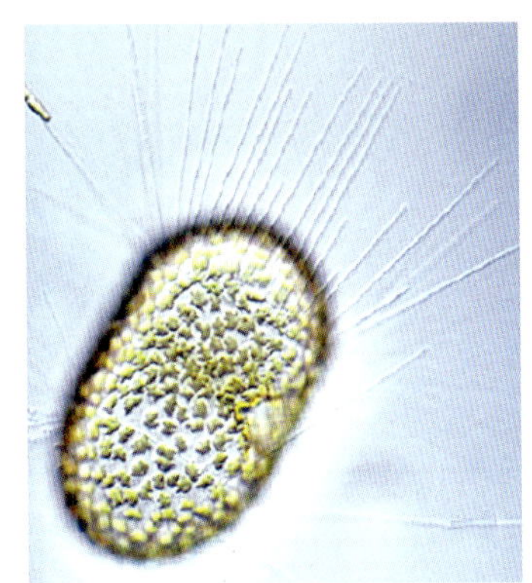
コレスロン（*Corethron criophilum* Castracane）

わたしたちが普段目にする川、池や海岸には肉眼では見ることのできない小さな生物がたくさんいます。水を一滴採取し顕微鏡でのぞいてみると、小さな生き物の多様性に驚かされるでしょう。この本はそんな生き物の中でも珪藻（けいそう）という単細胞の藻類（そうるい）の仲間を扱った図鑑です。

珪という字はケイ素を意味します。まさに読んで字のごとく、珪藻はガラスの細胞壁をもつ藻なのです。彼らの細胞は1mmにも満たない小さなサイズですが、顕微鏡でいろいろな種類の珪藻をみると、細胞の形がバリエーション豊かなことが分かります。さらに拡大して観察してみると、規則正しく整列した線や点が美しい模様をつくっている様子を見ることができます。

珪藻は数万種類いるともいわれる多様な生き物で、それぞれが独自の形をもつため一日中観察していても飽きません。もちろん、それぞれの種を正しく同定するのは簡単ではありませんが、この図鑑とじっくり見比べることで徐々に慣れてくるでしょう。

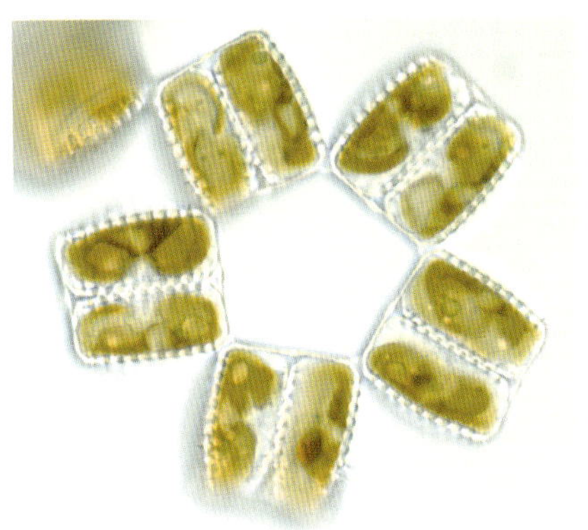
ネオフラジラリア
（*Neofragilaria nicobarica* Desikachary, Prasad & Prema）

珪藻の種同定にはコツがあります。珪藻分類の専門家でも数万種の特徴を記憶している人はいません。ただ全ての珪藻が同じ場所に生育している訳ではなく、種類によってある程度決まった環境で見つかることが分かっているので、そのサンプルがどういった水域（例えば湿原なのか河川なのか）で採集されたか分かるだけで、かなり種類を絞り込むことができるのです。

この図鑑では生育場所ごとに、よくみられる種類を厳選して掲載しています。さらに細胞壁の形だけでなく、細胞が生きている時に葉緑体はどのような形なのか、群体を形成するのかしないのかといった、それぞれの仲間の生きざまについても紹介しており、こうした情報も同定の助けになるでしょう。

また本書では、随所に珪藻に関する様々なコラムを掲載しています。知れば知るほど面白くなる珪藻の世界を少しでもご紹介できればと思います。

水一滴の世界に広がる多様な珪藻の世界を、この図鑑と共に楽しんで頂ければ幸いです。

著者を代表して　　南雲　保

p.1 扉写真：紅藻トゲイギスに着生する *Licmophora*

もくじ

コラム

珪藻とは

キンベラ（*Cymbella*）

珪藻は世界中の海や川や湖に生育しているが、あまりにも小さいため肉眼でみることはできない。しかし、川べりの石がヌルヌルと滑ることや、水槽のガラスがだんだんと茶色や緑に汚れてくることはだれでも知っている。それをちょっと取って顕微鏡でのぞいてみると、そこにはたくさんの生物、そして珪藻がいることが分かる。珪藻はワカメやコンブなどの海藻と同じように、一般に藻類と呼ばれる生き物の仲間である。そのなかで特に細胞の周りに珪酸質（ガラス質）の殻をもつものが、珪藻と呼ばれている。珪藻という名前を知らなくても、植物プランクトンという呼び名は知っていると思うが、その植物プランクトンのなかで最も豊富でどこにでもみられるのが、実は珪藻なのだ。

珪藻は水のあるところなら熱帯から極地まで、いたるところに生育する単細胞の光合成生物である。特に温度の低い海では珪藻は大量に繁殖し、動物プランクトンや魚や貝の大事なえさとなり、多くの生き物を支える生産者として重要な役割を果たしている。ほとんどの珪藻は大きさが 0.1mm 以下で、1mm を超える

アヤギヌ上のリクモフォラ（*Licmophora*）

コスキノディスクス
(*Coscinodiscus*)

ものはたいへん稀である。海には川や湖に比べ大きな珪藻がいるが、1mmを超えるものはこの世界では巨大といえる。

珪藻の最も大きな特徴は珪酸質の殻をもつことである。殻の形は様々で、さらにその殻には精巧で緻密な模様が刻まれている。殻の形や模様の違いを手がかりに、種類が分けられている。珪藻には水中を浮遊するプランクトン性の仲間と、岩や石、他の植物や動物に付着して生育する付着性の仲間がいる。付着性の珪藻はその表面を自由に動き回ることもできる。多くの個体は単独で生育しているが、なかには細胞同士がつながって、糸状、ジグザク状、星状、帯状、扇状などの群体をつくって生育しているものもいる。

海、川はもちろんだが、湿った土壌や樹皮の上など半気性的な環境にも生育している。生育環境(例えば水の汚れ、酸・アルカリ度)とそこに出現する珪藻の種類にはある特性があるため、それを利用して水質の判定などに使われている。

生きた珪藻が黄褐色または暗褐色にみえるのはなぜだろうか。それは葉緑体の色によるものである。細胞のほぼ中央に核があり、その周りに葉緑体がある。この葉緑体に含まれる光合成色素は、陸上植物のような緑色ではなく、黄褐色または暗褐色をしている。

葉緑体の形も多様で、円盤状、星状、裂片状、板状など様々である。

ウルナリア(シネドラ)の群体
(*Ulnaria* (*Synedra*))

基本的形態と分類形質

珪藻の細胞外形は、円盤状、卵形、棍棒状、くさび形など多様だが、幾何学的な構造中心が点である中心類珪藻（centric diatom）、線である羽状（舟形）類珪藻（pennate diatom）に大別される（分類の項目では中間珪藻類を含めた3つ分けている）。

珪藻を観察する時、珪藻をどの方向から観ているかに注意を払う必要がある。殻の正面から観ている場合は殻面観、横から観ている時を帯面観という。

核は細胞の中央付近にあり、球形〜楕円形。葉緑体の形は円盤状や板状など多様で、その数も1個から多数、分類群で異なる。

珪藻細胞から原形質を取り除いた殻の部分を被殻（frustule）と呼ぶ。被殻は上下（内外）2枚の殻とその間にある数枚のリング状の帯片（band）から構成される。殻や帯片には様々な微細構造が観察され、その形態学的差異は重要な分類形質となる。右に主な分類形質を挙げる。

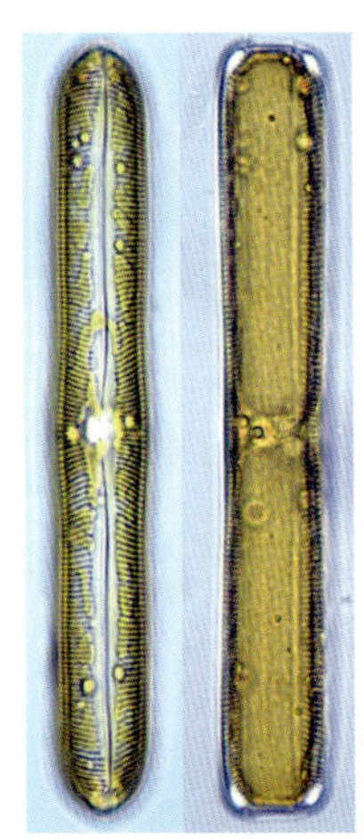

Pinnularia（ハネケイソウ）の生細胞
殻面観（左），帯面観（右）

条線 stria（複数形 striae）

胞紋または長胞（alveolus）の列で、殻表面にみられる線構造。長胞は *Pinnularia* 属などにみられ、条線が管状になっている（p.88 参照）。

胞紋 areola（複数形 areolae）

条線を構成する孔構造。単なる小孔の場合もあるが、篩板（velum）また薄皮（hymen）と呼ばれる薄い膜構造で閉ざされた胞紋をもつ場合もある。

縦溝 raphe

羽状珪藻だけにみられる溝構造で、殻壁を貫通する長く伸びた裂け目をいう。両方の殻に縦溝をもつグループを双縦溝珪藻（biraphid diatom）、片方の殻にのみもつグループを単縦溝珪藻（monoraphid diatom）、縦溝をもたないグループを無縦溝珪藻（araphid diatom）と呼ぶ。

突起 process

均一に珪酸化した壁をもつ突起物をいい、主に中心類殻珪藻の内面に扁平化した管、または2枚の唇状に囲まれたスリットをもつ唇状突起（labiate process また rimoportula）や数個の箱、または孔で囲まれた有基突起（strutted process または fultoportula）などにタイプ分けされる。

隆起 elevation

殻套（殻の側面部）より横にはみ出さない盛り上がった部分をいう。

剛毛 seta

殻縁から外側に突出した部分をいう。

殻帯 cingulum (複数形 cingula)

数枚の帯片からなる。位置と胞紋や突起の有無により殻面に近い方から接殻帯片(valvocopula)、中間帯片(copula)、連結帯片(pleura)の3つのタイプに分類される。接殻帯片は殻にくっついている帯片で、他2つは区別が難しいため、まとめて帯片としてもよい。チクビレツケイソウ *Mastogloia* の接殻帯片は区画(partectum)という特殊化した構造をもつ区画環(partectal ring)と呼ばれる(p.175- 8 参照)。

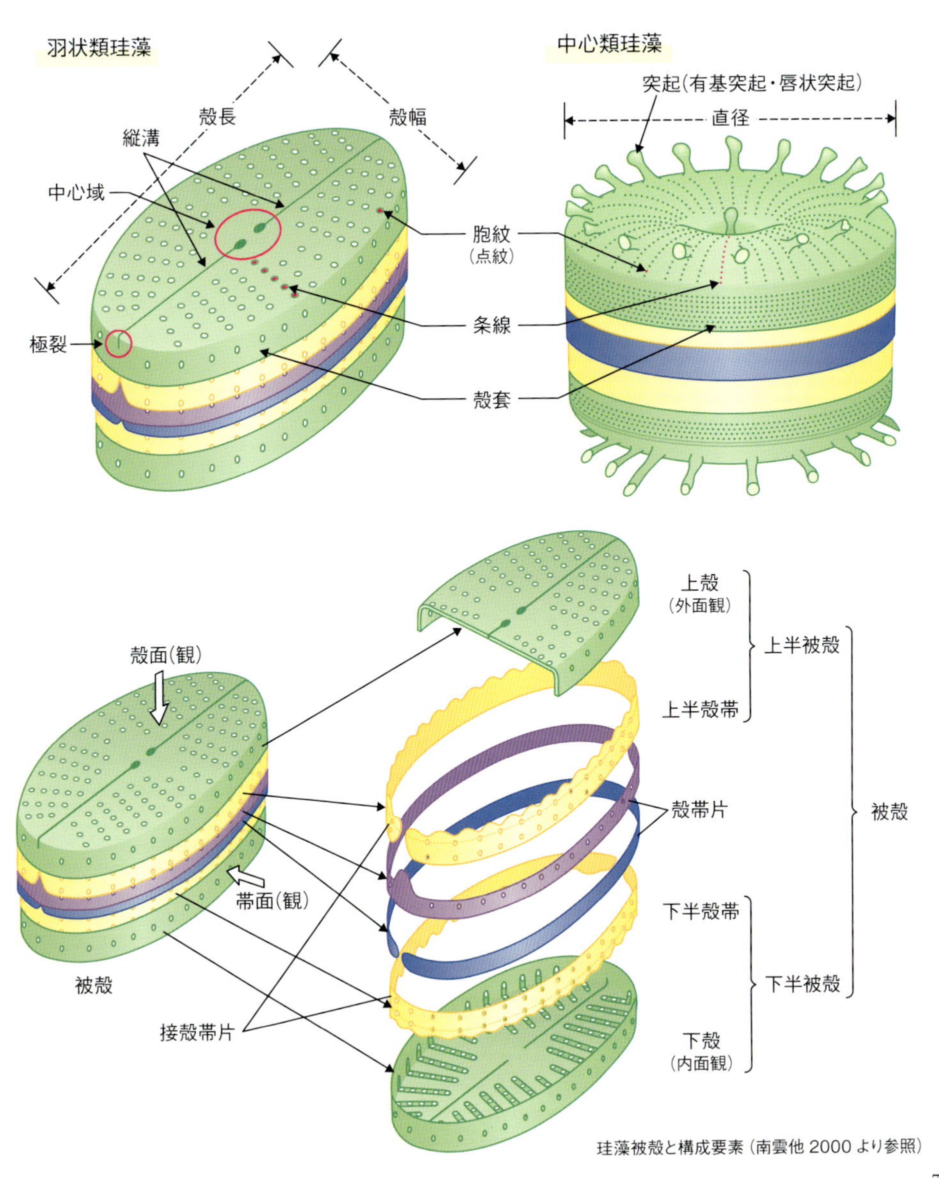

珪藻被殻と構成要素(南雲他 2000 より参照)

珪藻の生活環

珪藻の生活環

珪藻の生活世代はヒトと同じように複相の世代（染色体を対でもっている個体 2n）のみで、配偶子だけが単相（n）となる。普段は複相世代である細胞（栄養細胞という）が、分裂を繰り返しながら盛んに増殖する。しかし、あるほんの短い期間に、特殊な分裂（減数分裂）によって配偶子をつくり、有性生殖を行う。

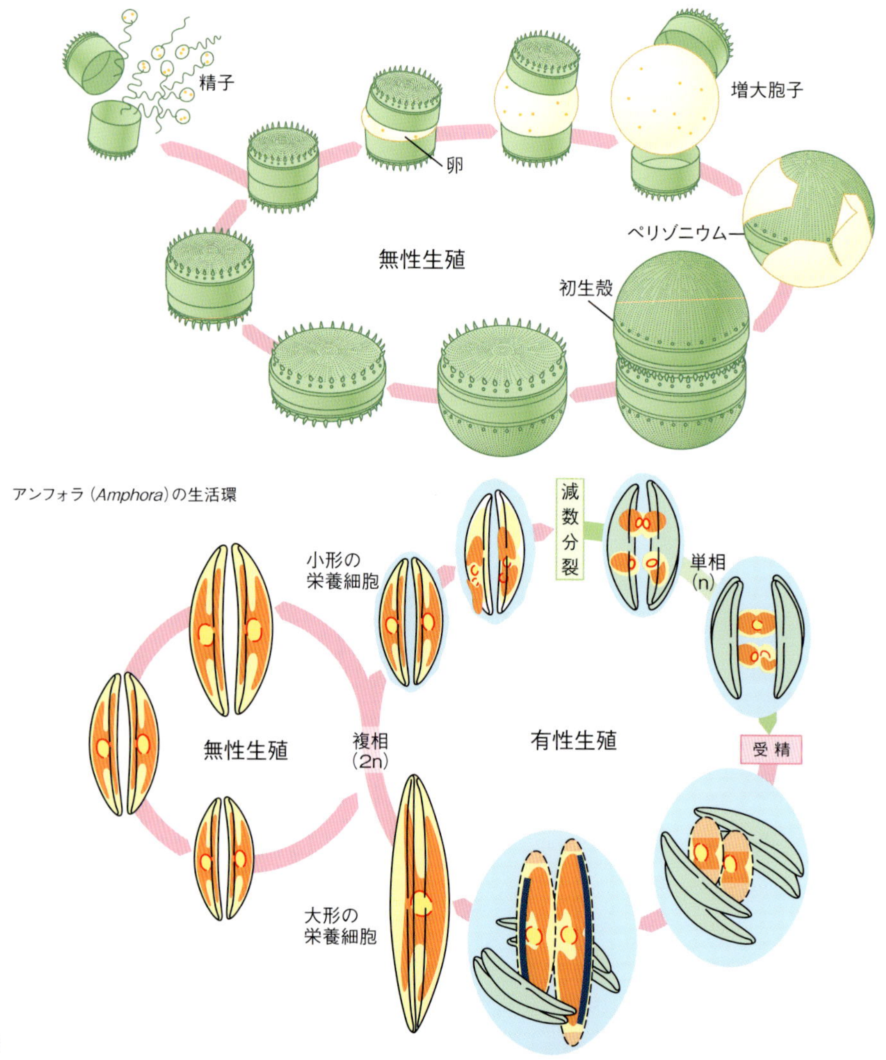

珪藻の細胞分裂

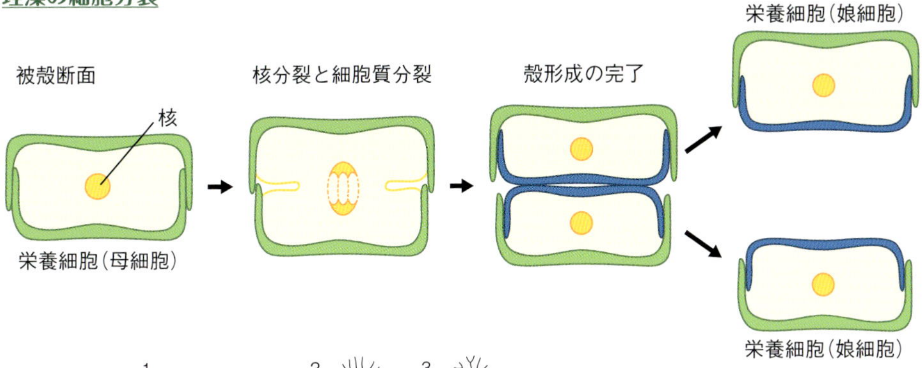

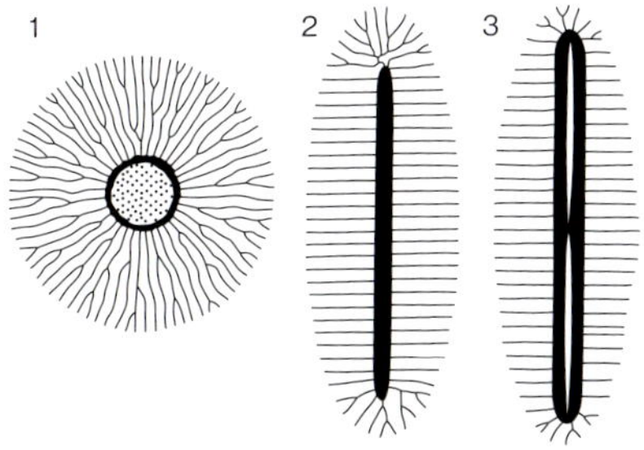

被殻断面

核分裂と細胞質分裂

殻形成の完了

栄養細胞（娘細胞）

核

栄養細胞（母細胞）

栄養細胞（娘細胞）

1　中心類ケイソウの殻形成パターンセンター
2　無縦溝ケイソウのパターンセンター
3　縦溝ケイソウのパターンセンター

珪藻は普段は二分裂によって無性的に増殖する。つまり、1つの親細胞が2つの娘細胞に分裂することで1個体（細胞）から2個体（細胞）が生じ、どんどんと個体数を増やしていく。これは多くの単細胞生物に共通する増殖様式であるが、珪藻の場合、分裂するたびに細胞が小さくなっていくという特徴がある。なぜなら、珪藻の細胞はガラス質の被殻によって包まれており、細胞分裂のたびに新しい殻が親細胞の被殻のなかでつくられるためだ。つまり、箱（親被殻）のなかに新しい箱（娘被殻）がつくられることと同じで、新しくつくられる箱は、外側の箱より小さくなってしまうということである。

また、親細胞の半被殻のそれぞれは、娘細胞の上半被殻として受け継がれる。細胞は分裂に先立ち、まず殻と垂直方向に伸張し、体積を十分に増加させる。この過程で、葉緑体の分裂と移動、および核の移動が起こる。葉緑体や核の移動が完了すると、核の分裂が始まる。核分裂が進行しているあいだに細胞質分裂も始まり、細胞質の縁に分裂溝が生じてくる。やがて、細胞の中心に向かって陥入した分裂溝によって細胞質は分割され、2つの娘細胞がつくられる。細胞質分裂が完了すると、やがて分裂面のすぐ下で新しい殻の形成が始まる。殻はシリカレンマ（silicalemma）と呼ばれる膜で囲まれた珪酸沈着小胞の中に、珪酸が沈着することで次第に形づくられていく。このとき、丸い形の殻をした中心類珪藻の殻は、中心環（anulua）と呼ばれる小さな輪が最初にでき、そこを中心に放射状につくられていく。それに対し、縦溝があり細長い形をした羽状類珪藻の殻は、縦長の縦溝中肋（raphe sternum）が最初にでき、そこから左右両側につくられていく。どちらの場合も、最初は平面的につくられていくのだが、徐々に垂直方向にも珪酸化が起こり、立体的な条線や胞紋を伴った殻が形成される。

有性生殖

珪藻が分裂を繰り返すごとに、細胞（殻）はだんだん小さくなり、ある程度小さくなると環境の変化などが要因となり有性生殖を行う。

珪藻の有性生殖には2通りの方法がある。一般に殻が丸い仲間（中心類珪藻）は卵生殖（oogamy）であり、細長く縦溝をもつ仲間（羽状類珪藻）は一部のものを除き、同型配偶（isogamy）である。いずれの場合も有性生殖の結果、増大胞子と呼ばれる大きな接合子がつくられ、そのなかに生活環を通して最大となる殻がつくられる。一般に生物の有性生殖は遺伝的多様性をもたらす意味で重要だが、珪藻では無性的な分裂によって縮小した細胞サイズの回復という別の意味もある。

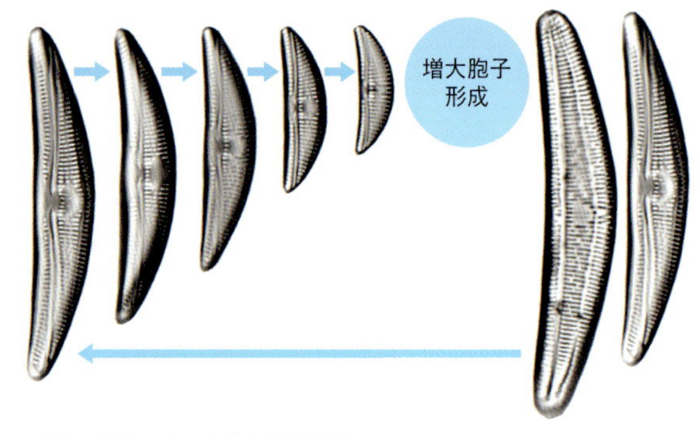

アンフォラ（*Amphora*）増大胞子の図

中心類珪藻の有性生殖

精子と卵による卵生殖である。一般に有性化した細胞のなかでより大きな細胞から卵が、より小さい細胞から精子がつくられる。卵はほとんどの場合1個の生卵器に1個、精子は1個の精子器に4個（または8～32個）つくられる。精子は、母細胞の細胞質分裂によって均等に分割してつくられる場合と、細胞質分裂を伴わず母細胞の一部からちぎれるようにしてつくられる場合がある。精子は前端に1本の鞭毛をもち、その波動運動によって前方に泳ぐが、卵細胞を包む被殻の隙間から精子が侵入すると受精が起こる。その隙間をつくる際、卵細胞が一時的に「く」の字に折れ曲がるなどの工夫がみられる。受精卵は一度収縮した後に膨潤し、球状の増大胞子となる（矢印）。増大胞子は粘液によって被われるが、さらにその内側に珪酸質の鱗片の層をもつものもある。この増大胞子のなかに最初の大きな被殻がつくられるが、この被殻はそれ以後につくられる栄養細胞の被殻とは形態的に異なる場合が多いようである。

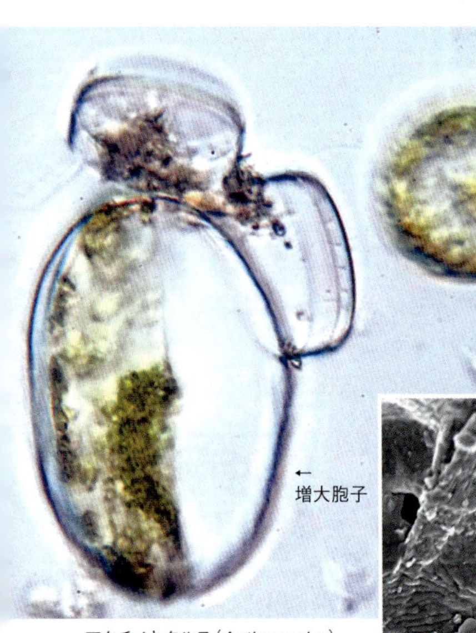

アクチノキクルス（*Actinocyclus*）
増大胞子と増大胞子を包む鱗片

羽状類珪藻の有性生殖

一部に異型配偶のものもあるが、ほとんどの種類は同形配偶である。まず2個の栄養細胞が対合することから有性生殖は始まる。対合した細胞は一度の細胞質分裂と核分裂によって、2個の配偶子を各々の被殻のなかにつくる。あるものでは不等な細胞質分裂が起こり、それぞれに1個の配偶子しかつくらない。2個の配偶子がつくられる場合、どちらか一方の被殻中の2個の配偶子が、相手被殻の中にアメーバ状に移動して接合したり、互いの被殻なかの配偶子の一方だけが移動して接合したりすることがある。前者では片方の被殻に2個の接合子が、後者では両方の被殻にそれぞれ1個の接合子ができることになる。また、両被殻中の2個の配偶子が被殻の外に出て殻外で対合することもあるのだ。接合子は最初球形をしているが、徐々にコッペパンやラグビーボール状に伸張し増大胞子となる。この増大胞子の細胞膜の外側にはペリゾニウムと呼ばれる珪酸質の構造物がつくられることがあるが、このペリゾニウムは、いくつもの細いリングが集まってできている。中心類珪藻と同じように、増大胞子の中に最初の被殻が形成される。やはりこの被殻はこれ以後にできる被殻とは形態的に異なっている。

アンフォラ（*Amphora*）増大胞子

アンフォラ（*Amphora*）のペリゾニウムと初生殻

珪藻の分類

珪藻の種数は5～10万程度と見積もられているが、それぞれの種の分類は主として殻の輪郭や構造物、条線の配列パターンや密度、さらには微細な突起や孔などの構造に基づいて行われている。こうした多様な種類を体系的に理解するための枠組みが分類体系である。分類体系を構築するためには、まずそれぞれの種について詳細に知る必要がある。そうして得られたすべての情報を包括的に考慮し、各種の関係を分類学の階層構造（界・門・綱・目・科・属・種）に当てはめ理解する。そのため生き物の分類体系は新たな研究手法の発展に伴い変わるのが普通で、実際に珪藻の分類体系も時代の変遷と共に変化してきた。

Simonsen (1979)

これまで多くの珪藻分類学者が様々な体系を提唱してきたが、中でもSimonsenが1979年に発表した体系はシンプルで分かりやすいこともあり、世界中で長い間用いられてきた。ここでは珪藻を綱という階級で捉え、殻の模様が点対称の中心目と線対称の羽状目の2つのグループに分けられている。さらに羽状目は縦溝（p. 6参照）の有無にもとづき縦溝亜目と無縦溝亜目という2つのサブグループに細分化される。

Round ら (1990)

その後電子顕微鏡の普及に伴い被殻の微細構造に関する理解が進み、新種記載に加え科や属といった高次ランクでの分類の見直しや再編成が加速することとなった。こうした背景のなか1990年にRoundらにより出版された大著「The Diatoms」にて分類体系が見直され、珪藻は門のランクとなり、コアミケイソウ綱（Simonsenの中心目に相当）、オビケイソウ綱（同、羽状目無縦溝亜目）、クサリケイソウ綱（同、羽状目縦溝亜目）の3グループに分けられた。

Medlin と Kaczmarska (2004)

さらに2004年にはMedlinとKaczmarskaにより、それまでの高次分類を一新する体系が提唱された。ここでは電子顕微鏡観察による殻微細構造に加え、細胞内小器官の配列様式、生殖細胞のタイプやDNA塩基配列による系統解析など、多くの情報が総合的に解釈されているのが特徴である。珪藻はRoundらと同様に門のランクが与えられているものの、すべての種類はまずコアミケイソウ亜門（Simonsenの中心目のうち、殻が円形で模様が放射状のもの）とそれ以外のすべてを含むクサリケイソウ亜門の2グループから成るとした。このうちクサリケイソウ亜門はさらにチュウカンケイソウ綱（Simonsenの中心目のうち、殻が2～多極性のもの。ただしタラシオシラの仲間は円形だがこの綱に含まれる）とクサリケイソウ綱（Simonsenの羽状目）に分かれる。

本書で用いる体系

- 珪藻
  - 中心類
  - 羽状類
    - 無縦溝類
    - 縦溝類

Simonbsen (1979)

綱 ／ 目 ／ 亜目 ……… 本書との対応

- 珪藻綱
  - 中心目 ……… (中心類)
  - 羽状目
    - 無縦溝亜目 ……… (無縦溝類)
    - 縦溝亜目 ……… (縦溝類)

Round ら (1990)

門 ／ 綱 ……… 本書との対応

- 珪藻門
  - コアミケイソウ綱 ……… (中心類)
  - オビケイソウ綱 ……… (無縦溝類)
  - クサリケイソウ綱 ……… (縦溝類)

Medlin と Kaczmarska (2004)

門 ／ 亜門 ／ 綱 ……… 本書との対応

- 珪藻門
  - コアミケイソウ亜門
    - コアミケイソウ綱 ……… (中心類・殻が円形)
  - クサリケイソウ亜門
    - チュウカンケイソウ綱 ……… (中心類・殻が2～多極)
    - クサリケイソウ綱 ……… (羽状類)

この最新の体系に関しては、その根拠とされるデータの解析法や解釈に関して批判的な意見も数多く発表され、現在も論争に決着はついていない。そのため、多くの研究者が分類学的な混乱を避けるため、珪藻の高次グループについて議論する際は中心類、無縦溝類、といった Simonsen による枠組みに沿い、あえて「目」などの分類学的な階級ではなく「類」という語を用いているのが現状である。こうした古くからの枠組みは近年の分子系統解析からは必ずしも単系統性は支持されていない（注：単系統性とは進化系統学的な単一グループとしてのまとまり具合のこと。羽状類と縦溝類というグループに関しては進化系統的にもよくまとまった「良い」グループとされる）。殻の輪郭や縦溝の有無といった特徴により珪藻をグループ分けするのは分かりやすく容易で、また初学者にとっても多様な種を系統だてて理解する助けになることから、本書でもこうした語を用いることとする。

珪藻の属

日本の湖沼や河川、沿岸域でみられる代表的な属について、光学顕微鏡レベルで識別可能な形態形質、群体形状や生育場所などの生態情報をまとめた。

中心類

アラクノイディスクス（*Arachnoidiscus*）

海水・付着・単体性

緑藻シオグサに着生する
Arachnoidiscus ornatus Ehr.

顆粒状の葉緑体を多数もつ。細胞は巨大な円盤状。殻の特徴的な模様からクモノスケイソウの和名をもつ。一方の殻は中心部に放射状の模様をもち、もう一方は持たない。紅藻類の表面に付着することが多く、しばしば養殖マクサの表面を覆うほど増殖し品質を落とすことから害藻とされている。

アルディッソネア（*Ardissonea*）

海水・付着・単体性 / 群体性

顆粒状の葉緑体を多数もつ。細胞は巨大な棒状。殻の軸域は中心の長軸上ではなく、2本の平行した無紋域として殻輪郭に沿って存在し、殻端部ではU字にカーブする。

片方の細胞末端部から粘液を分泌し群体を形成する。群体は叢状（そうじょう）となることが多いが、粘液柄が発達・分枝し基質から立ち上がることもある。観察中に群体から外れた細胞はスライドグラス上で粘液を放出することで、2本の糸状の「足跡」を残しながら移動する。

オーラコシラ（*Aulacoseira*）

淡水・プランクトン・群体性

顆粒状の葉緑体を多数もつ。細胞は円筒形。連結刺をもつ殻同士が向かい合うことで、細胞は縦方向に強固に連なる。群体の両端に長い刺をもつ分離殻を形成することでそれ以上の細胞の連結を妨げるが、これは生育環境にあわせ浮力を調整するために群体の長さをコントロールしていると考えられている。群体は直線状のことが多いが、ゆるくカーブするものやきつくカーブしてらせん状になる種類もいる。湖で多くみられる。

ビドゥルフィア（*Biddulphia*）

海水・付着・群体性

顆粒状の葉緑体を多枚もつ。細胞は円筒形。殻の両端が著しく隆起し、さらに中央部にも隆起がみられる。細胞同士は殻端から分泌される粘液パッドにより連結し、長いジグザグ群体を形成する。多くの場合海藻の表面に付着する。

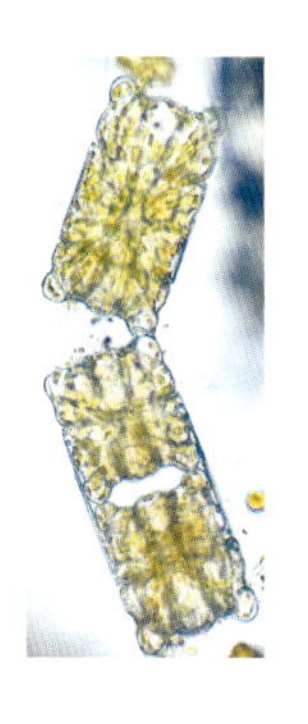

クリマコスフェニア（*Climacosphenia*）

海水・付着・群体性

顆粒状の葉緑体を多数もつ。細胞は巨大なくさび形で、殻面観では特徴的なはしご状の隔壁構造を観察できる。殻の軸域は中心の長軸上ではなく、2本の平行した無紋域として殻輪郭に沿って存在し、殻端部ではU字にカーブする。細い方の細胞末端部から粘液を分泌し群体を形成する。群体は扇状となることが多いが、粘液柄が発達・分枝し基質から立ち上がることもある。

キートケロス（*Chaetoceros*）

海水・プランクトン・群体性／まれに単細胞性

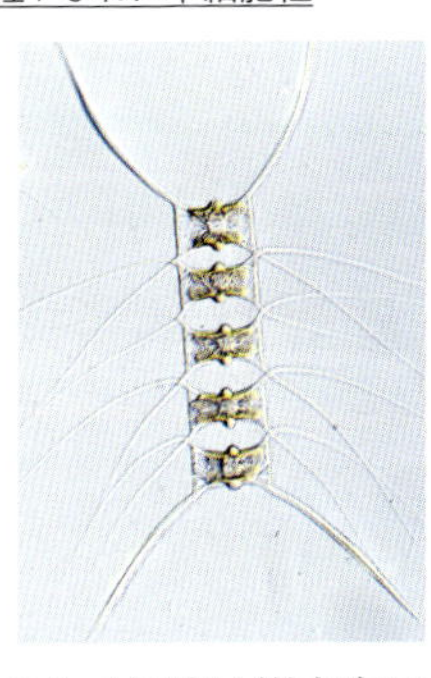

ディスク状の葉緑体を数枚もつ。細胞は扁平な円筒形で、上下の殻から2本ずつの長い刺がのびる（すなわち各細胞につき4本の刺）。向かい合った殻からのびる刺同士が付着することで細胞は縦方向に連なる。群体の両端に分離刺を形成し群体の長さを調整することもある。群体は直線状のことが多いが、ゆるくカーブするものやきつくカーブしてらせん状になる種類もいる。単細胞性の種類も少数存在する。

キクロテラ（*Cyclotella*）

淡水／汽水／稀に海水・プランクトン／付着・単体性／群体性

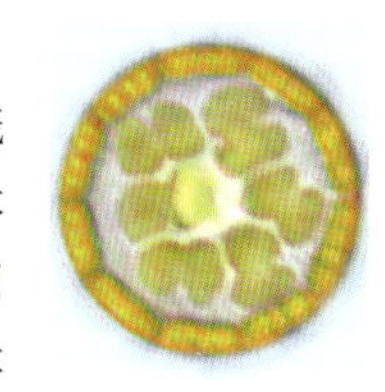

顆粒状の葉緑体を多数もつ。細胞は円盤状から浅い円筒状まで多様。単体でもみつかるが、細胞同士が粘液で連結し群体を形成することもある。殻の外周部に放射状の条線、中心部には無紋域をもつ。

ディティルム（*Ditylum*）

海水・プランクトン・単体性

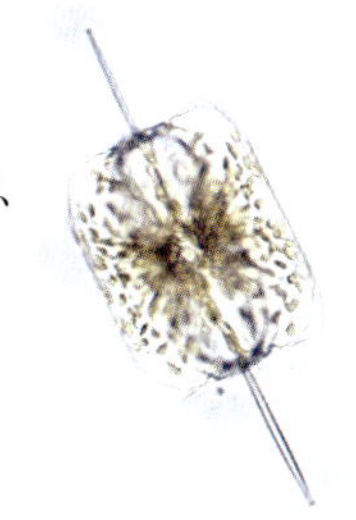

顆粒状の葉緑体を多数もつ。細胞は三角柱形だが、光学顕微鏡下では帯面から観察することが多く長方形にみえる。両殻の中央から細長い特徴的な刺が外側に向かってのびることから、本属を見分けるのは容易である。

ユーカンピア（*Eucampia*）

海水・プランクトン・群体性

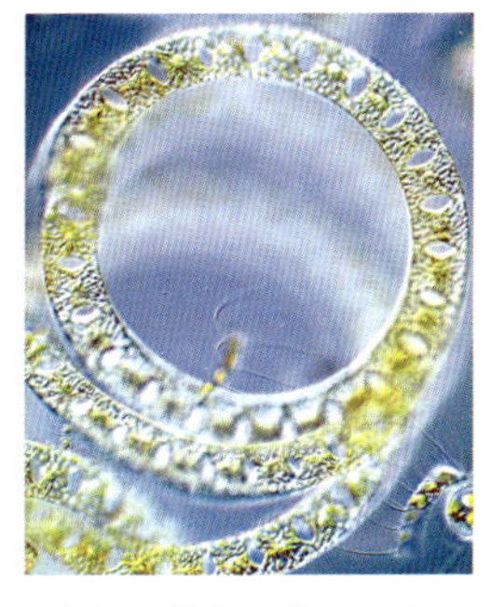

顆粒状の葉緑体を多数もつ。扁平な細胞の四隅は隆起し、隣り合う細胞と連結する。群体はらせん状となるが、これは群体の外側と内側とで隆起の高さや帯辺の幅に一定の差があるためである。冬季に大増殖し海水の栄養分を枯渇させることで、養殖ノリに色落ち被害をもたらす。

ヒドロセラ（*Hydrosera*）

淡水／汽水／海水・付着・群体性

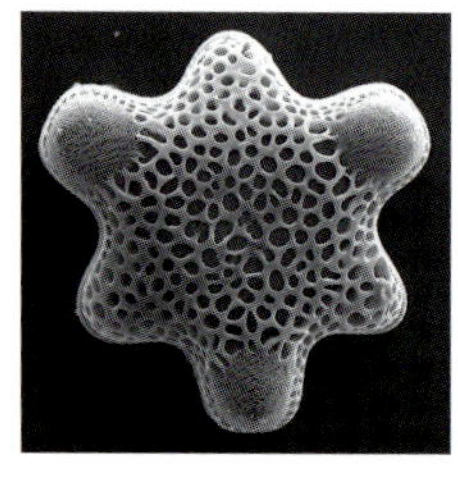

顆粒状の葉緑体を多数もつ。細胞は殻面観では辺が波打つ三角形や星形のもの、六芒星（ろくぼうせい）のようなものまで多様である。波打った殻面や帯辺の特徴は、帯面観でも顕微鏡のピントを変えつつ観察すると殻縁の凹凸が確認できる。細胞同士は殻から分泌される粘液パッドにより連結し、長い群体を形成する。池や川の底で大増殖すると肉眼でも茶色のフサフサとした塊として認識できる。また塩分変化や乾燥にも強いため、潮位変化の影響を受ける河口部や滝の周辺など、一時的に干上がるような場所にも生育している。

メロシラ（*Melosira*）

淡水／汽水／海水・付着・群体性

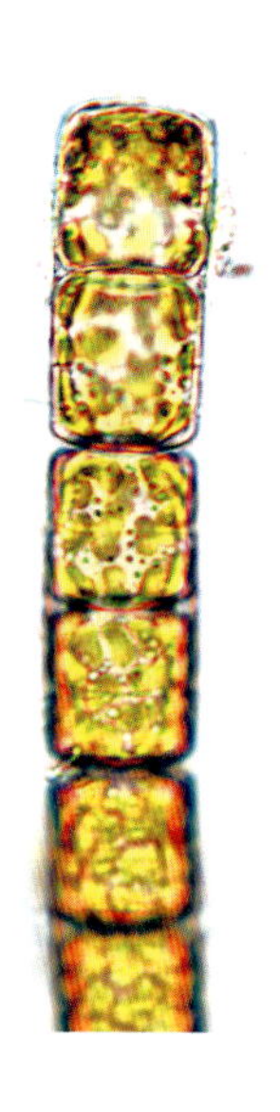

顆粒状の葉緑体を多数もつものが多いが、淡水産の *Melosira varians* では顆粒の中央部がくびれ蝶のような形になる。細胞は円筒形から球形。向かい合った細胞同士は粘液により連結し群体を形成する。しばしば増大胞子を形成するため、サンプル中に直径の異なる群体がみられることも多い。川底や岸壁一面を覆うように大繁殖することもある。

リゾソレニア（*Rhizosolenia*）

海水・プランクトン・単体性／群体性

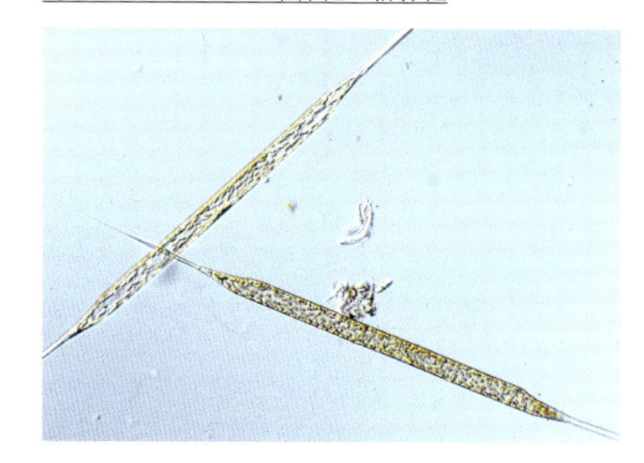

顆粒状の葉緑体を多数もつ。細胞は筒状で、両端がとがり先端に刺をもつ。細長いものから太く短いもの、直線状のものからカーブするものまで多様な細胞がみられる。単体で見つかる場合が多いが、細胞同士が刺の部分で連結したまま分裂を繰り返し長い群体となる場合もある。帯辺はうろこ状。細胞壁が薄いため、洗浄し永久プレパラートを作製する過程で被殻が壊れやすい。海でプランクトンネットを曳くと容易に採集できる。

スケレトネマ（*Skeletonema*）

海水・プランクトン・群体性

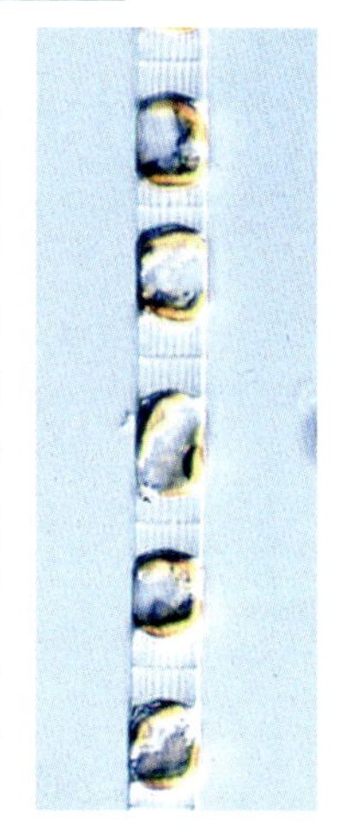

カップ状やディスク状の葉緑体を数枚もつ。細胞は円筒形で、細胞同士は殻から10～20本程度伸びる連結刺が機械的に結合することで群体を形成する。光学顕微鏡下では連結刺の結合部がドット状にみえる。沿岸部のプランクトンとして頻繁に出現する。

ステファノピキシス（*Stephanopyxis*）

海水・浮遊・群体性

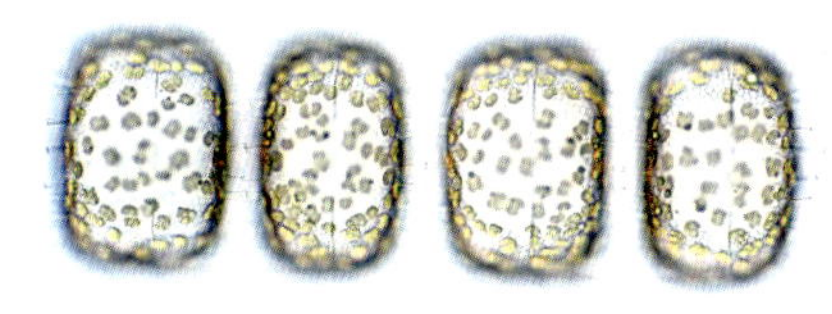

顆粒状の葉緑体を少数もつ。細胞は球形でドーム状の殻をもつものが多い。向かい合った細胞同士は連結棘により繋がり鎖状群体を形成する。暖かい海で多くみられる。

タラシオシラ（*Thalassiosira*）

淡水／汽水／海水・プランクトン・単体性／群体性

顆粒状の葉緑体を多数もつ。細胞は円盤状から浅い円筒状まで多様。単体でもみつかるが、細胞同士が粘液糸で連結した群体は特徴的で見つけやすい。特に海のプランクトンとして多くみられる。

羽状類

無縦溝類

アステリオネラ（*Asterionella*）

淡水・プランクトン・群体性

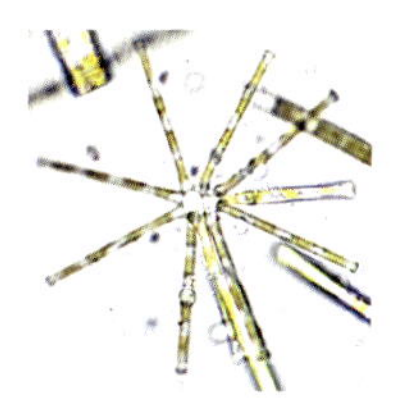

顆粒状の葉緑体を4～8枚もつ。帯面観で長方形、殻面観で両端が球頭状になった長方形となる。常に一方の殻端同士が粘液でつながり、8細胞程度からなる特徴的な放射状の群体を形成する。止水域（池やダム湖）のプランクトンサンプルから多く見つかる。

アステリオネロプシス（*Asterionellopsis*）

海水・プランクトン・群体性

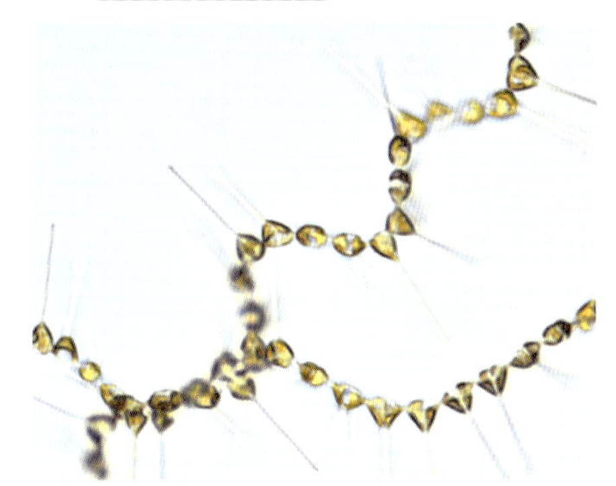

顆粒状の葉緑体を2枚程度もつ。細胞は帯面観では三角形だが、一端から細胞の5倍以上の長さをもつ刺が伸びる。刺をもたない角でとなりの細胞と付着し合い、らせん状の群体を形成する。細胞壁が非常に薄いため、洗浄し永久プレパラートで無傷の状態の細胞を観察することは難しい。

ディアトマ（*Diatoma*）

淡水／汽水・付着・群体性

プレート状の葉緑体を数枚もつ。細胞は帯面観で長方形。殻面観は針状で両端が球頭状になるもの（細胞サイズが大きい個体）から楕円形（小さい個体）まで様々であるが、光学顕微鏡でも容易に認識することのできる肋（ろく）を

もつことから、同定は容易である。よく似た構造をもつが殻に極性（上下の非対称性）があり扇状の群体を形成するのはメリディオン（*Meridion*）と同定される。細胞同士は殻端から分泌される粘液パッドにより連結し、長いジグザグ群体を形成する。淡水付着性のものが多いが、汽水環境やプランクトンサンプルからも見出される。

フラジラリア （*Fragilaria*）

淡水・付着／プランクトン・群体性

プレート状の葉緑体を２枚もち、それぞれが殻面に沿って配置する。帯面観で長方形、殻面観で皮針形（ひしんけい）となる。殻面同士が連結刺で強くつながり帯状の群体を形成する。底生サンプル（泥や砂）に多く含まれ、また植物の表面にも付着するが、しばしばプランクトンサンプルからも見つかる。

グラマトフォラ （*Grammatophora*）

海水・付着・群体性

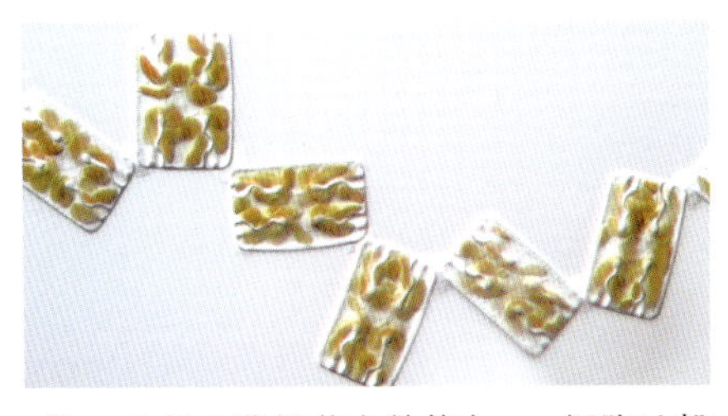

プレート状の葉緑体を数枚もつ。細胞は殻面観では楕円形、帯面観では長方形となる。接殻帯辺は隔壁をもち、帯面観では殻に平行して両端から内側に直線状に、または波打って伸びる模様として認識できる。どちらか一方の殻端で隣の細胞と付着するため、ジグザグ状の群体を形成する。海藻類に付着する。

リクモフォラ （*Licmophora*）

海水・付着・単体性／群体性

プレート状の葉緑体を数枚もつもの、顆粒状の葉緑体を多数もつものなど様々である。細胞は殻面観でも帯面観でもくさび形。常にとがった方の細胞末端部から粘液を分泌し、基質に直接付着するものや、長短様々な長さの粘液柄を形成するもの、また粘液柄が枝分かれ（２叉分子）するものなど多様な生活型をもつ。

ラブドネマ （*Rhabdonema*）

海水・付着・群体性

プレート状の葉緑体を数枚もつもの、顆粒状の葉緑体を多数もつものなど様々である。細胞は殻面観では皮針形、帯面観では長方形となる。多数の帯辺のうちいくつかは隔壁をもち、帯面観では殻に平行して一端から内側に伸びる、または中央部で直線状となる模様として認識できる。両方の殻端で隣の細胞と付着す

ることで帯状の群体となるが、どちらか一端の付着が外れることもあり、その場合はジグザグ状の群体となる。海藻類に付着する。

ラフォネイス （*Rhaphoneis*）

海水・付着・単体性／群体性

顆粒状の葉緑体を複数もつ。細胞は殻面観では楕円だが、大きい細胞では殻端がくちばし状にとがる。条線は弱く放射状に配置しており、明瞭な無紋の軸域をもつ。砂粒の表面を覆うように２次元的に増殖するが、まれに細胞分裂のあと殻面同士で付着したまま数細胞の直鎖状群体を形成することもある。

ストリアテラ （*Striatella*）

海水・付着・単体性

多数の顆粒状の葉緑体が、細胞中心の核を取り囲むように放射状に配列する。細胞は殻面観では皮針形、帯面観では正方形〜長方形となる。細胞は一端に短い隔壁をもつ帯辺が交互に組み合わさって構成されており、隔壁は光学顕微鏡下では殻に平行して一端から内側に短く伸びる短い線状の模様として認識できる。細胞は殻端部から分泌される粘液柄により海藻類に付着する。

シネドラ （*Synedra*）

淡水・付着・単体性

プレート状の葉緑体を２枚、または顆粒状の葉緑体を複数もち、それらが殻面に沿って配置する。細胞は帯面観で長方形、殻面観で皮針形となる。基質（植物や藻類、石や砂粒など）に殻端部から分泌した粘液で付着し直立する。

タベラリア （*Tabellaria*）

淡水・付着／プランクトン・群体性

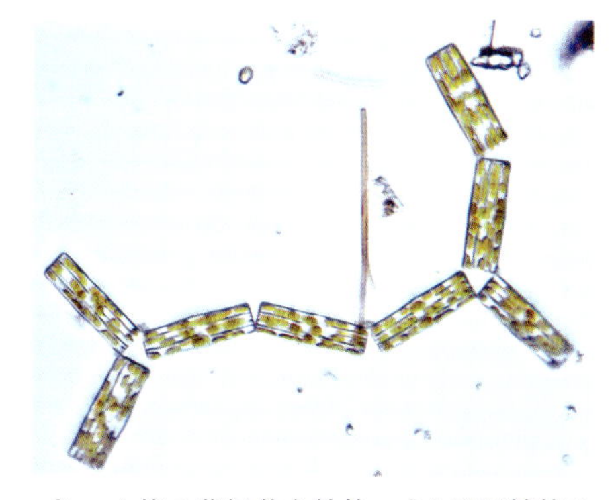

プレート状の葉緑体を数枚、または顆粒状の葉緑体を複数もつ。細胞は殻面観では中央部と両殻端がふくらみ、帯面観では長方形となる。いくつかの帯辺は隔壁をもち、帯面観では殻に平行して一端から内側に伸びる直線状の模様として認識できる。どちらか一方の殻端で隣の細胞と付着するため、ジグザグ状の群体を形成する。植物や石に付着することが多いが、プランクトンとしてもみつかる。

タブラリア　(*Tabularia*)

汽水 / 海水・付着・単体性

プレート状の葉緑体を2～4枚もち、それらが殻面に沿って配置する。帯面観で長方形、殻面観で皮針形となる。殻端部から分泌した粘液で海藻類に付着するが、大量に増殖すると芝生のように海藻表面を覆うこともある。

縦溝類

アクナンテス　(*Achnanthes*)

淡水 / 汽水 / 海水・付着・単体性 / 群体性

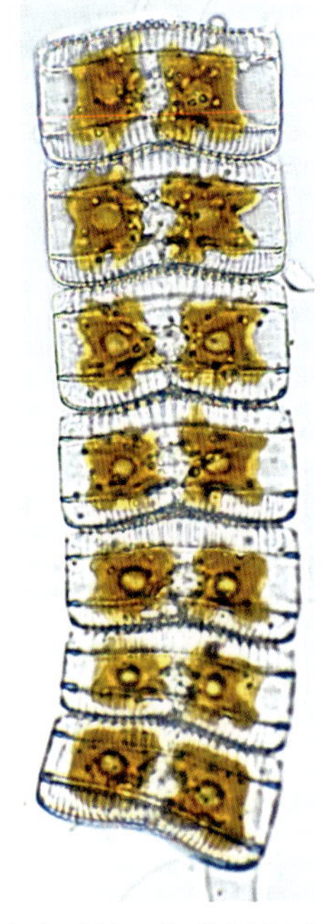

プレート状の葉緑体を2枚もつものが多いが、多数の顆粒状葉緑体をもつ種もいる。細胞が「く」の字に折れ曲がる異殻性で、凸状の無縦溝殻と凹状の縦溝殻をもつ。単体で基質表面を動き回るものや、縦溝殻の端から分泌した粘液柄で基質に付着するもの、さらに粘液柄の先で細胞同士が縦方向や横方向に連結するものなど様々である。沿岸や汽水環境の海藻類表面に特に多くみられる。

アクナンティディウム　(*Achnanthidium*)

淡水・付着・単体性

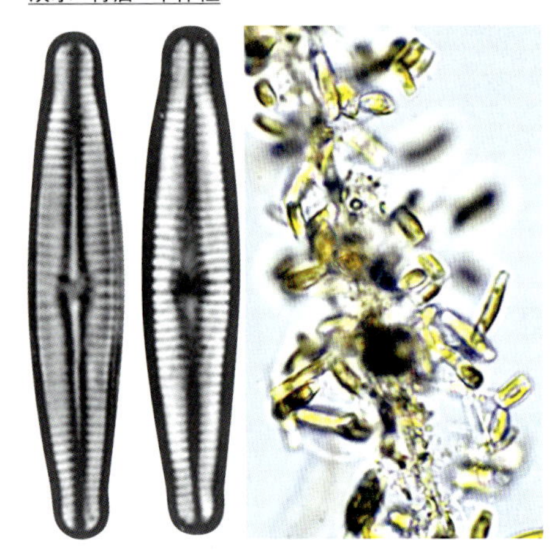

プレート状の葉緑体を1枚もつ。細胞は比較的小型で、アクナンテスのように「く」の字に折れ曲がる異殻性。単体性のものが多いが、粘液により縦方向連結するものもいる。河川の石表面や底泥で多くみられる。

アンフォラ　(*Amphora*)

淡水 / 汽水 / 海水・付着・単体性

1～2枚のプレート状葉緑体をもつ。多様な種類を含む属で、葉緑体の形状もバラエティに富むが、多くは両側面に沿って伸びそれらが中央部でわずかに連絡するH状である。細胞は「ミカンを半分に割ったよう」と形容されるような独特の形状をもち、上下の殻面が同一平面に並ぶ。殻は背腹性をもつ。

バシラリア（*Bacillaria*）

淡水／汽水／海水・付着・群体性

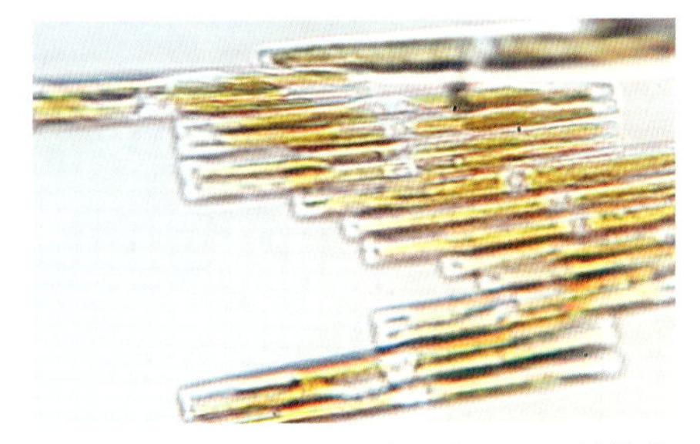

2枚の葉緑体が細胞中央部をはさみ長軸上に向かい合って配置する。細胞は針状で、多くの場合10～30細胞程度が縦溝を介してゆるく連結することで群体となる。細胞同士が単一個体のようにシンクロして動き、その独特のパターンは「南京玉すだれ」のよう、とも表現される。

コッコネイス（*Cocconeis*）

淡水／汽水／海水・付着・単体性

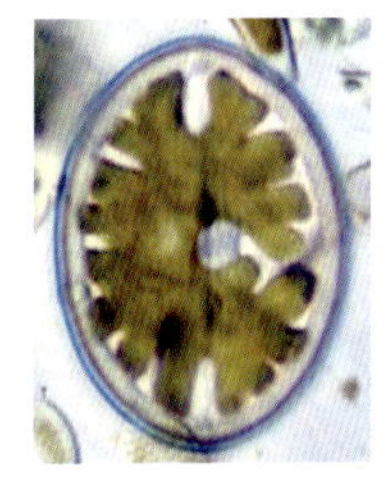

C型の葉緑体を1枚もつ。細胞は異殻性で、無縦溝殻と縦溝殻をもつ。帯片の幅が極めて狭いため、光学顕微鏡では殻面観で観察されることが多い。縦溝をもつが運動性は低い。植物や石、さらに海に漂っているビニール袋の表面など多様な基質に付着し表面を覆うようにして増殖する。

シリンドロテカ（*Cylindrotheca*）

淡水／汽水／海水・付着・単体性

2枚の葉緑体が細胞中央部をはさみ長軸上に向かい合って配置するものが多いが、まれに顆粒状の葉緑体を多数もつものもいる。細胞は楕円体で、両極から時には細胞長の数倍にも達する棘を伸ばす。棘は直線状またはアーチ状となり、細胞の滑走運動中にさらに湾曲することもある。

キンベラ（*Cymbella*）

淡水・付着・単体性／群体性

1枚の葉緑体が縦溝部を避けてH型となる。殻には背腹性があり、背側は凸状、腹側は直線状または凹状となるが、中央部のみ外側に膨らむこともある。片側の細胞末端から粘液柄を分泌し石や植物に付着する。粘液柄は複雑に分枝することもある。縦溝は殻の軸上に配置する。

ディプロネイス（*Diploneis*）

淡水／汽水／海水・付着・単体性

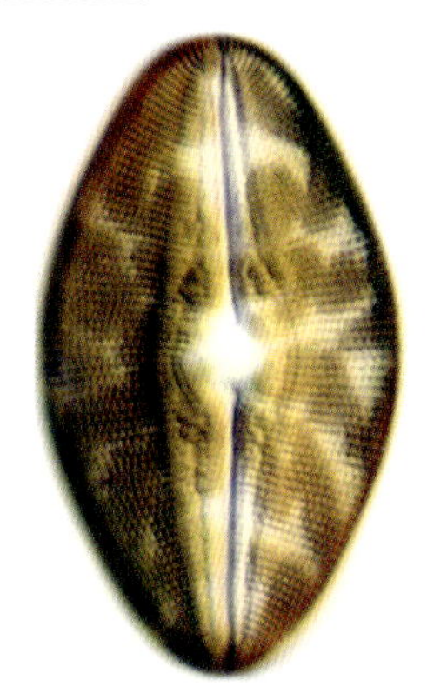

2枚のプレート状の葉緑体、または顆粒状の葉緑体を複数をもつ。殻の輪郭は楕円形または中央のくびれたピーナッツ形となる。殻は複雑な多層構造をとるため、光学顕微鏡の焦点をずらすことで模様が変化する。縦溝に沿った両側に管状構造をもち、これは無紋域として認識できる。

エントモネイス （*Entomoneis*）

淡水／汽水／海水・付着・単体性

プレート状の葉緑体を1～2枚もつ。殻の中央部をはさんで長軸上に位置する2本の縦溝がそれぞれ翼状に大きく隆起し、さらにそれらが軸に沿いねじれることで特徴的な輪郭をつくっていることから識別は容易である。

ユーノチア （*Eunotia*）

淡水・付着・単体性／群体性

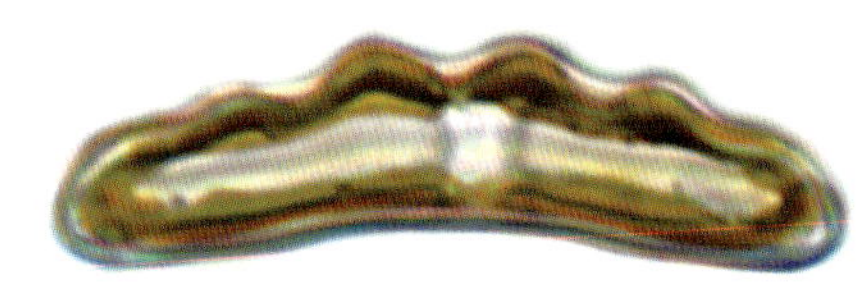

2枚のプレート状の葉緑体をもつものが多いが、それ以上、または多数の顆粒状葉緑体をもつ種類もいる。帯面観では長方形、殻面観で特徴的な背腹性をもつ弓型となる。凸状の背側は大きく隆起したり波打つこともある。両殻端部からは極めて短い縦溝が腹側方向の殻縁部に向かって伸び、この様子は帯面観で確認できる。隣あった殻面同士が粘液で付着しリボン状の群体を形成することがある。

ギロシグマ （*Gyrosigma*）

淡水／汽水／海水・付着・単体性

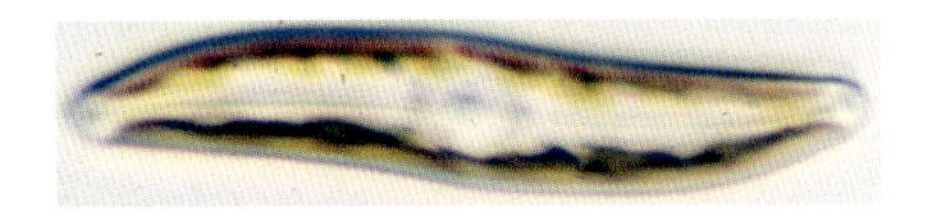

2枚のプレート状葉緑体が細胞両側に沿って配置することが多い。細胞は殻面観でS字型に湾曲する。細かく格子状に配列した条線は縦溝に対し垂直方向に並ぶ。基本的には汽水から海水にかけての底泥サンプルから多く見出されるが、淡水域にも存在する。フクロツナギという袋状の海藻の内側でのみ生育する種類もみつかっている。

ゴンフォネマ （*Gomphonema*）

淡水・付着・単体性／群体性

葉緑体は左右非対称形のプレート状のものを1枚もつ。殻には上下異極性があり、細い足側から粘液柄を分泌し石などの基質に付着する。粘液柄は複雑に分枝することもある。殻の中央付近や頭側では幅が広がり、種によって独特のくびれやふくらみをもつ。洗浄した殻の中央部付近には遊離点を観察できる。

マストグロイア （*Mastogloia*）

淡水／汽水／海水・付着・単体性

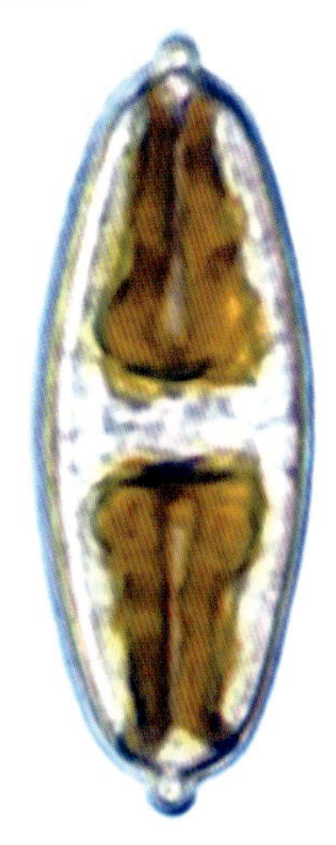

2枚のプレート状葉緑体をもつ。単体性で海藻類などの基質に付着するが、粘液カプセルを形成しその中で生育することもある。帯片は内側に膨らんだような泡状の構造物をもち、これが光学顕微鏡観察でも殻面観で識別できるため、同定は容易である。

ニッチア / ハンチア（*Nitzschia/Hantzschia*）

淡水 / 汽水 / 海水・付着・単体

2 枚の葉緑体が細胞中央部をはさみ長軸上に向かい合って配置するが、まれにハンチアでは 4 つの葉緑体が長軸上に並ぶものもいる。縦溝が殻の長軸上ではなく、片側辺縁部に局在することが特徴。両属は基本的には細胞の長軸断面をみた際に上下の殻で縦溝の位置が対角線上になる（ニッチア属）、または同じ方向になる（ハンチア属）という点で見分けられる。

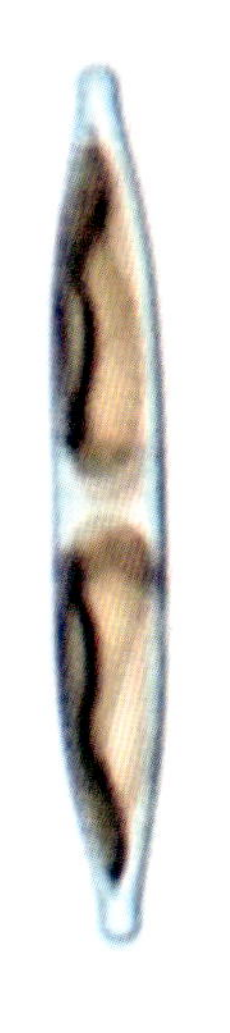

ピヌラリア / カロネイス（*Pinnularia/Caloneis*）

淡水・付着・単体性

2 枚のプレート状の葉緑体が細胞側面に沿って配置するが、これらが中心部で細く連結し H 型となることもある。殻は楕円形で、しばしば両端や中央部が球頭状に膨らむ。殻は二層構造をとっており、長胞構造からなる。縦溝に沿って無紋域が存在し、光学顕微鏡では指状にみえる粗い条線が殻の縁から無紋域に向かって伸びる。両属は形態だけでなく遺伝的にも明瞭に区別できないことから、同一属とする考えもある。

ネイディウム　（*Neidium*）

淡水・付着・単体性

2 ～ 4 枚の葉緑体をもつ。帯片の幅が大きく生細胞は帯面観で観察されることが多い。殻は先端がくちばし状に尖り側面はほぼ平行。細かく整列した縦溝は殻肩部分でとぎれるため、殻の両側に縦溝に対し平行に伸長した無紋域が確認できる。殻中心部の縦溝末端は互い違いの方向に垂直に曲がる。

プラコネイス　（*Placoneis*）

淡水・付着・単体性

1 枚の大きな葉緑体が細胞内で複雑な形状をとり、殻面観で中央部が非対称となることから容易に区別できる。殻の輪郭は舟形で、しばしば殻端部がくちばし状に尖る。池や沼の底泥に多くみられる。

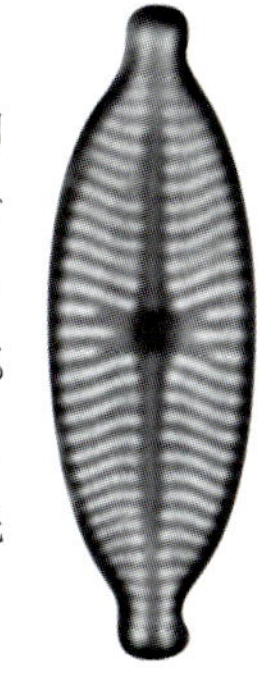

プレウロシグマ　（*Pleurosigma*）

汽水 / 海水・付着・単体性

2 ～ 4 本のリボン状葉緑体が細胞両側に沿い蛇行しながら配置することが多いが、顆粒状の葉緑体を多数もつ種類もいる。細胞は殻面観で S 字型に湾曲する。細かく格子状に配列した条線は縦溝に対し 45℃傾いて並ぶ。基本的には砂や底泥サンプルから多く見出されるが、しばしばプランクトンサンプルにも含まれる。

シュードニッチア　（*Pseudo-nitzschia*）

海水・浮遊・群体性

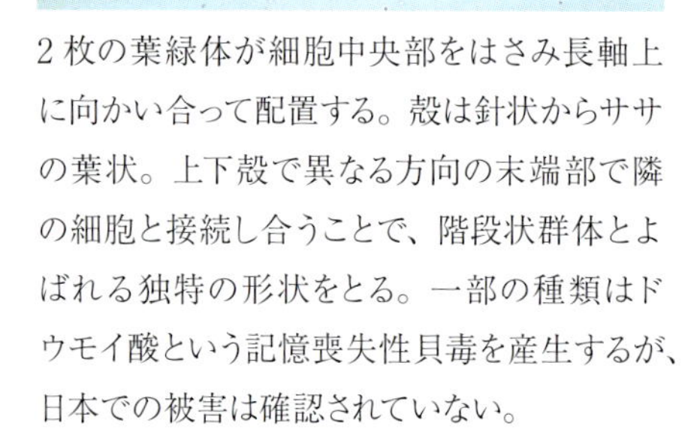

2枚の葉緑体が細胞中央部をはさみ長軸上に向かい合って配置する。殻は針状からササの葉状。上下殻で異なる方向の末端部で隣の細胞と接続し合うことで、階段状群体とよばれる独特の形状をとる。一部の種類はドウモイ酸という記憶喪失性貝毒を産生するが、日本での被害は確認されていない。

ロイコスフェニア　（*Rhoicosphenia*）

淡水／汽水／海水・付着・単体性／群体性

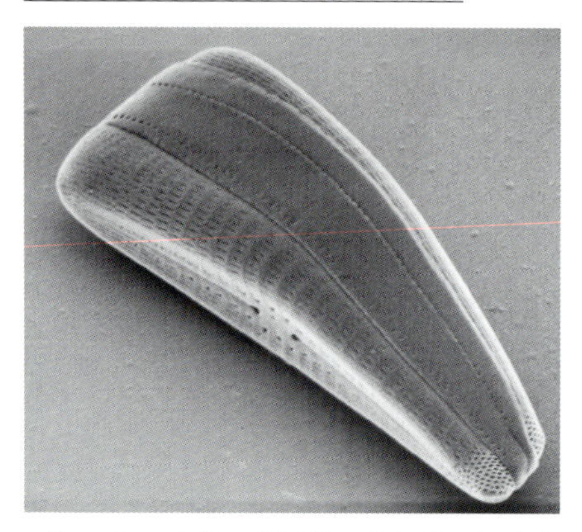

1枚のプレート状の葉緑体が非対称に細胞内に広がる。細胞は帯面観では湾曲したくさび形をしており、容易に見分けがつく。殻面観では舟形、またはわずかにくさび形となるものもいる。凹状の殻は多くの縦溝類と同様の縦溝をもち、凸状の殻は両殻端部のみに配置する短く退化した縦溝をもつ。足側（細い方）の細胞末端から粘液を分泌し基質に付着するが、単体で基質の上を動き回ることもある。

スタウロネイス（*Stauroneis*）

淡水・付着・単体性

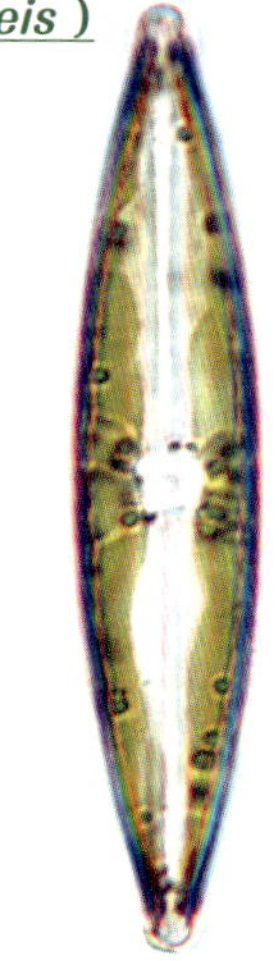

2枚のプレート状葉緑体が細胞両側に沿って配置することが多い。条線は非常に細かい。殻の中央部に長軸に対して垂直方向に伸びる無紋域（条線がない領域）をもつ。淡水の底泥サンプルに多くみられる。

スリレラ　（*Surirella*）

淡水／汽水／海水・付着・単体性

葉緑体は1～2枚のプレート状だが、細胞の末端部で細くくびれたり、辺縁部が複雑なひだ状となることもあるため、3次元構造を正確に把握することは難しい。殻面観では先のとがった楕円状から頭足性のあるくさび形まで様々であるが、すべて縦溝が殻縁部に沿って位置する。帯面観では頭側が幅広となることが多い。殻縁からせり出した翼の存在、また多くの場合その中に1列に並ぶ四角の翼窓をもつことから属を識別できる。

池の珪藻

池にはいろいろな珪藻が四季折々にみられる。身近な池に生育する珪藻の観察を楽しもう。

池の珪藻 生細胞写真

1. *Cyclotella* の種類。

2. *Aulacoseira ambigua* (Grun.) Simonsen
生細胞。円盤状でくびれた葉緑体が多数みられる。

3. *Melosira varians* C. Ag.

4. *Aulacoseira granulata* (Ehr.) Simonsen
両種とも細胞が連なって糸状群体を形成する。円盤状でくびれた葉緑体が多数みられる。

1

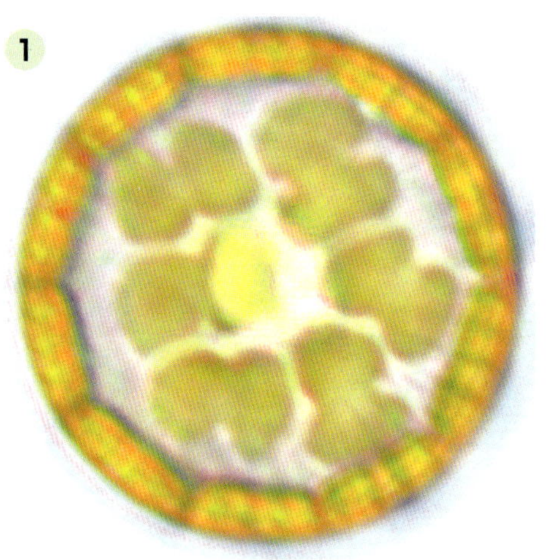

解説は p.15

解説は p.46 (p.42- 3 4)

2

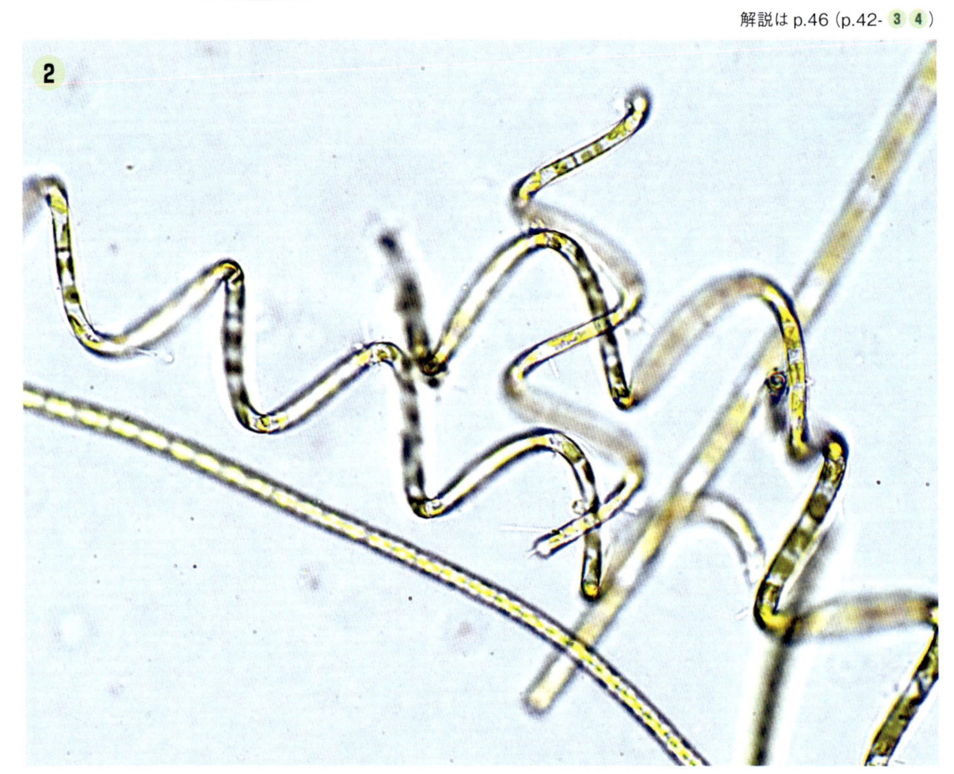

3 解説は p.46（p.42- **1** ）

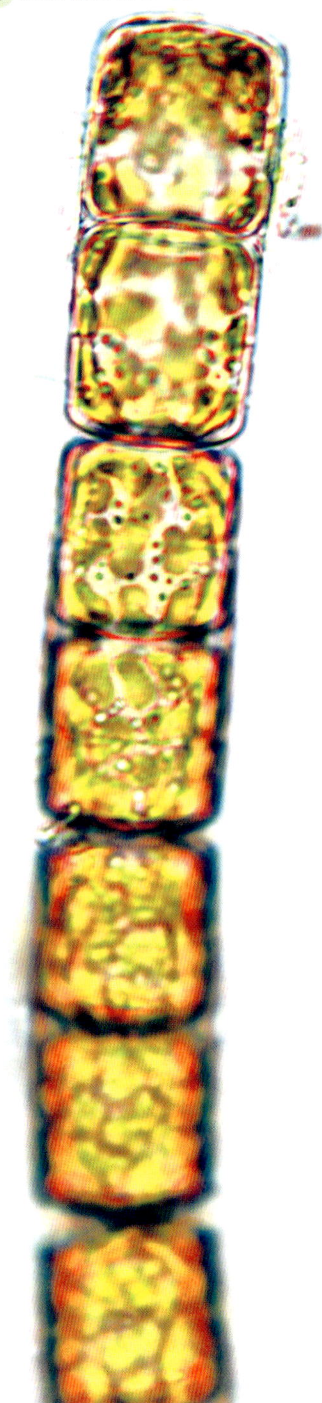

4 解説は p.46（p.42- **2** ）

1. *Fragilaria vaucheriae* の帯状群体。
2. *Diatoma mesodon*（Ehr.）Kuet. の帯状群体。円盤状でくびれた葉緑体が多数みられる。
3. *D. vulgaris* Bory の群体。
4. *Synedra acus* Kuetz.（*Ulnaria acus*（Kuetz.）M. Aboal）細胞が一端で基物に付着して叢状群体を形成する。板状の葉緑体が数枚みられる。

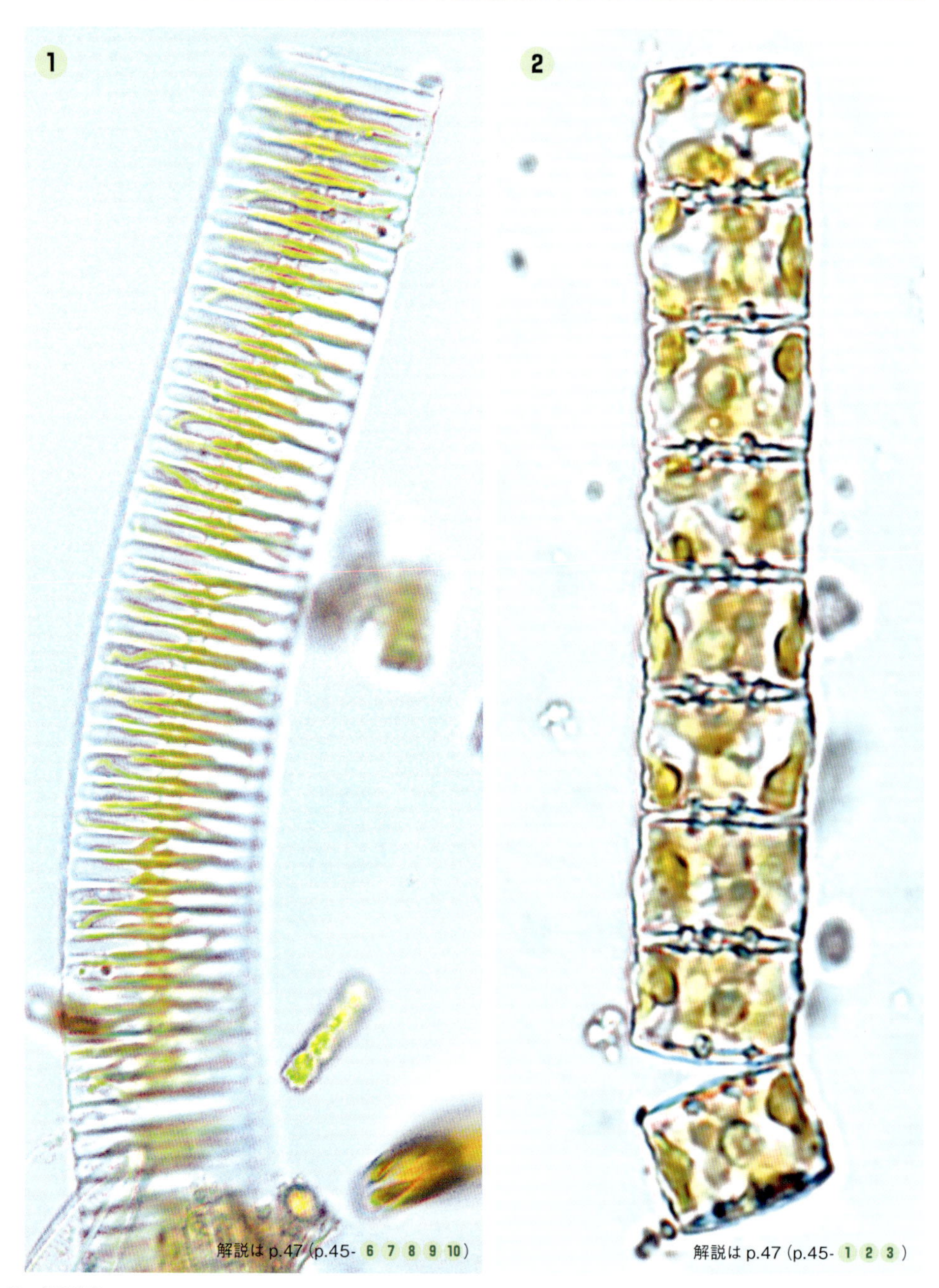

解説は p.47（p.45- 6 7 8 9 10）

解説は p.47（p.45- 1 2 3）

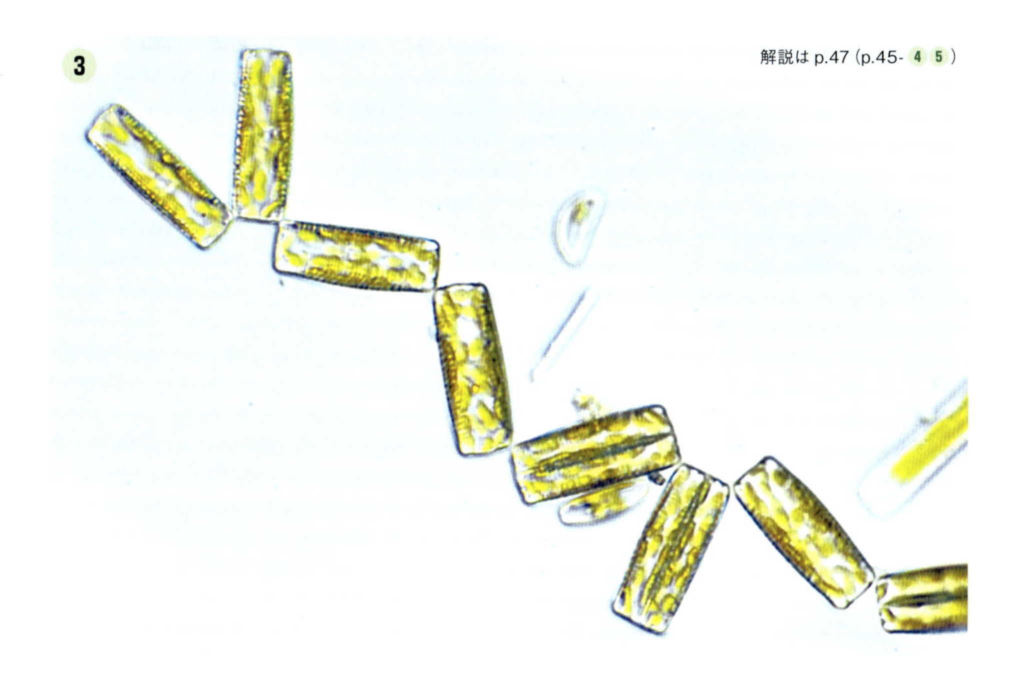

3

解説は p.47（p.45- 4 5 ）

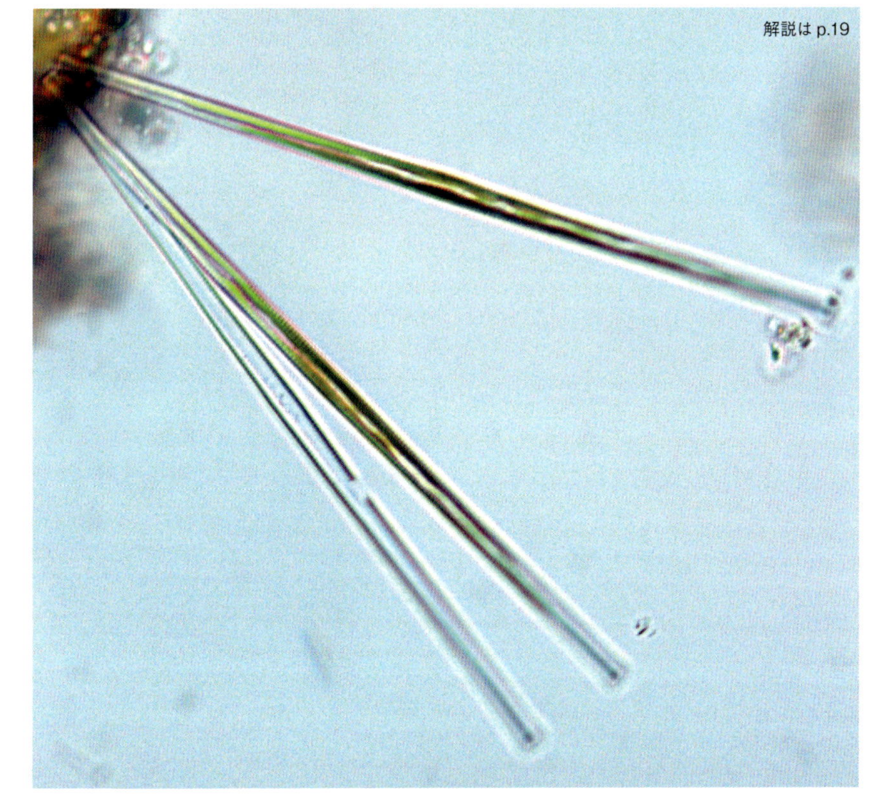

4

解説は p.19

1. *Diatoma tenuis* C. Ag.の群体。
2. *Tabellaria fenestrata*（Lyngb.）Kuetz.の群体。
3. *Meridion circulare*（Grev.）C. Ag.
扇状の帯面が観察される。
4&5. *Synedra*（*Ulnaria*）の叢状群体と帯面。

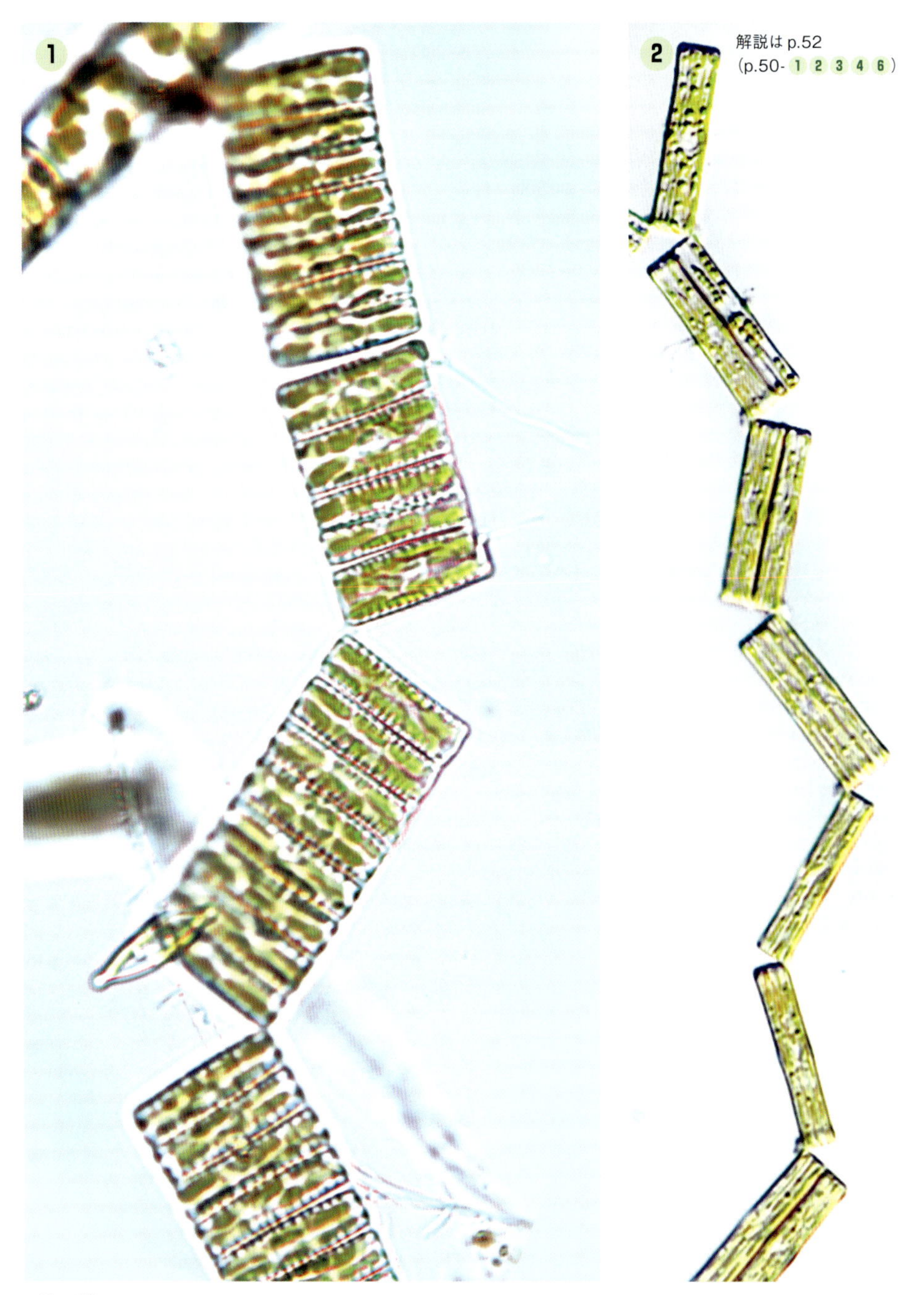

解説は p.52
（p.50- 1 2 3 4 6）

解説は p.58（p.54- 9 10 11）

解説は p.19

1. *Asterionella ralfsii* W. Sm. の群体。
2. *Synedra*（*Ulnaria*）の叢状群体。
3. *Eunotia* の帯状群体。
4&5. *E. serra* Ehr.
（**4.** 殻面　**5.** 帯面）
6. *E. bilunaris*（Ehr.）Mills の叢状群体。

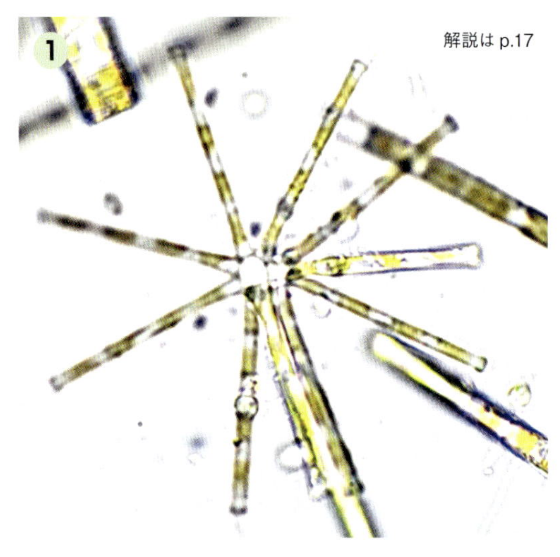
1
解説は p.17

2
解説は p.19

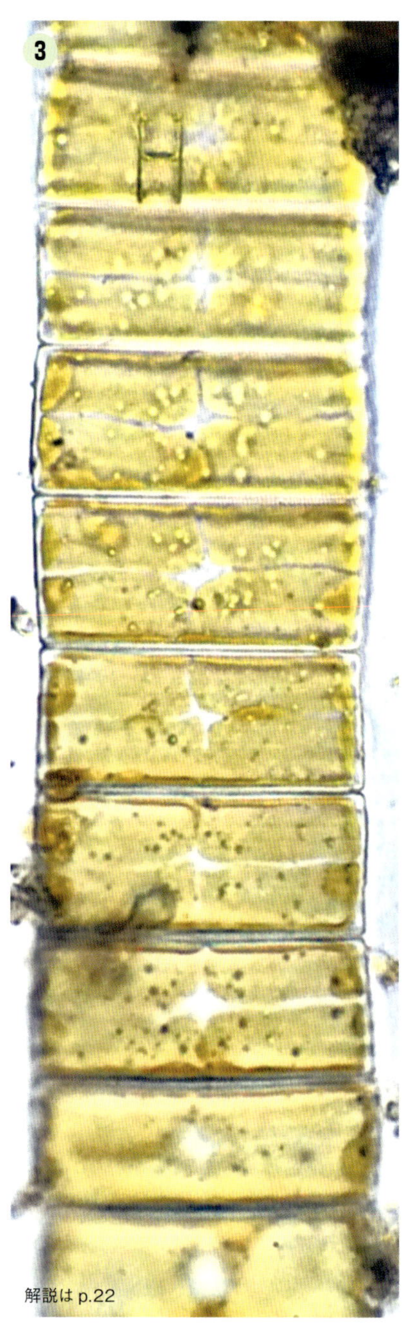
3
解説は p.22

4

解説は p.97（p.94- 8 ）

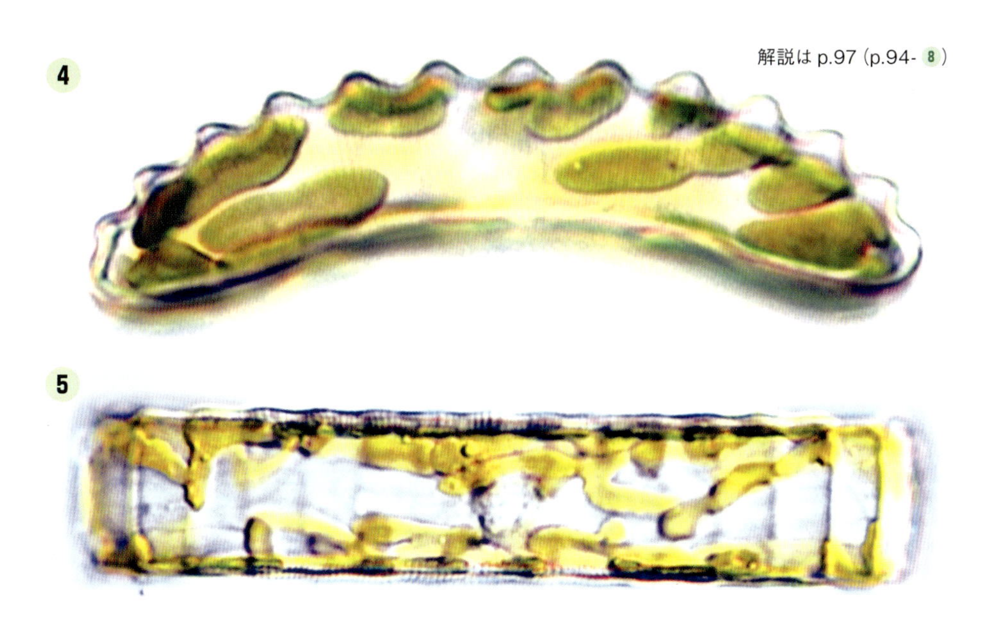

5

6

解説は p.97（p.94- 5 ）

1. *Actinella brasiliensis* Grun.
足端で基物に着生する。
2. *Eunotia bilunaris* (Ehr.) Mills の殻面。
3. *E. biareofera* H. Kob.
4&5. *E. tropica* Hust.
(**4.** 殻面　**5.** 帯面)
6. *Achnanthidium* の基物着生。
7. *Cocconeis placentula* Ehr. の基物着生。

解説は p.59 (p.56- 13)

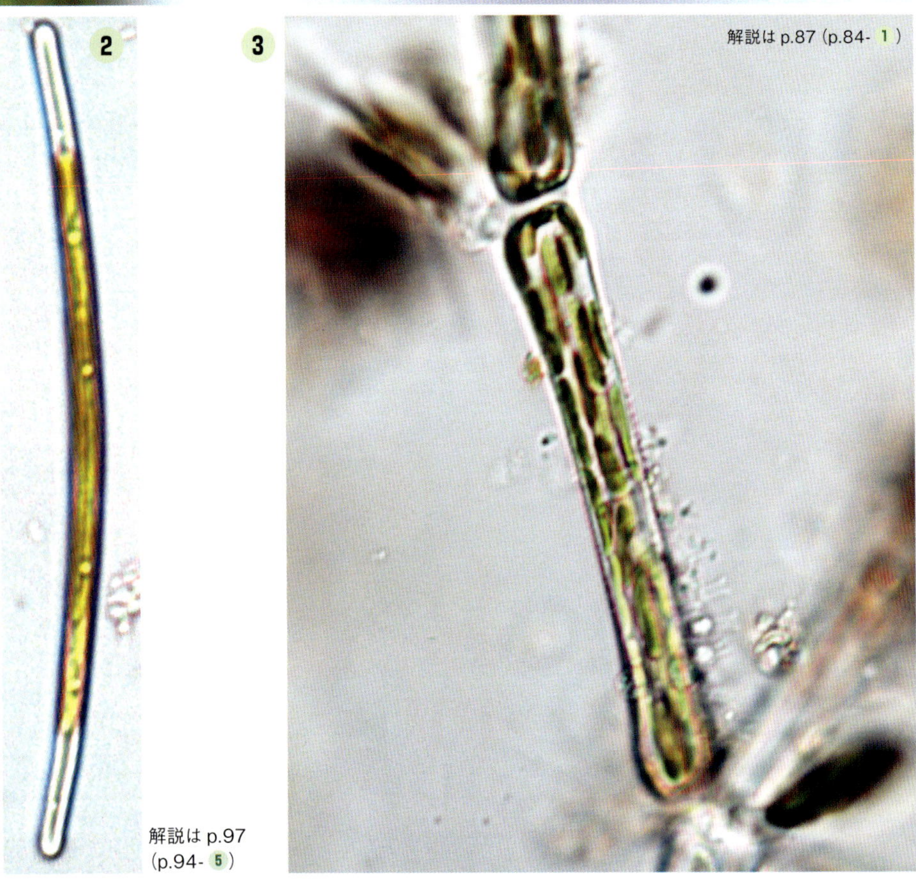

解説は p.97 (p.94- 5)

解説は p.87 (p.84- 1)

解説は p.59（p.56- 12 ）

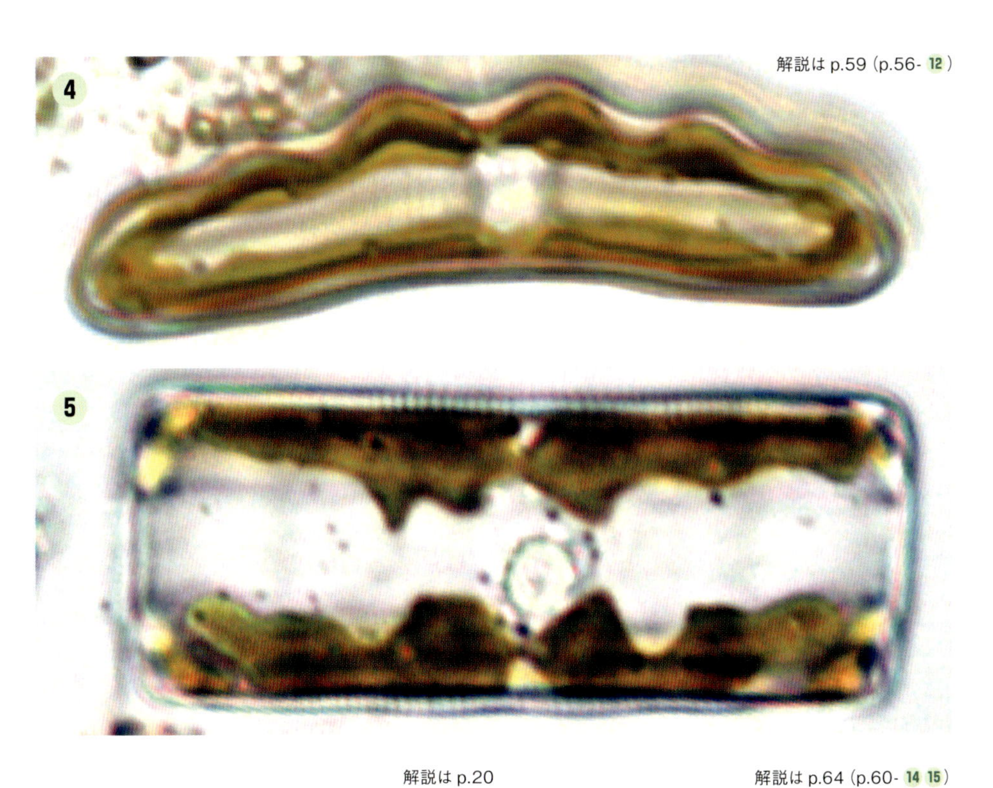

解説は p.20

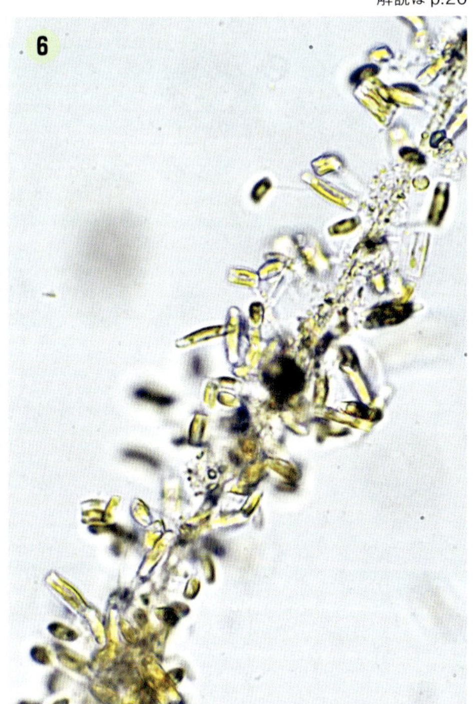

解説は p.64（p.60- 14 15 ）

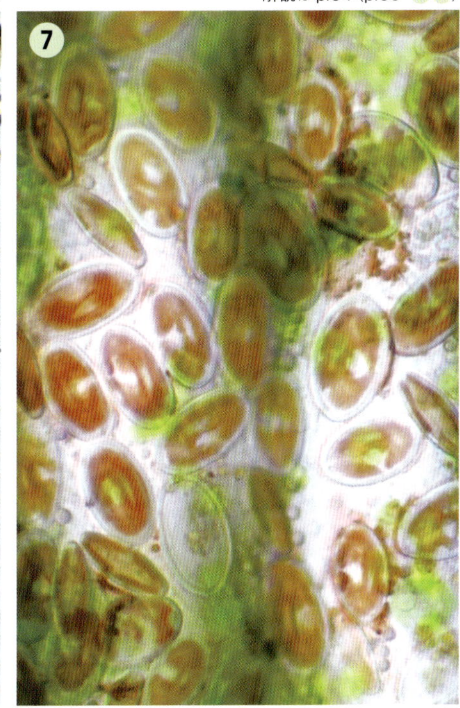

1. *Frustulia rhomboids* (Ehr.) De Toni 殻面。
2. *Luticola goeppertiana* (Bleisch) D. G. Mann の殻面。
3. *Navicula veneta* Kuetz. 殻面。
4. *Amphora copulata* (Kuetz.) Schoeman & Archibald
5. *Diploneis smithii* (Breb.) Cl.
6. *Neidium ampliatum* (Ehr.) Krammer

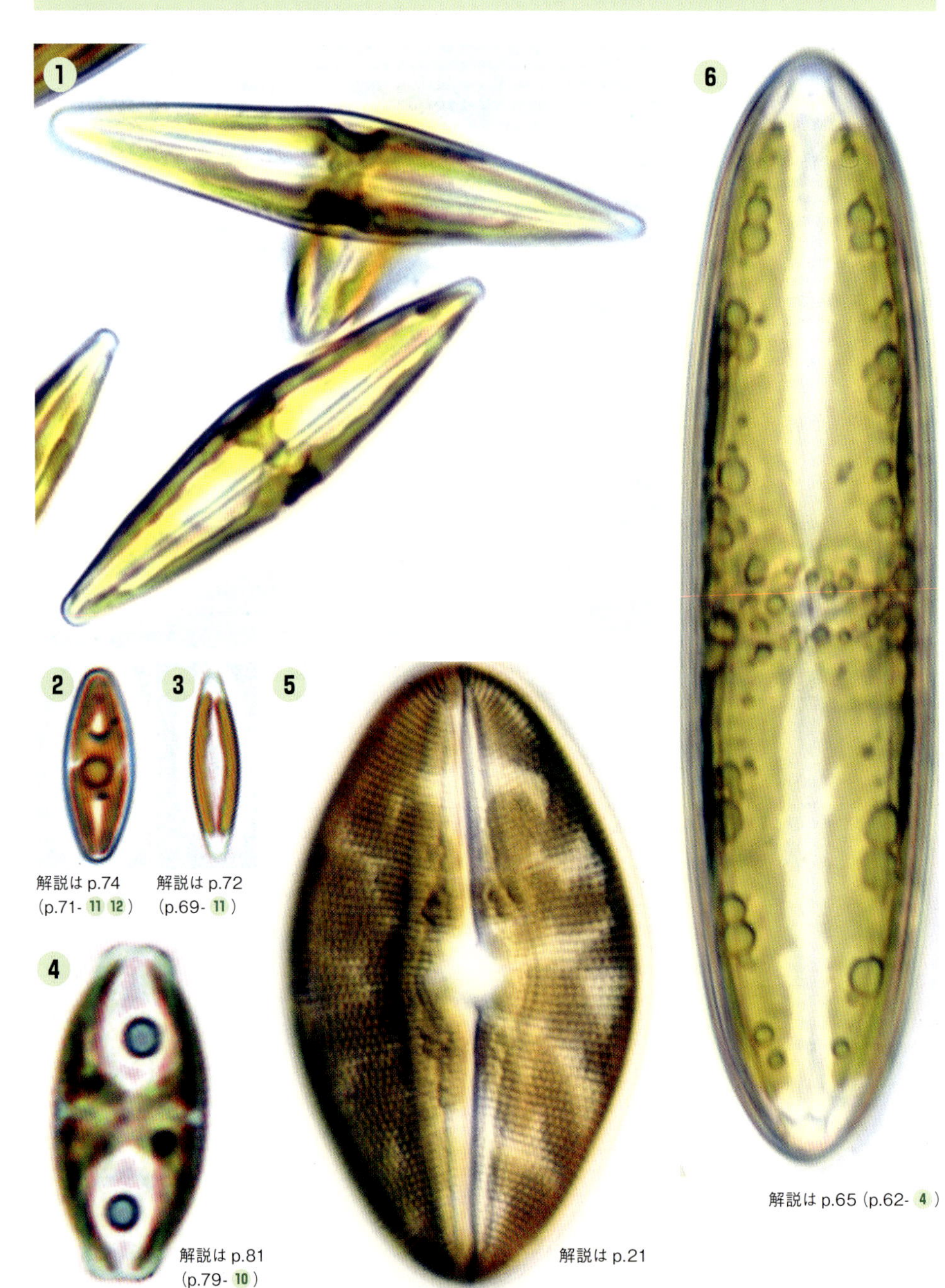

解説は p.74 (p.71- 11 12)

解説は p.72 (p.69- 11)

解説は p.81 (p.79- 10)

解説は p.21

解説は p.65 (p.62- 4)

7. *Stauroneis phenicentron* (Nitz.) Ehr.
8. *Pinnularia major* (Kuetz) Rabeh.
9. *P. gibba* Ehr.
10. *P. microstauron* (Ehr.) Cl
11. *Cymbella aspera* (Ehr.) Perag.

7 解説は p.65 (p.62- 6)

8 解説は p.23

9 解説は p.74 (p.71- 8)

10 解説は p.73 (p.70- 4 5)

11 解説は p.87 (p.85- 6)

1. *Gomphonema gracile* Ehr. 群体。
2&3. *G. acuminatum* Ehr.
（**2.** 殻面　**3.** 帯面）
4. *G. augur* Ehr. の殻面。
5. *Encyonema ventricosum*（C. Ag.）Grun.
6. *Gomphonema* sp. 群体。
7. *Encyonema prostratum*（Berkeley）Kuetz.
粘液鞘中に連なっている。

1

解説は p.80（p.78- 1 2）

2

解説は p.80
（p.78- 6 7）

3

4

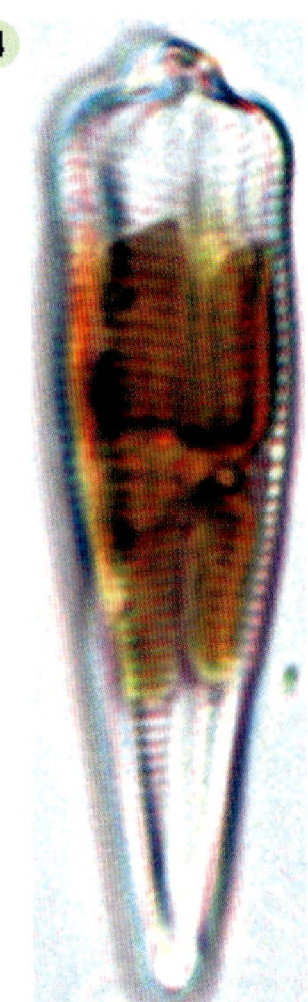

解説は p.80
（p.77- 7）

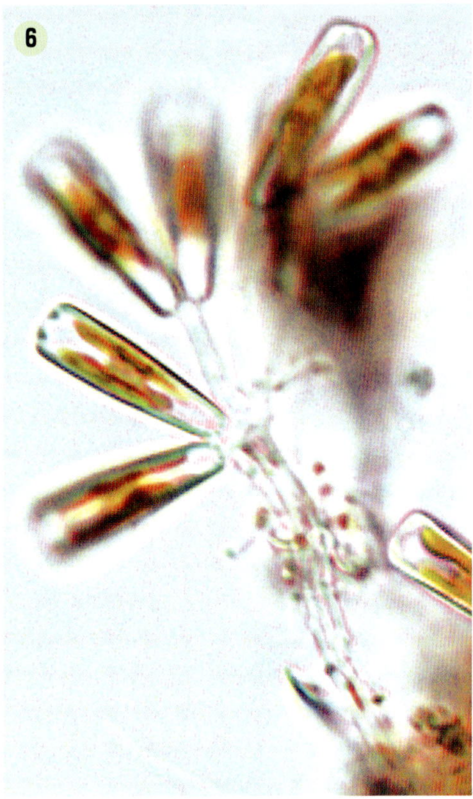

解説は p.75（p.71- 15 ）

1. *Nitzschia* sp. 群体。
2. *N. palea* (Kuetz.) W. Sm. の殻面。
3. *N. acicularis* (Kuetz.) W. Sm.
4. *Rhopalodia gibba* (Ehr.) O. Mueller
5. *Cymatopleura solea* (Breb.) W. Sm.(A) に *Synedrella parasitica* (W. Sm.) Round & Maidana(B) が着生。
6. *Surirella robusta* Ehr.

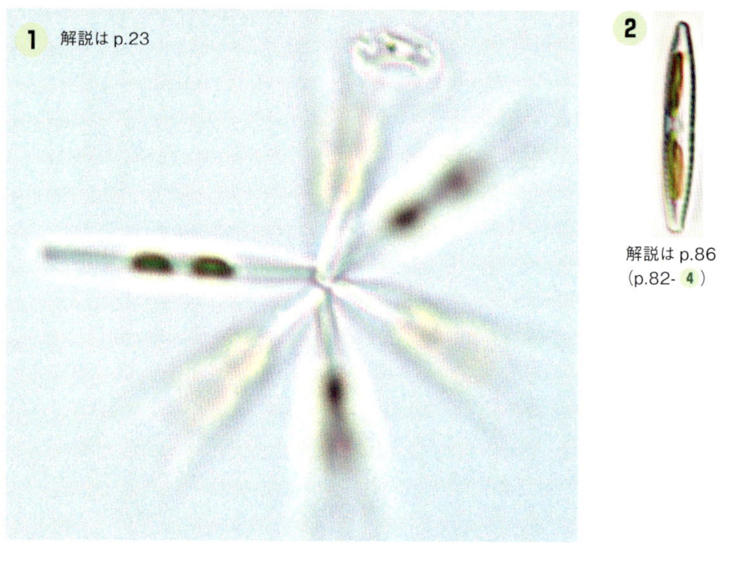

1 解説は p.23

2 解説は p.86 (p.82- 4)

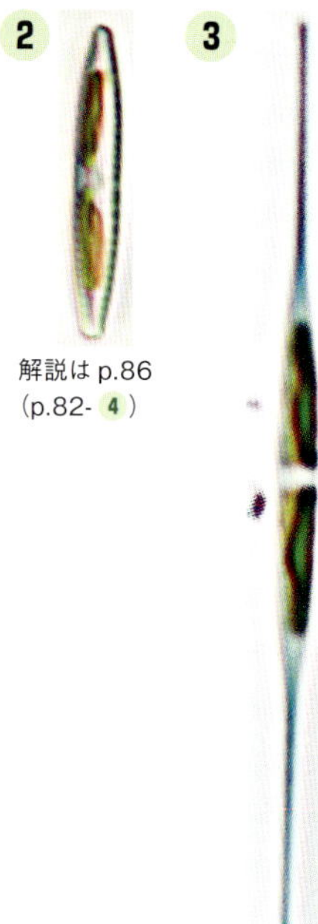

3

4 解説は p.81 (p.79- 15)

写真提供：鎌倉史帆（福井県立大学）

A. 解説は p.80（p.77- 5 6 ）
B. 解説は p.80（p.77- 9 ）

解説は p.87（p.83- 14 ）

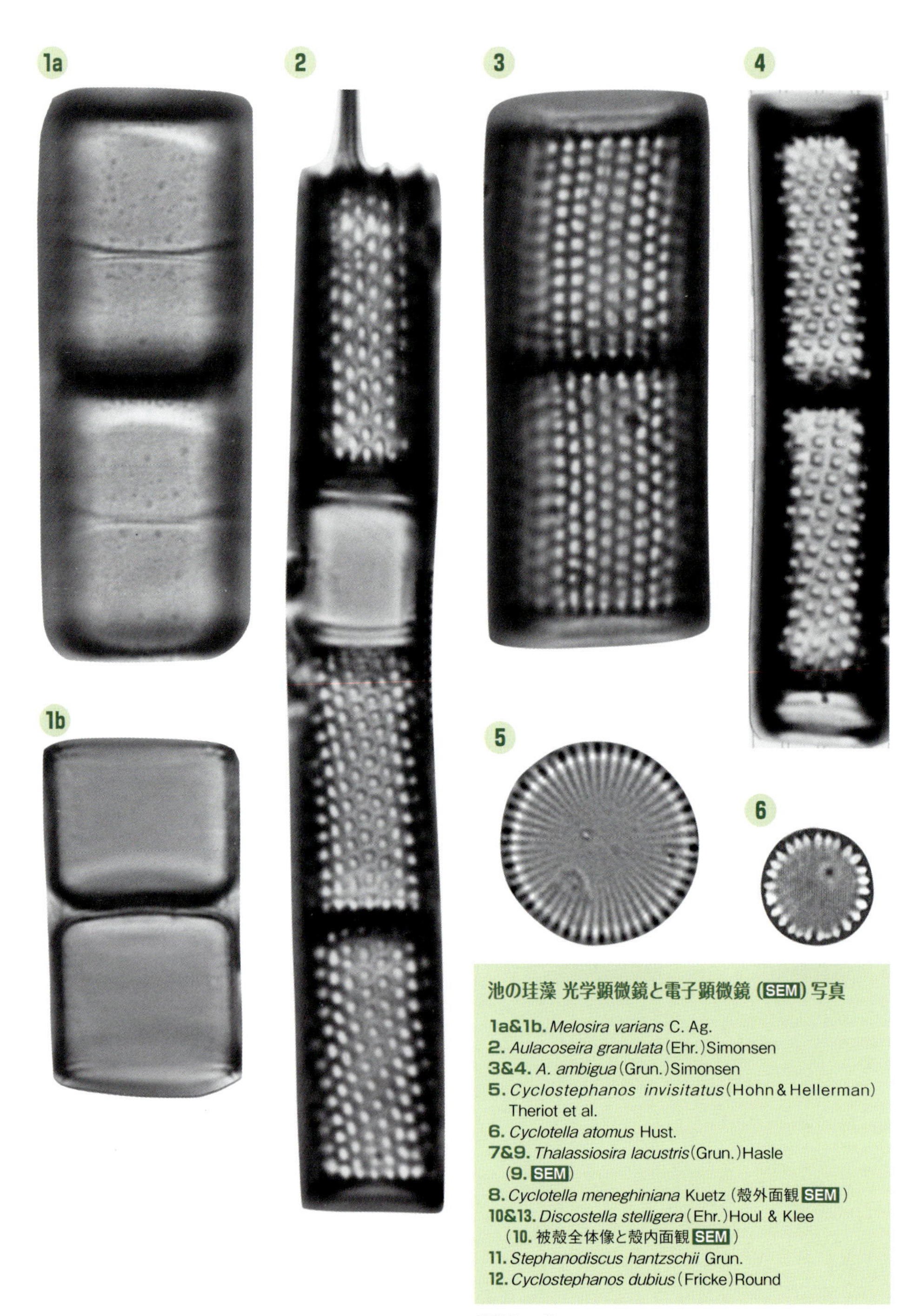

池の珪藻 光学顕微鏡と電子顕微鏡（SEM）写真

1a&1b. *Melosira varians* C. Ag.
2. *Aulacoseira granulata*（Ehr.）Simonsen
3&4. *A. ambigua*（Grun.）Simonsen
5. *Cyclostephanos invisitatus*（Hohn & Hellerman）Theriot et al.
6. *Cyclotella atomus* Hust.
7&9. *Thalassiosira lacustris*（Grun.）Hasle（**9.** SEM）
8. *Cyclotella meneghiniana* Kuetz（殻外面観 SEM）
10&13. *Discostella stelligera*（Ehr.）Houl & Klee（**10.** 被殻全体像と殻内面観 SEM）
11. *Stephanodiscus hantzschii* Grun.
12. *Cyclostephanos dubius*（Fricke）Round

解説は p.46

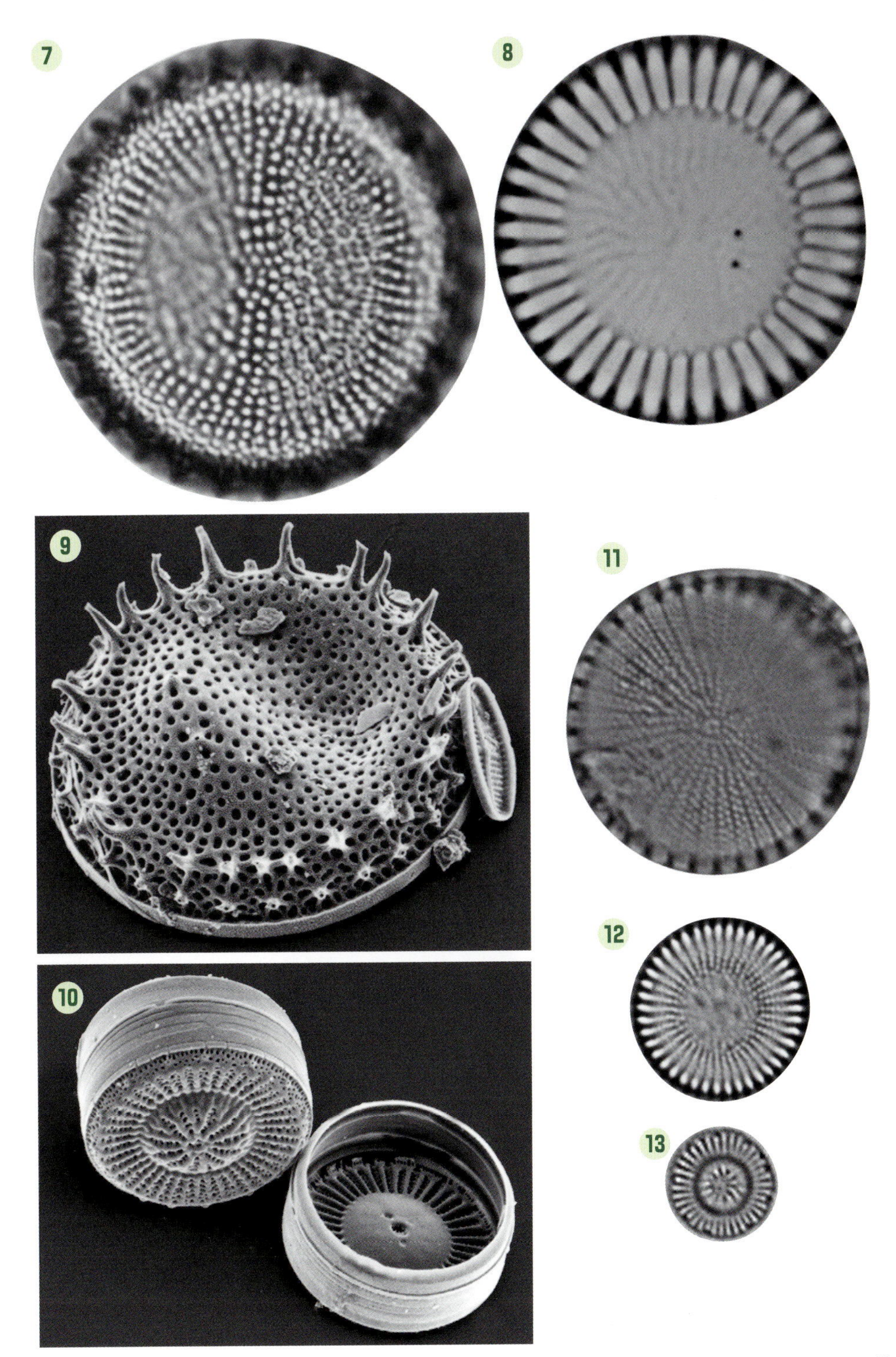
7
8
9
10
11
12
13

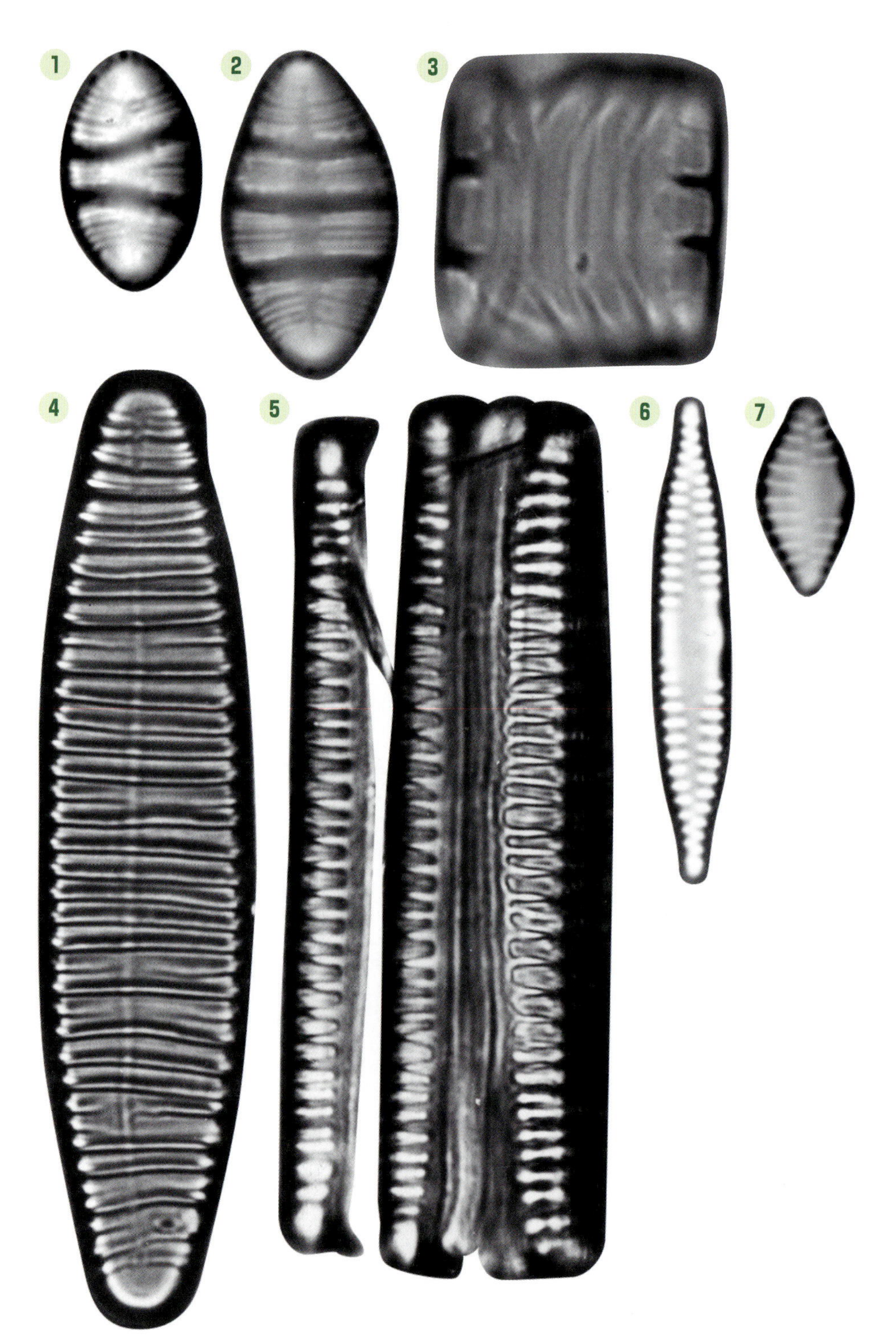
1
2
3
4
5
6
7

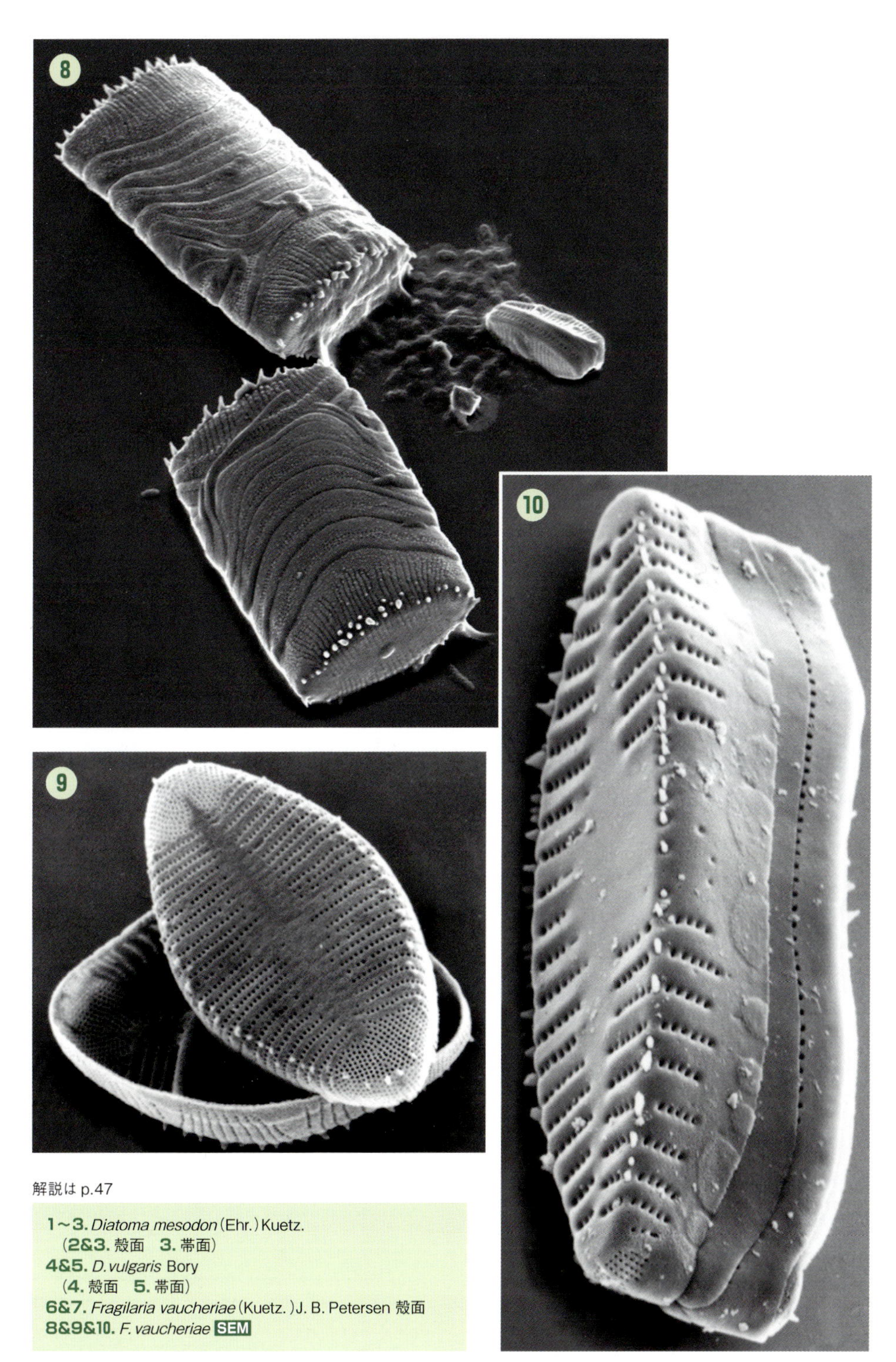

解説は p.47

1～3. *Diatoma mesodon*（Ehr.）Kuetz.
（**2&3.** 殻面　**3.** 帯面）
4&5. *D.vulgaris* Bory
（**4.** 殻面　**5.** 帯面）
6&7. *Fragilaria vaucheriae*（Kuetz.）J. B. Petersen 殻面
8&9&10. *F. vaucheriae* SEM

p.42 ～ 43

1 *Melosira varians* C. Ag.

中心類。淡水の湖沼や河川に広くみられる種類。水辺の基物に絡まるように糸状で出現する。殻の直径 8 ～ 35 μm 殻高 9 ～ 13 μm。光顕では殻の紋様はほとんどみられないが、実際は非常に細かな孔が多数ある。時々殻の一部が膨らんでいる個体が観察されるが、それは増大胞子を形成している状態である。

2 *Aulacoseira granulata* (Ehr.) Simonsen

中心類。淡水の湖沼に世界各地にプランクトンとして広く出現する。殻の直径 3 ～ 21 μm 殻高 5 ～ 18 μm。先端殻に長い刺をもつものと無い殻がみられるが、長い刺は隣接する殻と結合し、刺が無い殻は分離する殻（分離殻）の役割がある。

3 4 *Aulacoseira ambigua* (Grun.) Simonsen

中心類。淡水の湖沼に世界各地にプランクトンとして広く出現する。殻の直径 4 ～ 15 μm 殻高 4 ～ 13 μm。*A. granulata* とは先端殻に長い刺をもたないことで区別される。この種類は殻端にジッパー状の連結針をもち、隣接する殻と結合している。写真 3、4 は殻の半分が結合針で結合したものである。

5 *Cyclostephanos invisitatus* (Hohn & Hellerman) Theriot et al.

中心類。淡水の湖沼や塩分濃度が低い汽水域にプランクトンとして広く出現する。殻の直径 7 ～ 16 μm、放射条線は殻中心から縁辺に広がり、中心部の条線数は少なく、殻縁は 5、6 本の束になって存在し、10 μm に 8 ～ 16 本ある。

6 *Cyclotella atomus* Hust.

中心類。淡水の湖沼や汽水域にプランクトンとして広く出現する。殻の直径 4 ～ 7 μm、縁辺条線域は殻半径の 1/3 ～ 1/4 を占め、放射条線は 10 μm に 18 ～ 20 本ある。縁辺有基突起は条線の 3 ～ 6 本おきにあり、光顕では条線より少し長く太く確認される。中心有基突起は殻中央から縁辺に寄ったところにある。

7 9 *Thalassiosira lacustris* (Grun.) Hasle.

中心類。淡水の湖沼や汽水域にプランクトンとして広く出現する。殻の直径 20 ～ 75 μm。殻面中央部は大きく波打つため、光顕では殻の半分ずつしかピントが合わない。これは中心部が S 字状になっているからである。放射条線は 10 μm に 12 本ある。条線 明瞭な点紋で構成され 10 μm に 10 ～ 14 個ある。殻外表面には小顆粒が不規則に多数存在、殻縁には 2 種類の針状突起列がある。

8 *Cyclotella meneghiniana* Kuetz.

中心類。淡水の湖沼や汽水域にプランクトンとして広く出現する。殻の直径 6 ～ 35 μm、縁辺条線域は広いものと狭いものがあるが、太く明瞭で 10 μm に 7 ～ 9 本ある。殻面中央部は S 字状に大きく波打ち、その隆起部に数個の中心有基突起が存在する。光顕では中心有基突起が小さな点として確認される。

10 13 *Discostella stelligera* (Ehr.) Houl & Klee

中心類。淡水の湖沼や塩分濃度が低い汽水域にプランクトンとして広く出現する。殻中心域と縁辺条線域は無紋域によって分断される。殻の直径 5 ～ 40 μm、縁辺条線は 10 μm に 10 ～ 14 本ある。縁辺有基突起は縁辺条線の延長上で条線の 2、3 本おきに存在する。

11 *Stephanodiscus hantzschii* Grun.

中心類。淡水産プランクトン種。湖沼、池沼の止水域などに広く出現し、汽水域からも出現する。殻は円形。直径 6 ～ 16 μm 条線 2 ～ 4 列の放射状となり、10 μm に 8 ～ 16 本ある。殻縁には小針列が確認される。

12 *Cyclostephanos dubius* (Fricke) Round

中心類。淡水の湖沼や塩分濃度が低い汽水域にプランクトンとして広く出現する。殻の直径 10 ～ 25 μm、放射条線は細かな点紋で、殻中心から縁辺に広がり、中心部の条線数は少なく、殻縁は 2、3 本の束になって存在し、10μm に 10 ～ 13 本ある。

p.44 ～ 45

1 *Diatoma mesodon* (Ehr.) Kuetz.

2
3

無縦溝類。淡水の湖沼や塩分が低い汽水域に着生として広く出現する。冷水の湧泉や春の雪解水中に多産する。殻は小判型で**殻長** 10 ～ 30 μm **殻幅** 2 ～ 3 μm **条線** 10 μm に 2、3 本ある。殻の縁は小針列がみられ、帯面観では多数の殻帯の存在が確認される。

4 *Diatoma vulgaris* Bory

5

無縦溝類。淡水の河川など流水域にジグザグ群体を形成して、着生として広く出現する。殻は細長い線形で両殻端はわずかに頭状になる。殻の**直径** 40 ～ 100 μm **殻幅** 2 ～ 4 μm **条線** 光顕ではほとんど見分けられないが、横走肋が明瞭で 10 μm に 6 ～ 8 本ある。帯面観では多数の殻帯の存在が確認される。

6 *Fragilaria vaucheriae* (Kuetz.) J. B. Petersen

-10

無縦溝類。淡水の湖沼や河川など着生として広く出現する。殻は細長い線形で両殻端はわずかに頭状になる。**殻長** 10 ～ 40 μm **殻幅** 2 ～ 4 μm **条線** 10 μm に 12 ～ 16 本ある。殻の縁は小針がみられ、帯面観では多数の殻帯の存在が確認される。

コラム

タイプ標本の探索

生物の新種等をみつけて登録する時には、タイプ標本（正基準標本）の指定と博物館等への保存登録が必要である。

珪藻研究でも本物の探索が必要になることが多々ある。写真は英国自然史博物館の珪藻部門のタイプ所蔵庫。

1

2

3

1. Kuetzsing 1844 p.125, Taf. 18, Fig. Ⅲ 1. *Hyalosira delicatula*.
2. 多数のプレパラートがトレーに保管されている。
3. 該当するプレパラートには、Type とラベルされている（矢印）。

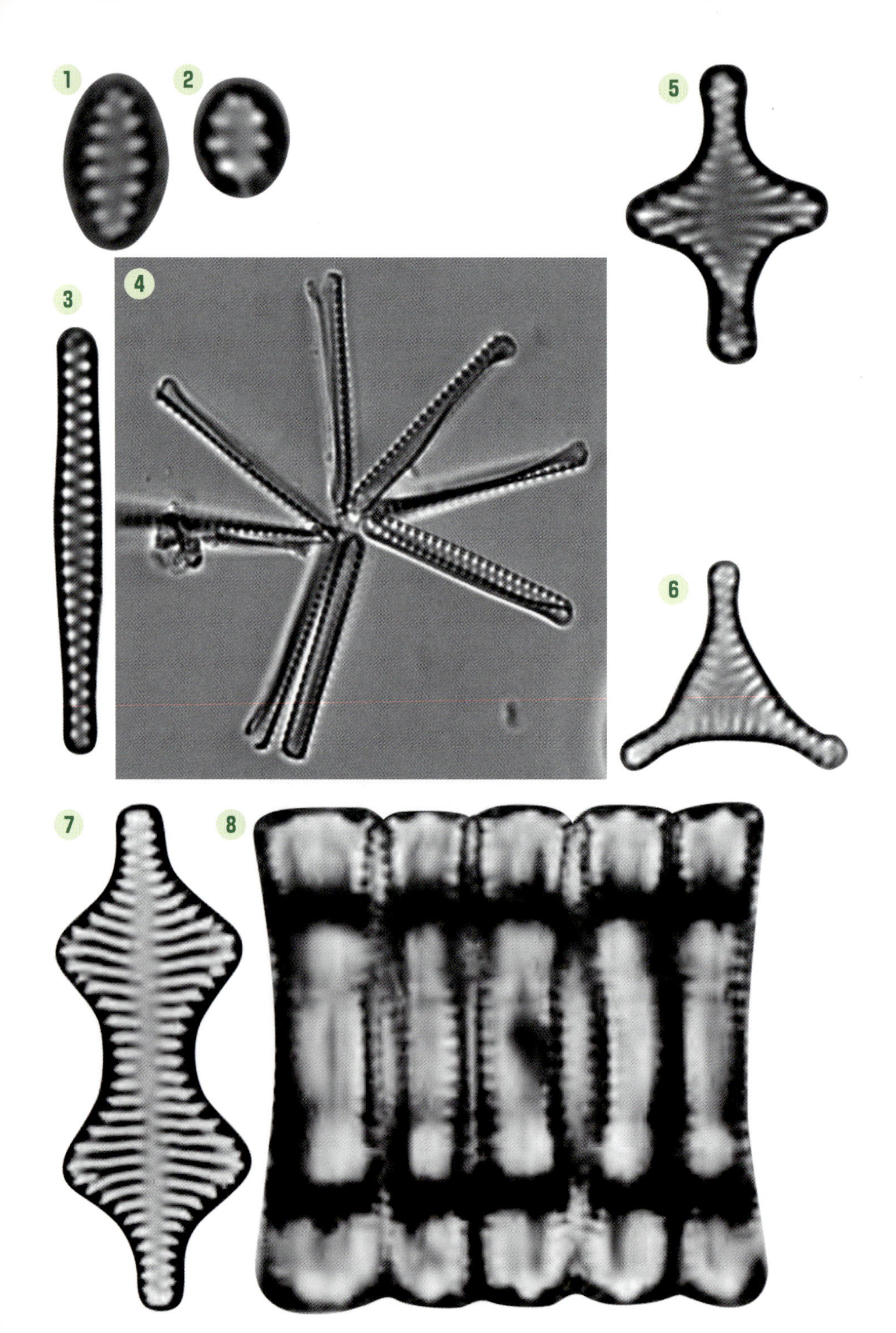
1
2
3
4
5
6
7
8

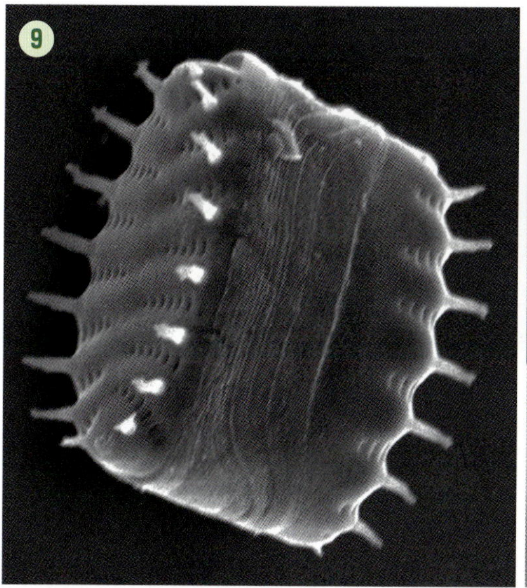

解説は p.52

1&2&9. *Staurosirella pinnata*(Ehr.)D. M. Williams & Round
(**9.** **SEM**)
3&4&11. *Fragilaria berolinensis*(Lemmer.)L.-Bert.
(**4.** 星状群体　**11.** **SEM**)
5&10. *Staurosira construens* Ehr.
(**10.** **SEM**)
6&12. *S. construens* var. *exigua* (W. Sm.)H. Kob.
(**12.** **SEM**)
7&8. *S. construens* Ehr. var. *binodis*(Ehr.) P. B. Hamilton
(**7.** 殻面　**8.** 群体帯面)

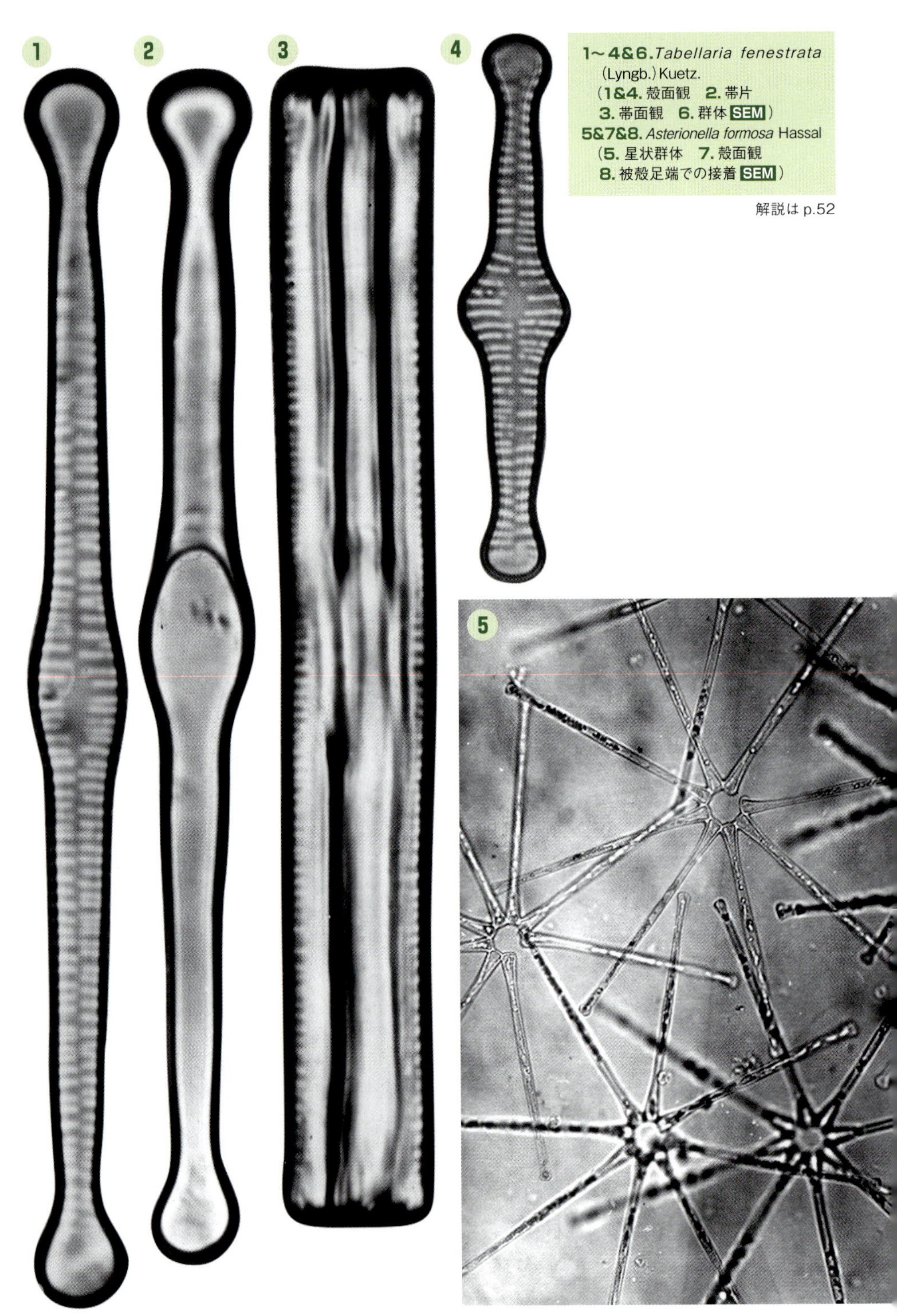

1〜4&6. *Tabellaria fenestrata* (Lyngb.) Kuetz.
（**1&4.** 殻面観　**2.** 帯片
3. 帯面観　**6.** 群体 SEM）
5&7&8. *Asterionella formosa* Hassal
（**5.** 星状群体　**7.** 殻面観
8. 被殻足端での接着 SEM）

解説は p.52

6

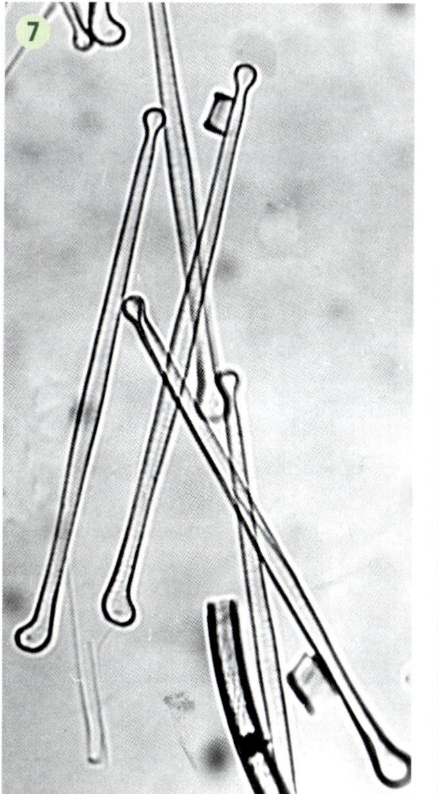
7

8

p.48～49

1 2 9 *Staurosirella pinnata* (Ehr.) D. M. Williams & Round

無縦溝類。淡水の湖沼や河川など着生として広く出現する。殻は楕円形で両殻端は丸い。殻長 5～17μm 殻幅 3～6μm 条線 やや太く明瞭、10μmに10～12本ある。殻の縁は小針がみられ、帯面観では多数の殻帯の存在が確認される。

3 4 11 *Fragilaria berolinensis* (Lemmer.) L.-Bert.

無縦溝類。淡水の湖沼や河川の止水などに広く出現する。殻は細長く両殻端は頭状となる。殻端から粘液を出し、星状群体を形成する。殻長 20～40μm 殻幅 3～6μm 条線 やや太く明瞭、10μmに10～12本ある。殻の縁は小針がみられ、帯面観では殻帯数枚の存在が確認される。

5 10 *Staurosira construens* Ehr.

無縦溝類。淡水の湖沼や河川の止水などに広く出現する。殻は中央部がふくらみ、両殻端は頭状となる。殻長 7～25μm 殻幅 5～12μm 条線 やや太く明瞭、10μmに14～18本ある。殻縁には小針が存在する。

6 12 *Staurosira construens* Ehr. var. *exigua* (W. Sm.) H. Kob.

無縦溝類。淡水の湖沼や河川の止水などに広く出現する。殻は三角形で、殻端は頭状となる。殻長 12～15μm 殻幅 4～5μm 条線 やや太く明瞭で中央部が空白となり、10μmに16～18本ある。殻縁には小針が存在する。

7 8 *Staurosira construens* Ehr. var. *binodis* (Ehr.) P. B. Hamilton

無縦溝類。淡水の湖沼や河川の止水などに広く出現する。殻は殻側が大きく2つに波打ち、殻端は頭状となる。殻長 15～26μm 殻幅 6～9μm 条線 やや太く明瞭で中央部が空白となり、10μmに11～14本ある。殻表面で互いに連結し、帯状群体を形成する。

p.50～51

1 2 3 4 6 *Tabellaria fenestrata* (Lyngb.) Kuetz.

無縦溝類。淡水の湖沼や河川の止水などに広く出現する。殻は中央が大きく膨らみ、両殻端は頭状となる。殻長 25～100μm 殻幅 6～9μm 条線 10μmに15～18本ある。この種類の特徴は、多数の帯片とそれが隔壁と呼ばれていることである。殻端の粘液で互いに連結し、ジグザグ群体（ヌサ状）を形成する。

5 7 8 *Asterionella formosa* Hassal

無縦溝類。淡水の湖沼などに広く出現する。殻は線状で、両殻端は頭状となるが、一方端が大きい。殻長 40～100μm 殻幅 1～2μm 条線 10μmに25～28本ある。この種類の特徴は、殻端の粘液で互いに連結し、星状群体を形成することである。

淡水着生珪藻（SEM）
上：*Sellaphora bacillum*（Ehr.） D. G. Mann
中央：*Pinnularia intterupta* W.Sm.

コラム

珪藻の利用

珪藻は水産増養殖動物の初期餌料として広く利用されている。例えば、エビ・カニの浮遊幼生や稚仔魚の餌は、浮遊性の種類（プランクトン）[1]、またアワビ・ウニ・ナマコの餌としては、着生や底生の種類が使われている[2〜5]。

1. 養殖に使われる中心類珪藻 *Chetoceros neogracile* Van Landingham

2 & 3. 養殖槽に浪板（プラスチック板）を入れ、付着珪藻を増殖させる。

4. 浪板上に増殖した *Cocconies* sp.

5. 浪板上で摂餌するアワビの稚貝

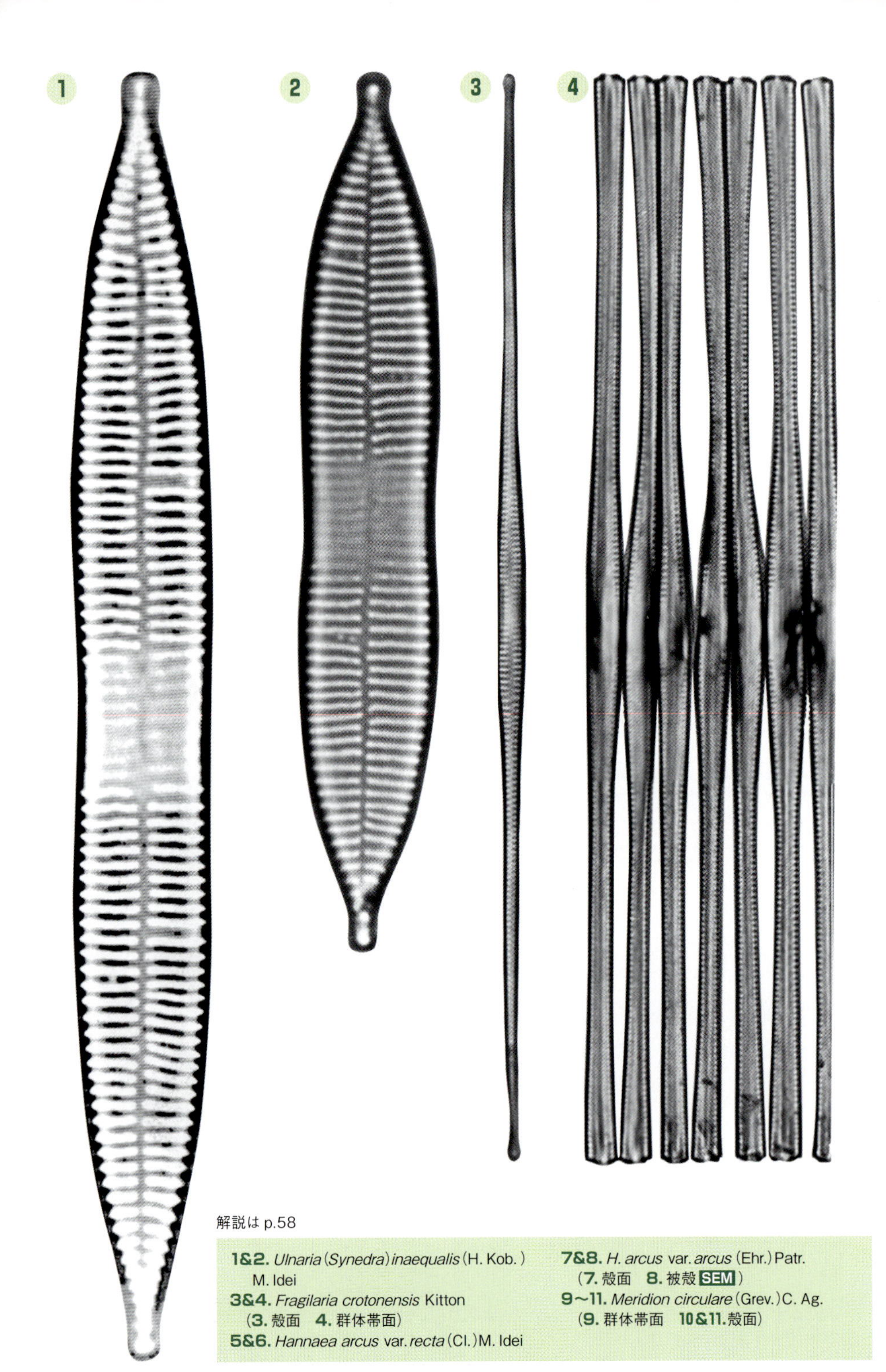

解説は p.58

1&2. *Ulnaria* (*Synedra*) *inaequalis* (H. Kob.) M. Idei
3&4. *Fragilaria crotonensis* Kitton
(**3.** 殻面　**4.** 群体帯面)
5&6. *Hannaea arcus* var. *recta* (Cl.) M. Idei
7&8. *H. arcus* var. *arcus* (Ehr.) Patr.
(**7.** 殻面　**8.** 被殻 SEM)
9～11. *Meridion circulare* (Grev.) C. Ag.
(**9.** 群体帯面　**10&11.** 殻面)

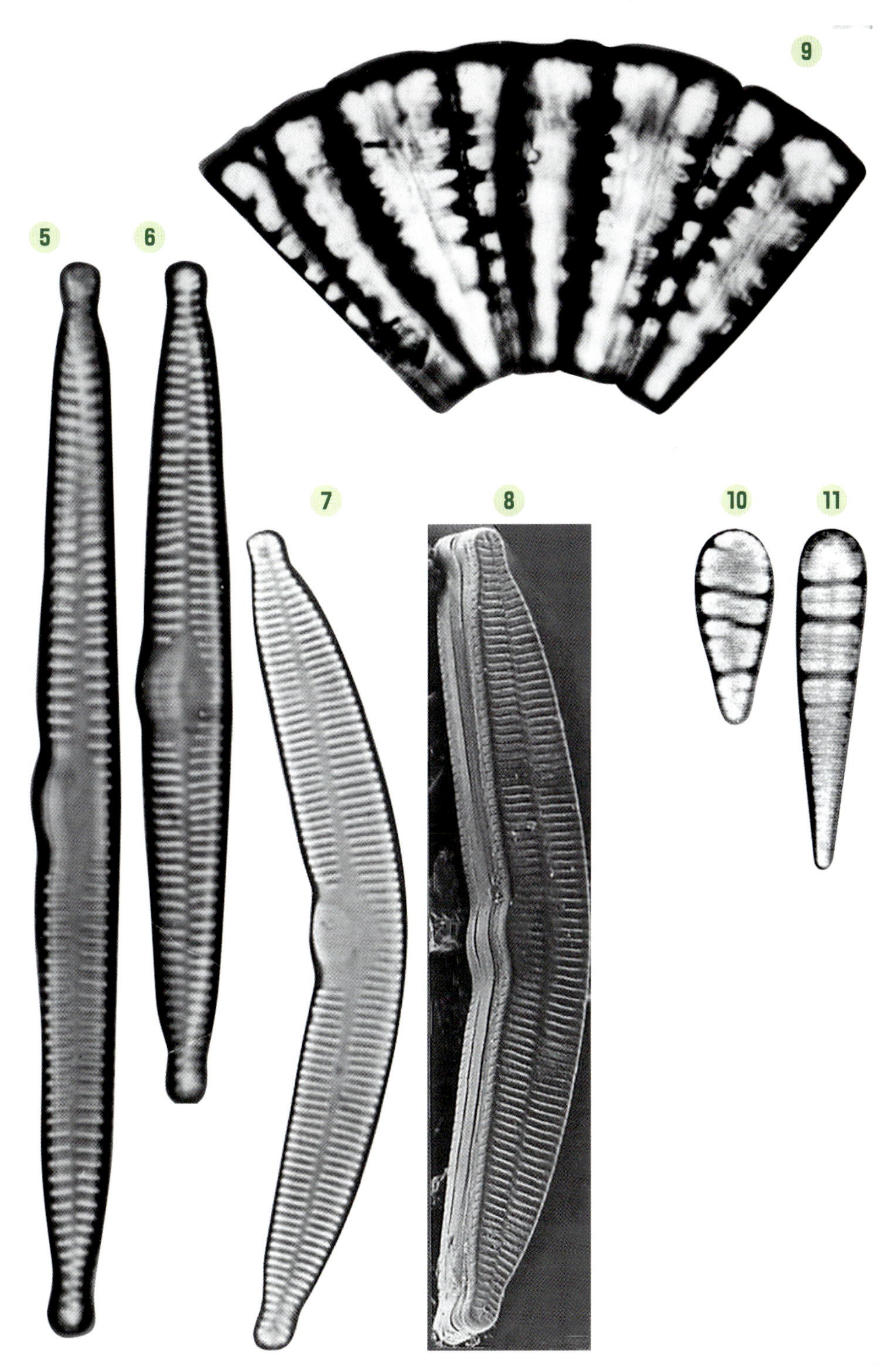
9
5
6
7
8
10
11

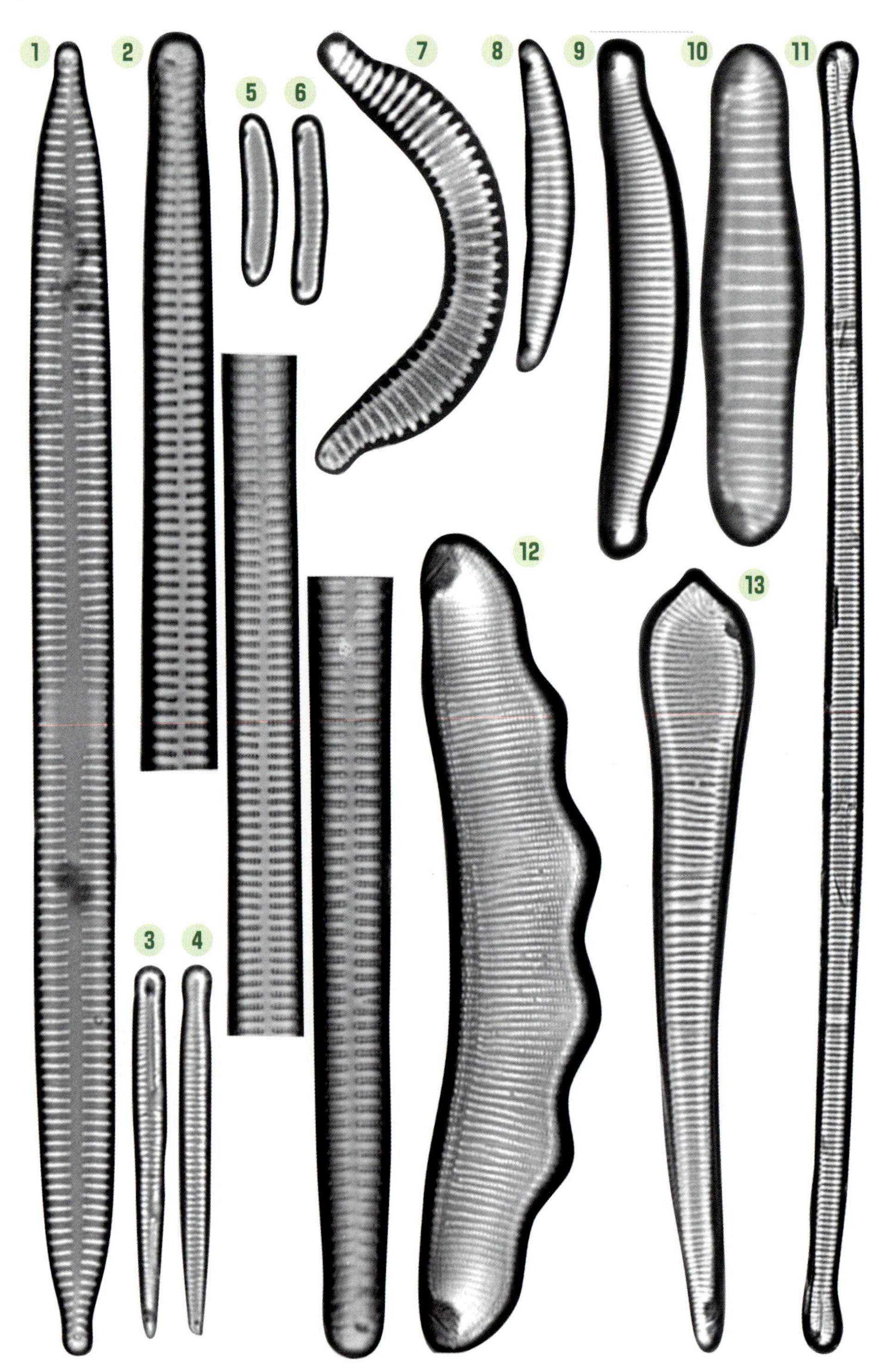
1
2
3
4
5
6
7
8
9
10
11
12
13

14

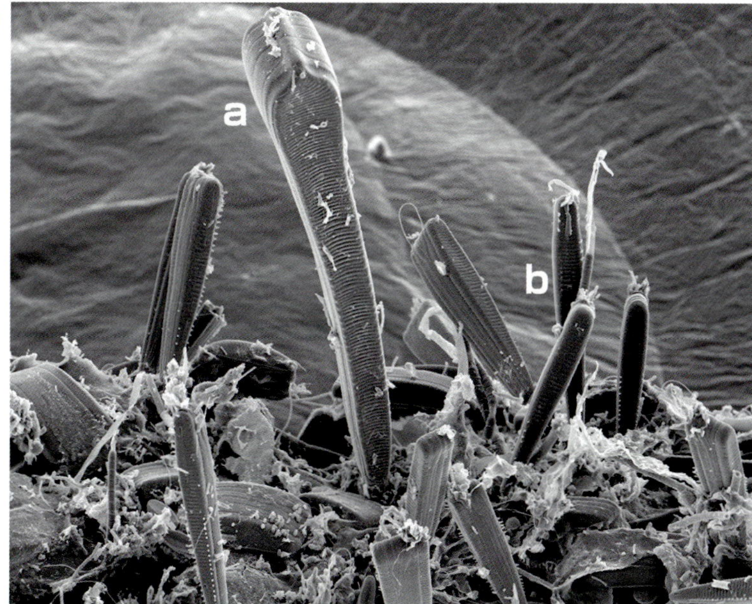

15

解説は p.58-59

1. *Ulnaria* (*Synedra*) *ulna* (Nitz.) Comp.
2. *U.* (*Synedra*) *pseudogaillonii* (H. Kob. & M. Idei) M. Idei
3&4. *Peronia fibula* (Breb. ex Kuetz.) R. Ross
(**3.** 縦溝殻面　**4.** 短縦溝殻面)
5&6. *Eunotia paludosa* Grun.
7. *Semiorbis hemicyclus* (Ehr.) R.M.Patrick
8. *Eunotia incisa* Greg.
9. *E. minor* (Kuetz.) Grun.
10. *E. formica* Ehr.
11. *E. flexuosa* (Breb.) Kuetz.
12. *E. tropica* Hust.
13. *Actinella brasiliensis* Grun.
14&15. 水草葉表面 SEM
a. *Actinella brasiliensis*.　**b.** *Peronia fibula*
c. *Eunotia bilumaris* (Ehr.) Mills
d. *E. minor* 群体で着生。

p.54～55

1 *Ulnaria (Synedra) inaequalis* (H. Kob.) M. Idei
2
無縦溝類。淡水の河川上流域に着生として広く出現する。殻は細長い線形で両殻端はわずかに頭状になる。殻長 35～90μm 殻幅 7.5～9μm 条線 10μmに11～14本ある。条線を構成する胞紋列は、直線的では無くわずかに乱れ、10μmに約40個ある。

3 *Fragilaria crotonensis* Kitton
4
無縦溝類。淡水の河川上流域に着生として広く出現する。殻は細長い線形で両殻端はわずかに頭状になる。殻長 35～90μm 殻幅 7.5～9μm 条線 10μmに11～14本ある。条線を構成する胞紋列は、直線的では無くわずかに乱れ、10μmに約40個ある。

5 *Hannaea arcus* var. *recta* (Cl.) M. Idei
6
無縦溝類。淡水の湖沼や河川など着生として広く出現する。殻は細長い線形、中央で片方側が膨らみ、両殻端は頭状になる。殻長 40～150μm 殻幅 4～7μm 条線 10μmに15～17本ある。

7 *Hannaea arcus* var. *arcus* (Ehr.) Patr.
8
無縦溝類。淡水の冷水河川などに着生として出現する。殻は細長い線形で「く」の字に曲がる。中央で片方側が膨らみ、両殻端は頭状になる。殻長 40～150μm 殻幅 4～7μm 条線 10μmに15～17本ある。

9 *Meridion circulare* (Grev.) C. Ag.
10
11
無縦溝類。淡水の冷水河川などに着生として出現する。殻は細長いくさび状で上下に不相称で頭殻端は頭状になる。殻長 10～70μm 殻幅 4～8μm 条線 10μmに約15本ある。帯面観は扇状群体となる。

p.56～57

1 *Ulnaria (Synedra) ulna* (Nitz.) Comp.

無縦溝類。淡水の河川や湖沼に着生として広く出現する。殻は細長い線形で両殻端はわずかに頭状になる。殻長 50～300μm 殻幅 5～9μm 条線 10μmに8～12本ある。条線を構成する胞紋列は10μmに約40個ある。

2 *Ulnaria (Synedra) pseudogaillonii* (H. Kob. & M. Idei) M. Idei

無縦溝類。淡水の河川や湖沼に着生として広く出現する。殻は細長い線形で両殻端はわずかに頭状になる。殻長 200～400μm 殻幅 8～10μm 条線 10μmに7～9本ある。被殻は殻面で接合し、8～15個ほどの帯状群体を形成する。

3 *Peronia fibula* (Breb. ex Kuetz.) R. Ross
4
被殻は縦溝殻と不完全縦溝殻で構成される。殻は細い棍棒状、幅の広い極（頭極）側の殻端は頭状、短い個体ではやや広円となる。殻長 25～56μm 殻幅 3.5～4.5μm 条線 10μmに14～18本ある。本種の出現する池の水草表面には足端で着生し叢状となることが確認された。

5 *Eunotia paludosa* Grun.
6
淡水産着生種。高層湿原や平地でミズゴケなどが生育する、弱酸酸性の湖沼に出現する。殻長 8～20μm 殻幅 3.5～4.5μm 条線 10μmに14～18本ある。

7 *Semiorbis hemicyclus* (Ehr.) R. M. Patrick

淡水産着生種。高層湿原でミズゴケなどが生育する、弱酸酸性の池沼に出現する。殻は全体が湾曲したアーチ状で両端は頭状となり殻縁に短い縦溝がある。殻長 20～40μm 殻幅 3～3.5μm 条線 10μmに9～11本ある。殻表面は間条線が肥厚突出し、殻縁には針状突起が存在する。以前は *Amphicampa* に帰属されていた。

8 ***Eunotia incisa*** **Greg.**

淡水産着生種。湖沼や池沼で基物に着生して生育する。殻は一文字状。殻長 20 ～ 40 μm 殻幅 4 ～ 5.5 μm 条線 10 μm に 12 ～ 15 本ある。

9 ***Eunotia minor*** **(Kuetz.)Grun.**

淡水産着生種。湖沼や池沼でミズゴケなどが生育する、弱酸性の水域に多く出現する。殻は全体が一文字状で両端は頭状となり、殻端縁腹側に短い縦溝がある。殻長 30 ～ 40 μm 殻幅 4.5 ～ 5.5 μm 条線 10 μm に 9 ～ 11 本ある。

10 ***Eunotia formica*** **Ehr.**

淡水産着生種。湖沼や池沼でミズゴケなどが生育する、弱酸性の水域に多く出現する。殻は全体が一文字状で殻中央部が少し膨らむ。両端は頭状となり、殻端縁腹側に短い縦溝がある。殻長 50 ～ 100 μm 殻幅 7 ～ 9 μm 条線 明瞭で 10 μm に 6 ～ 12 本ある。

11 ***Eunotia flexuosa*** **(Breb.) Kuetz.**

淡水産着生種。湖沼や池沼でミズゴケなどが生育する、弱酸性の水域に多く出現する。殻は細長い一文字状で、両殻端縁腹側に短い縦溝があり、殻面に釣り針形に観察される。殻長 100 ～ 300 μm 殻幅 2 ～ 7 μm 条線 明瞭で 10 μm に 11 ～ 16 本ある。

12 ***Eunotia tropica*** **Hust.**

淡水産着生種。湖沼や池沼でミズゴケなどが生育する水域に多く出現する。種小名の *tropica* は "熱帯の" を意味する言葉であるが、原産地は日本の青木湖である。殻は全体が一文字状で殻背側が数回波打つ。両端は頭状となり、殻端縁腹側に短い縦溝がある。殻長 50 ～ 150 μm 殻幅 12 ～ 20 μm 条線 明瞭で 10 μm に 15 ～ 17 本ある。類似種の *E. serra* (p.97〈p.94- 8〉) とくらべると、背側の山形が丸く低い。

13 ***Actinella brasiliensis*** **Grun.**

淡水産着生種。湖沼や池沼でミズゴケなどが生育する、弱酸性の水域に多く出現する。殻は上下不相称で頭端、足端が区別される。両殻端縁腹側に短い縦溝がある。殻長 100 ～ 170 μm 殻幅 9 ～ 13 μm 条線 明瞭で 10μm に 9 ～ 13 本ある。足端から出される粘液で基物に着生する。

右：紅藻ユカリに着生する珪藻類
下：紅藻ユカリに着生する *Climacosphenia moniligera* Ehr. の扇状群体（SEM）

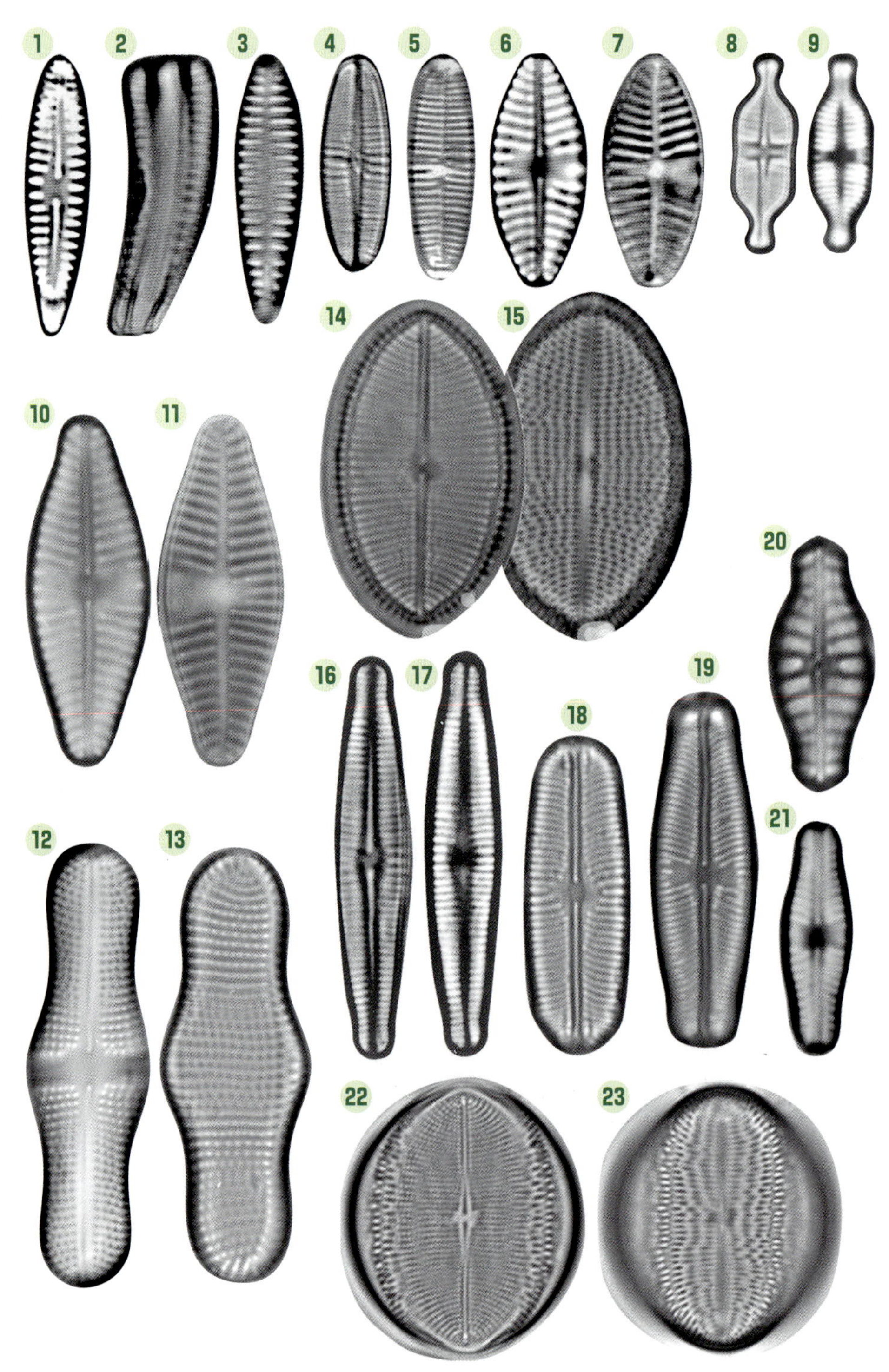
1
2
3
4
5
6
7
8
9
14
15
10
11
20
16
17
19
18
12
13
21
22
23

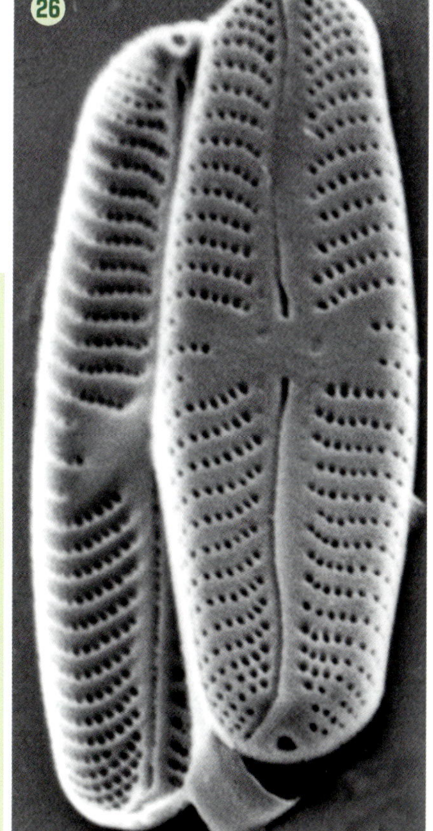

解説は p.64-65

1～3&24&25. *Rhoicosphenia abbreviata* (C. Ag.) L. -Bert.
1. 縦溝殻　**2.** 帯面　**3.** 短縦溝殻
24. 砂粒表面 *R. abbreviata* が叢生する。SEM
25. 被殻全体像 SEM
4&5. *Achnanthidium* (*Achnanthes*) *convergens* (H. Kob.) H. Kob.
(**4.** 縦溝殻　**5.** 無縦溝殻)
6&7&10&11. *Planothidium* (*Achnanthes*) *lanceolatum* (Breb. ex Kuetz.) L. -Bert.
(**6&10.** 縦溝殻　**7&11.** 無縦溝殻)
8&9. *P.* (*Achnanthes*) *exiguum* (Grun.) Czarneeki
12&13. *Achnanthes inflata* (Kuetz.) Grun.
(**12.** 縦溝殻　**13.** 無縦溝殻)
14&15. *Cocconeis placentula* Ehr.
(**14.** 縦溝殻　**15.** 無縦溝殻)
16&17. *Achnanthidium* (*Achnanthes*) *gracillimum* (Meist.) Mayama
(**16.** 縦溝殻　**17.** 無縦溝殻)
18. *Sellaphora laevissima* (Kuetz.) D. G. Mann.
19. *S. pupula* (Kuetz.) Mereschkowsky.
20. *Hypodonta capitata* (Ehr.) L. -Bert., Metz. & Wicow.
21&26. *Sellaphora joubaudii* (Germ.) Aboal
(**26.** SEM)
22&23. *Cocconeis pediculus* Ehr.
(**22.** 縦溝殻　**23.** 無縦溝殻)

解説は p.65

1. *Frustulia vulgaris* (Thwaites) De Toni
2. *F.saxonica* Rabenh.
3. *Stauroneis smithii* Grun.
4. *Neidium ampliatum* (Ehr.) Krammer
5. *Diploneis ovalis* (Hilse) Cl.
6. *S. phenicenteron* (Nitz.) Ehr.
7. *Brachysira brebisonii* Ross

コラム

フナガタケイソウの見分け方

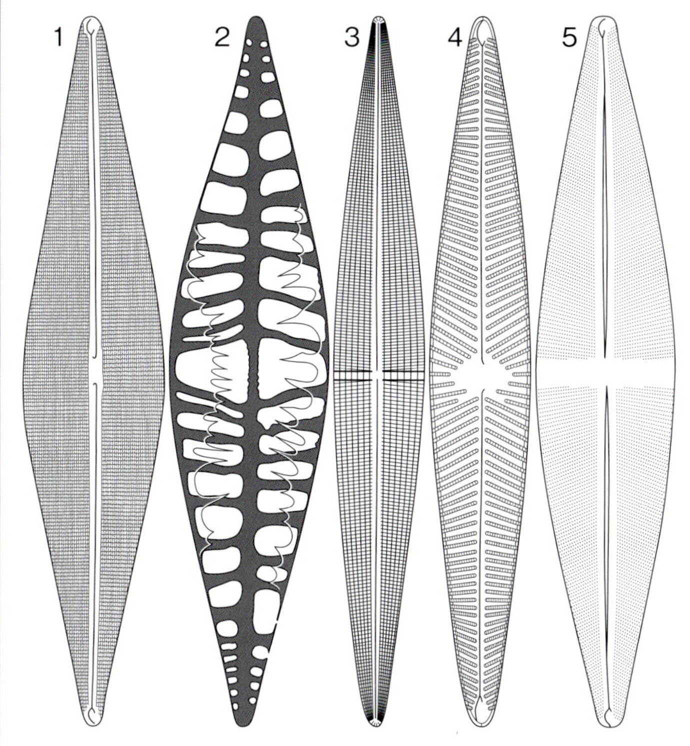

1. *Craticula cuspidate* (Kuetz.) D. G. Mann
2. 棚板 (craticula)
3. *Haslea specula* (Hickie) L.-Bert.
4. *Navicula radiosa* Kuetz.
5. *Stauroneis phenicenteron* (Nitz.) Her.

フナガタケイソウ、フナガタの珪藻類は数知れないほど多くの種類（属を含む）が知られている。その中で図に示した種類は顕微鏡観察した時によくみかける種類である。殻が大きな個体（種類）では属の区別が分かりやすいのだが、小さな個体では間違いやすいかと思う。淡水の池などに多くみられる。

Craticula cuspidate[1]は以前*Navicula cuspidata*[4]として扱われてきた。被殻の中に棚板（カルテキュラ[2]）と呼ばれる特殊な構造物をつくることが知られている。殻の条線は縦横が直行して観察される。

Haslea specula[3]も前種と同様に、殻の条線は縦横が直行して観察される。

この属の多くの種類は海産がほとんどで、淡水域からは*H. specula*が代表的に知られている。被殻が薄い構造のため、条線を観察するのが困難なこともある。

Navicula radiosa[4]はフネケイソウの代表的な種類といえる。このグループは大小多様であり、正確な同定はかなり経験が求められる。条線の走行の向きなど詳細な観察が求められる。ほとんどの種類は淡水産である。

Stauroneis phenicenteron[5]は十字ケイソウ（ジュウジケイソウ）軸域と殻中心部で横に発達した無紋域があるため、十字形の空域が目立つ。殻無内面では中央が隆起している。淡水に広く出現する。

p.60～61

1 2 3 24 25 *Rhoicosphenia abbreviata* (C. Ag.) L.-Bert.

淡水産着生種。河川や湖沼で流れのある水域の底砂などに着生する。縦溝殻と不完全縦溝殻で構成される。殻は棍棒状の皮針形、帯面はくさび状で殻中央よりわずかに頭端側で、縦溝殻側に屈曲する。殻長 12～46μm 殻幅 4～7μm 条線 明瞭で 10μm に 11～20 本ある。

4 5 *Achnanthidium (Achnanthes) convergens* (H. Kob.) H. Kob.

淡水産着生種。河川や湖沼で流れのある水域の底砂などに着生する。縦溝殻と無縦溝殻で構成される。条線は両殻とも繊細であるが、縦溝殻の条線は殻中央では放射状、殻端では逆放射となる。殻長 10～25μm 殻幅 4～4.5μm 条線 繊細で 10μm に 20～26 本ある。

6 7 10 11 *Planothidium (Achnanthes) lanceolatum* (Breb. ex Kuetz.) L.-Bert.

淡水産着生種。河川や湖沼で流れのある水域や止水域など広く出現する。縦溝殻と無縦溝殻で構成される。殻長 10～30μm 殻幅 4～8μm 条線 明瞭で 10μm に 11～14 本ある。無縦溝殻の中央部片側に馬蹄(ばてい)形の紋がみられる。

8 9 *Planothidium (Achnanthes) exiguum* (Grun.) Czarneeki

淡水産着生種。河川や湖沼で流れのある水域や止水域など広く出現する。殻は両側面がほぼ平行で、殻頭は広いくちばし状に突出する。縦溝殻と無縦溝殻で構成される。殻長 12～17μm 殻幅 5～6μm 条線 明瞭で 10μm に 20～24 本ある。

12 13 *Achnanthes inflata* (Kuetz.) Grun.

淡水産着生種。河川や湖沼で清澄な水域や止水域などミズゴケなどに着生して広く出現する。縦溝殻と無縦溝殻で構成される。殻長 38～59μm 殻幅 14～16μm 条線 明瞭で 10μm に 10～12 本ある。胞紋は縦溝殻、無縦溝殻ともに明瞭で 10μm に 10～14 個ある。

14 15 *Cocconeis placentula* Ehr.

淡水産着生種。河川や湖沼の流水・止水域など基物に着生して広く出現する。殻は楕円形で縦溝殻と無縦溝殻で構成される。殻長 10～70μm 殻幅 8～40μm 条線 明瞭で 10μm に 24～26 本ある。胞紋は縦溝殻が 10μm に 18～22 個、無縦溝殻で 10μm に 10～12 個ある。

16 17 *Achnanthidium (Achnanthes) gracillimum* (Meist.) Mayama

淡水産着生種。河川や湖沼で流れのある水域や止水域など広く出現する。殻は狭皮針形で、殻端は頭状となる。縦溝殻と無縦溝殻で構成される。殻長 19～32μm 殻幅 3～4μm 条線 明瞭で 10μm に 22～36 本ある。

18 *Sellaphora laevissima* (Kuetz.) D. G. Mann.

淡水産着生種。河川や湖沼の流水・止水域など基物に着生して広く出現する。殻は広皮針形で殻端は丸く終わる。殻長 20～70μm 殻幅 4.2～16μm 条線 殻中心部で放射状、殻端部では平行となる。明瞭で 10μm に 16～28 本ある。

19 *Sellaphora pupula* (Kuetz.) Mereschkowsky

淡水産着生種。河川や湖沼の流水・止水域など基物に着生して広く出現する。殻は広皮針形で殻端は丸く終わる。殻長 20～70μm 殻幅 4.2～16μm 条線 殻中心部で放射状、殻端部では平行となる。明瞭で 10μm に 16～28 本ある。前種 *S. laevissima*（18）と酷似するが、本種の最殻端条線は太くなるため明瞭に区別される。

20 *Hypodonta capitata* (Ehr.) L.-Bert, Metz. & Witokowski

淡水産着生種。河川や湖沼の流水・止水域など基物に着生して広く出現する。殻は広く頭状に突出した殻端と、棒状の太い条線が特徴的である。殻長 10～25μm 殻幅 5～8μm 条線 殻中心部で放射状、殻端部では逆放射となる。明瞭で 10μm に 8～11 本ある。

21–26 *Sellaphora joubaudii* (Germ.) Aboal

淡水産着生種。河川や湖沼の流水・止水域など基物に着生して広く出現する。殻は線状楕円形で、頭状に突出した殻端となる。殻長 5 ～ 20 μm 殻幅 3 ～ 5 μm 条線 10 μm に 8 ～ 22 本ある。条線を構成する胞紋が 1 重点紋列であることから、類似した形態の種類（p.73〈p.69- 17〉）と区別される。

22–23 *Cocconeis pediculus* Ehr.

淡水産着生種。河川や湖沼の流水・止水域など基物に着生して広く出現する。殻は楕円形で縦溝殻と無縦溝殻で構成される。殻長 12 ～ 56 μm 殻幅 6 ～ 37μm 条線 明瞭で 10 μm に 16 ～ 24 本ある。胞紋は縦溝殻では一列の点紋であるが無縦溝殻では長胞構造となっている。前種 *C. placentula*（14）の被殻は平坦であり、平らな基物に着生するが、本種の被殻は湾曲して円筒形基物（植物の茎など）に着生する。

p.62

1 *Frustulia vulgaris* (Thwaites) De Toni

淡水産底泥着生種。河川や湖沼の流水・止水域など底泥などから広く出現する。殻は長楕円形で殻端は広円形となる。縦溝にそって明瞭な立てスジ（殻内面の肋）がある。殻長 30 ～ 70μm 殻幅 15 ～ 20μm 条線 縦・横直行し、10 μm に 30 ～ 35 本ある。

2 *Frustulia saxonica* Rabenh.

淡水産底泥着生種。ミズゴケ湿原や高層湿原の止水域など底泥などから広く出現する。殻は長楕円形で殻端は広円形となる。縦溝にそって明瞭な立てスジ（殻内面の肋）がある。殻長 40 ～ 80 μm 殻幅 20 ～ 25 μm 条線 縦・横直行し、10 μm に 30 ～ 35 本ある。腐食酸性水域の指標種である。

3 *Stauroneis smithii* Grun.

淡水産底泥着生種。河川や湖沼の流水・止水域など底泥などから広く出現する。殻は皮針形で中心部から殻端に向かって徐々に細くなる。縦溝に沿った軸域と殻中心から横に広がった空域によって、十字形の無紋域となる。殻長 20 ～ 60 μm 殻幅 15 ～ 20 μm 条線 明瞭な点紋で構成される。

4 *Neidium ampliatum* (Ehr.) Krammer

淡水産底泥着生種。池沼の止水域や湿原の底泥などから広く出現する。殻は長楕円形で殻端は広円形となる。条線は縦に不規則に分断されるため，数本の波線となって観察される。特に殻縁に沿った無紋域（殻内の空洞）が特徴。殻長 50 ～ 250 μm 殻幅 29 ～ 40 μm 条線 10 μm に 12 ～ 18 本ある。

5 *Diploneis ovalis* (Hilse) Cl.

淡水産底泥着生種。河川や湖沼の流水・止水域など底泥などから広く出現する。殻は長楕円形で殻端は広円形となる。縦溝にそって明瞭な立てスジがある。殻長 20 ～ 60 μm 殻幅 15 ～ 20 μm 条線 明瞭な点紋で構成され 10 μm に 7～10 本ある。

6 *Stauroneis phenicenteron* (Nitz.) Ehr.

淡水産底泥着生種。河川や湖沼の流水・止水域など底泥などから広く出現する。殻は皮針形で中心部から殻端に向かって徐々に細くなる。縦溝に沿った軸域と殻中心から横に広がった空域によって、十字形の無紋域となる。殻長 70 ～ 250 μm 殻幅 15 ～ 45 μm 条線 明瞭な点紋で構成される。

7 *Brachysira brebisonii* Ross

淡水産底泥着生種。ミズゴケ湿原や高層湿原の止水域など底泥などから広く出現する。殻は長楕円形で殻端は広円形となる。条線は縦に不規則に分断されるため、数本の波線となって観察される。殻長 14 ～ 47μm 殻幅 4 ～ 10μm 条線 10 μm に 26 ～ 30 本ある。腐食酸性水域の指標種である。

コラム

殻の外形の呼び方

1) 左右相称で両端が同形

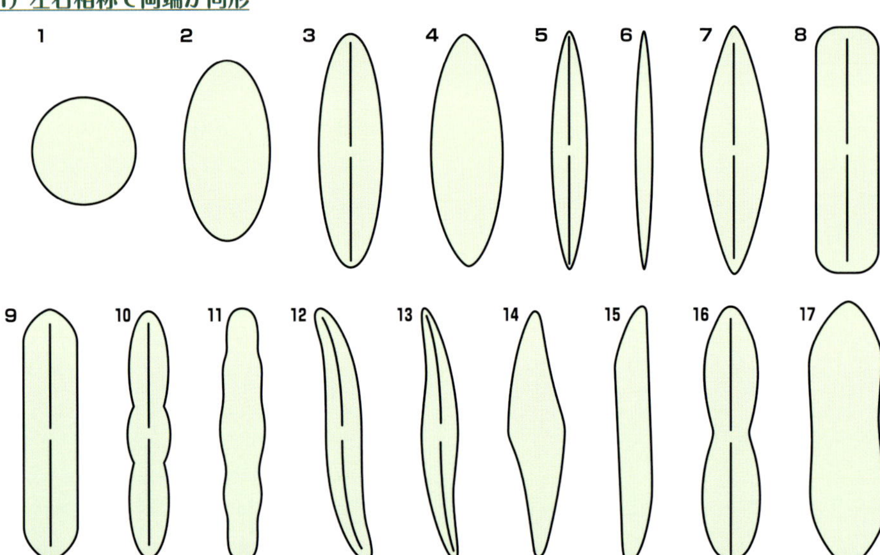

1. 円形 (circular)
2. 楕円形 (elliptic)
3. 狭楕円形 (narrow elliptic)
4. 広皮針形 (lanceolate, wide)
5. 狭皮針形 (lanceolate, narrow)
6. 紡錘状皮針形 (lanceolate, fusiform)
7. ひし形 (rhombic)
8. 長方形 (rectangular)
9. 線形 (linear)
10. 中心部の膨れた線形 (inear with gibbous center)
11. 三波形 (triundulate)
12. S 字形 (sigmoid)
13. S 字状皮針形 (sigmoid lanceolate)
14. S 字状ひし形 (sigmoid rhombic)
15. S 字状線形 (sigmoid linear)
16. バイオリン形 (panduriform)
17. 弱狭さくバイオリン形 (panduriform, gently constricted)

注：高等植物ではササの葉のような形を皮針形というが、珪藻では凸レンズの断面のような形を皮針形と呼ぶ。

2) 左右不相称で両端同形と異形

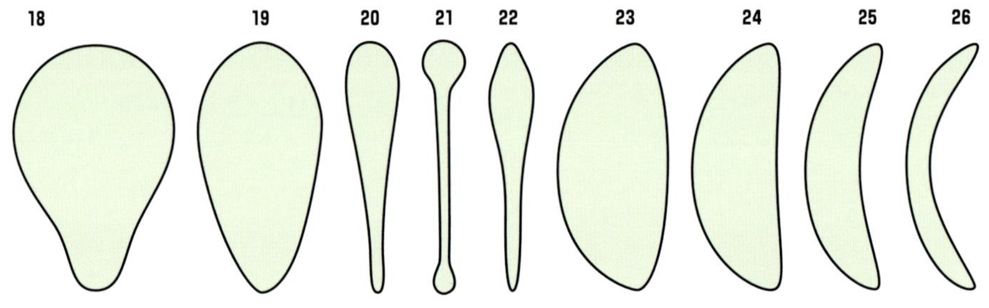

18. へら形 (spatulate)
19. 卵形 (ovate)
20. 棍棒形 (clavate)
21. 二葉形 (bilobate)
22. ほこ形 ((hastate)
23. 半皮針形 (semilanceolate)
24. 半円形 (semicircular)
25. 三日月形 (crescentic)
26. 弓形 (arcuate)

コラム

珪藻と古環境

堆積物中の珪藻化石を観察することで、過去の環境（古環境：こかんきょう）を知ることができます。たとえば、北海道の海岸には湿地環境でたまった泥炭層が分布していますが、その中には過去の津波によって運ばれた砂（津波堆積物）が見られることがあります。また、泥炭層中に残されている珪藻の化石を見ることで，当時の海水準や地震に関連した地殻変動を知ることができます。

地層の試料は、大規模なボーリング機械などで採取することもありますが、場所によっては細いパイプのような道具（ピートサンプラー）を使って人力で採取した方が効率的なこともあります。

採取した試料は，生きている試料と同様にパイプユニッシュや過酸化水素水などを使用して分離し、スライドグラスに封入して観察します。通常は1試料につき200 ～ 300個体の同定を行い、生きている群集と統計的に比較して過去の環境を復元します。

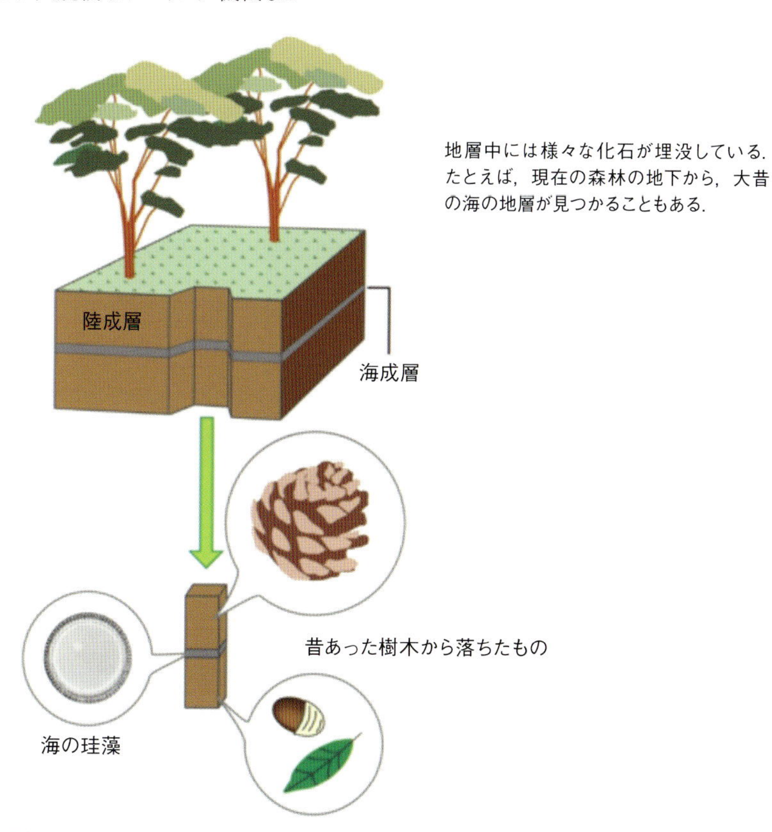

地層中には様々な化石が埋没している．たとえば，現在の森林の地下から，大昔の海の地層が見つかることもある．

澤井祐紀（2014）珪藻トピック　第５回　過去の巨大地震を知る－そのとき珪藻化石の果たす役割は？－．Diatom, 30: 207-210. より転載

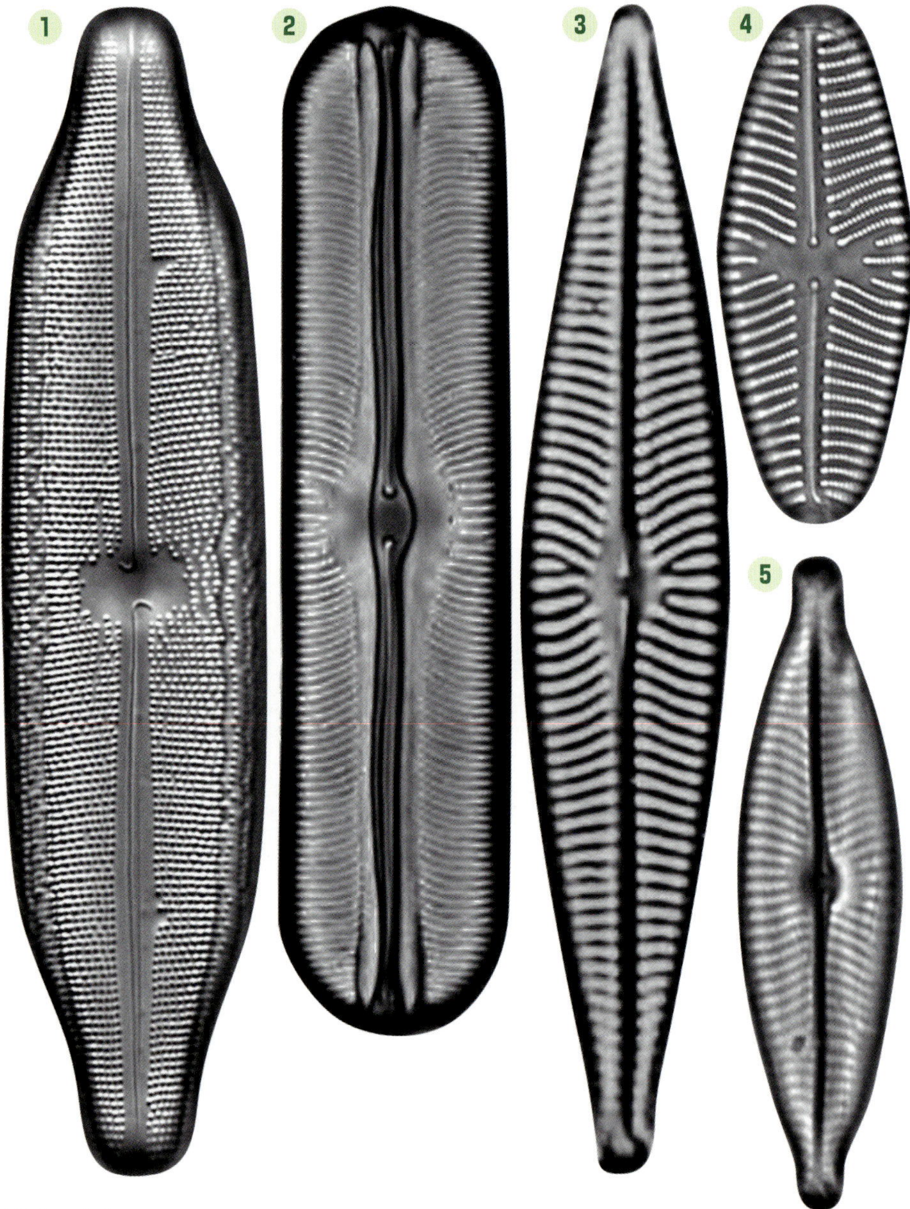

解説は p.72-73

1. *Neidium affine* (Ehr.) Pfitzer
2. *Sellaphora parapupula* L.-Bert.
3. *Navicula tryvialis* L.-Bert.
4. *N.reinhardtii* (Grun.) Grun.
5. *N.viridula* (Kuetz.) Ehr.
6&7. *Brachysira aponina* Kuetz.
（**7.** 水草葉表面着生状態 **SEM**）
8&9. *Cavinula pseudoscutiformis* (Hust.) D. G. Mann
10. *Navicula cryptocephala* Kuetz.
11. *N.veneta* Kuetz.
12. *N. notha* Wallace
13. *Placoneis symmetrica* (Hust.) L.-Bert.
14&15. *Caloneis bacillum* (Grun.) Cl.
16. *Diadismis confervacea* Kuetz.
17&18. *Sellaphora seminulum* (Grun.) D. G. Mann

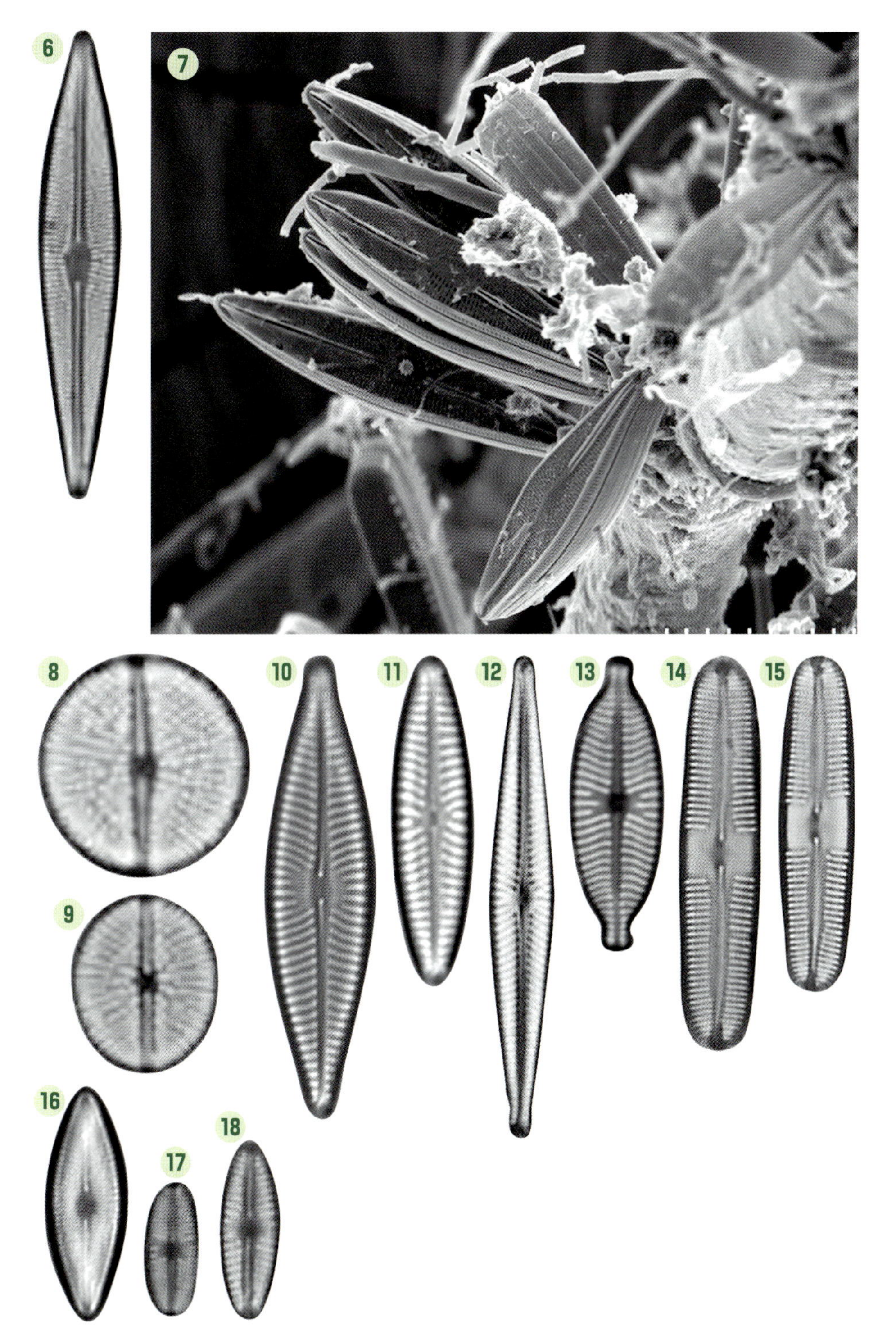
6
7
8
9
10
11
12
13
14
15
16
17
18

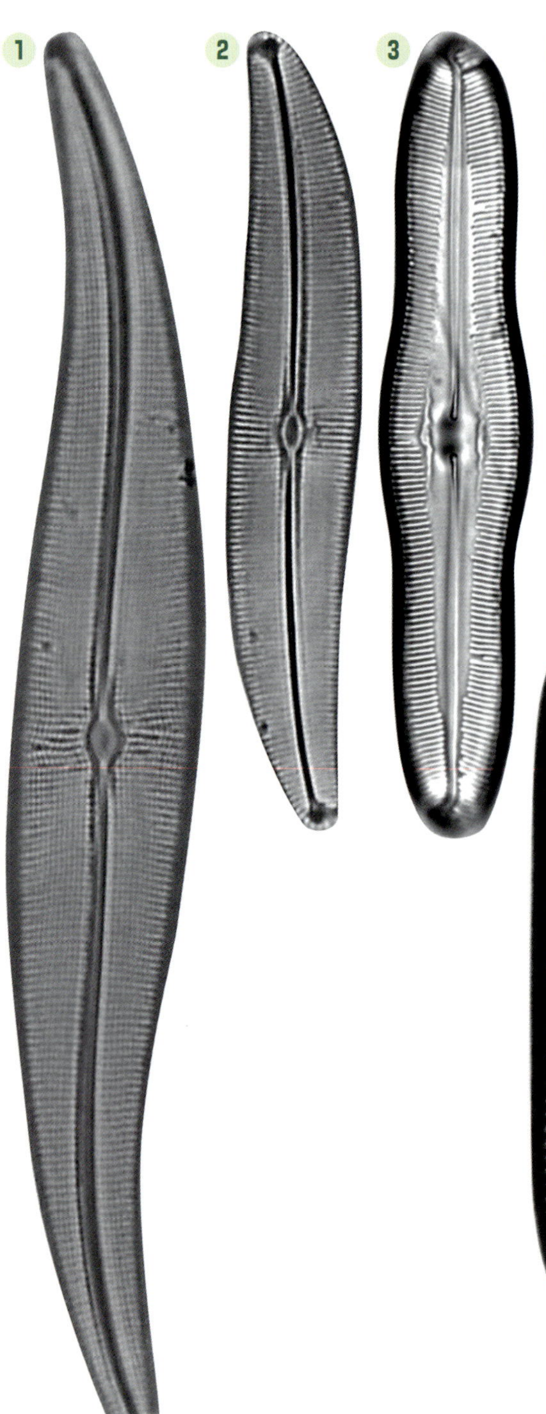

1. *Gyrosigma kuetzingii* (Grun.) Cl.
2. *G. scalproides* (Rabh.) Cl.
3. *Caloneis* (*Pinnularia*) *silicula* (Ehr.) Cl.
4&5. *Pinnularia microstauron* (Ehr.) Cl.
6. *Sellaphora bacillum* (Ehr.) D. G. Mann
7. *P. intterupta* W.Sm.
8. *P. gibba* Ehr.
9. *P. subcapitata* Greg.
10. *Encyonema neogracilis* Krammer
11&12. *Luticola goeppertiana* (Bleisch) D. G. Mann
13. *E. silesiacum* (Bleisch) D. G. Mann
14. *Cymbella leptoceros* (Ehr.) Kuetz.
15. *Encyonema prostratum* (Berkeley) Kuetz.
16. *Cymbella cistula* (Ehr.) Kirchner

解説は p.73-74

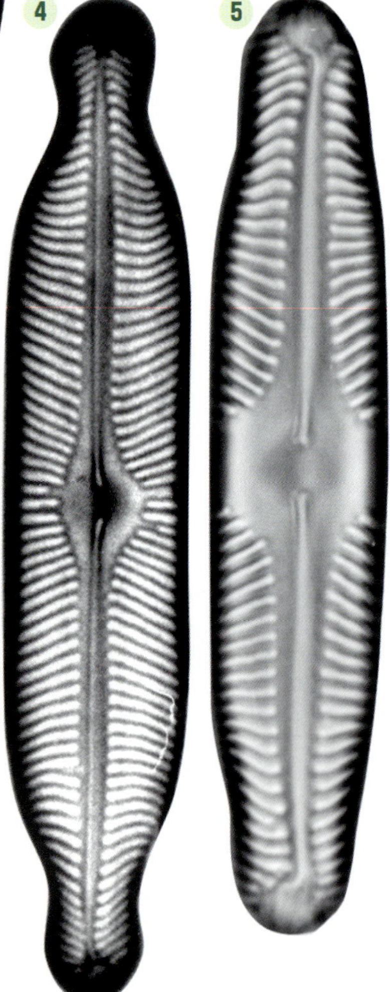

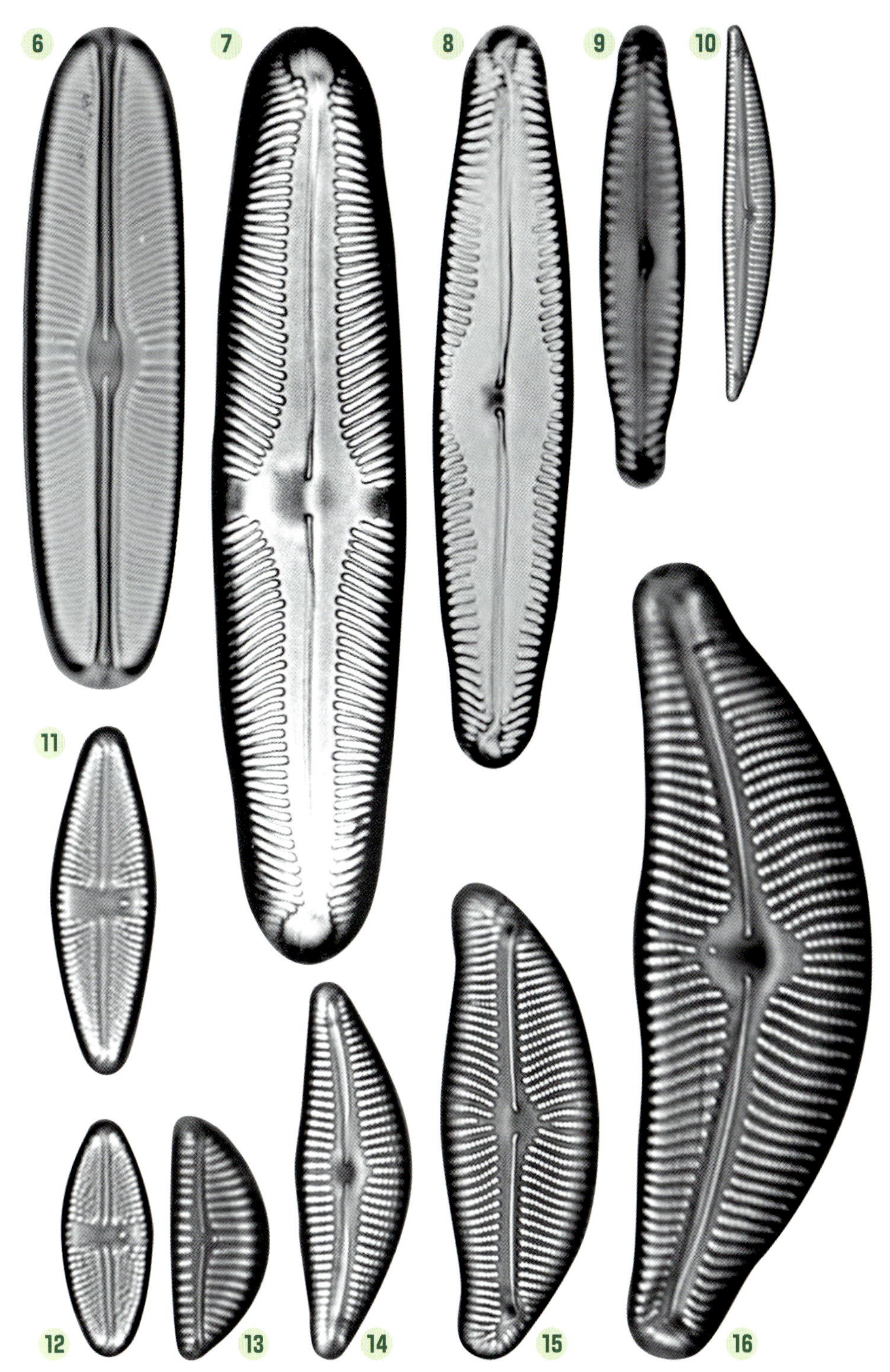
6
7
8
9
10
11
12
13
14
15
16

p.68～69

1 ***Neidium affine*** **(Ehr.) Pfitzer.**

淡水産底泥着生種。池沼の止水域や湿原の底泥などから広く出現する。殻は長楕円形で殻端は広円形となり、殻端は頭状に突出する。条線は縦に不規則に分断されるため、数本の波線となって観察される。特に殻縁に沿った無紋域（殻内の空洞）が特徴。殻長 35～150μm 殻幅 20～30 μm 条線 10 μmに12～18 本ある。

2 ***Sellaphora parapupula*** **L.-Bert.**

淡水産着生種。河川や湖沼の流水・止水域など基物に着生して広く出現する。殻は広皮針形で殻端は丸く終わる。殻長 40～80μm 殻幅 15～20 μm 条線 殻中心部で放射状、殻端部では平行となる。明瞭で 10μmに 16～28 本ある。*Sellaphora pupula*（p.64〈p.61- 19〉）より大形である。

3 ***Navicula tryvialis*** **L.-Bert.**

淡水産着生種。河川や湖沼の流水・止水域など底泥から広く出現する。殻は広皮針形で殻端は細長く伸張する。殻長 25～65μm 殻幅 8～12 μm 条線 殻中心部で放射状、殻端部では平行から逆放射となる。明瞭で 10μmに 11～13 本ある。

4 ***Navicula reinhardtii*** **(Grun.) Grun.**

淡水産底泥種。河川や湖沼の流水・止水域など底泥から広く出現する。殻は広皮針形で殻端は丸く終わる。殻長 35～70 μm 殻幅 11～18 μm 条線 殻中心部で放射状、殻端部では平行となる。明瞭で 10 μmに 7～9 本ある。

5 ***Navicula viridula*** **(Kuetz.) Ehr.**

淡水産着生種。河川や湖沼の流水・止水域など底泥から広く出現する。殻は広皮針形で殻端は細長く伸張する。殻長 50～80 μm 殻幅 10～15 μm 条線 殻中心部で放射状、殻端部では平行から逆放射となる。明瞭で 10 μmに 9～11 本ある。

6 7 ***Brachysira aponina*** **Kuetz.**

淡水産着生種。ミズゴケ湿原や高層湿原の止水域などから広く出現する。殻はくさび状皮針形で上下不相称となる。条線は縦に不規則に分断されるため、数本の波線となって観察される。殻長 14～35μm 殻幅 4～5 μm 条線 10 μmに 30～35 本ある。腐食酸性水域の指標種である。ミズゴケの葉上に足端で付着叢生する。

8 9 ***Cavinula pseudoscutiformis*** **(Hust.) D. G. Mann.**

淡水産着生種。池沼や湖沼の止水域などから広く出現する。殻は円形となる。条線は放射状で縦に不規則に分断されるため、数本の波線となって観察される。殻長 4～20μm 殻幅 4～17 μm 条線 10 μmに 20～26 本ある。

10 ***Navicula cryptocephala*** **Kuetz.**

淡水産着生種。河川や湖沼の流水・止水域など底泥から広く出現する。殻は広皮針形で殻端は細長く伸張する。殻長 19～40μm 殻幅 5～7 μm 条線 殻中心部で放射状、殻端部では平行から逆放射となる。明瞭で 10μmに 14～17 本ある。

11 ***Navicula veneta*** **Kuetz.**

淡水産着生種。河川や湖沼の流水・止水域など底泥から広く出現する。殻は広皮針形で殻端は広いくちばし状に突出する。殻長 15～30 μm 殻幅 5～7 μm 条線 殻中心部で放射状、殻端部では平行から逆放射となる。明瞭で 10 μmに 12～15 本ある。

12 ***Navicula notha*** **Wallace**

淡水産着生種。河川や湖沼の流水・止水域など底泥から広く出現する。殻は狭皮針形で殻端は広いくちばし状に突出する。殻長 19～32 μm 殻幅 4～4.5μm 条線 殻中心部で放射状、殻端部では平行から逆放射となる。明瞭で 10 μmに 15～17 本ある。腐食酸性池沼に出現する。

13 ***Placoneis symmetrica* (Hust.) L.-Bert.**

淡水産着生種。河川や湖沼の流水・止水域など底泥から広く出現する。殻は紡錘形で殻端は広いくちばし状から頭状に突出する。**殻長** 25 ～ 44 μｍ **殻幅** 10 ～ 14 μｍ **条線** 殻中心部で放射状、殻端部では平行となる。明瞭で 10 μｍに 10 ～ 14 本ある。

14 15 ***Caloneis bacillum* (Grun.) Cl.**

淡水産着生種。河川や湖沼の流水・止水域など底泥から出現する。殻は両側がほぼ平行で殻端は広いくちばし状から頭状となる。**殻長** 15 ～ 48μｍ **殻幅** 4 ～ 9 μｍ **条線** 殻中心部で平行、殻端部ではわずかに放射となる。明瞭で 10 μｍに 20 ～ 30 本ある。

16 ***Diadismis confervacea* Kuetz.**

淡水産着生種。栄養塩類濃度が高い河川や湖沼の流水・止水域など底泥から出現する。殻は紡錘形で殻端は広いくちばし状から頭状となる。**殻長** 10 ～ 25μｍ **殻幅** 5 ～ 8μｍ **条線** 短く殻縁辺部にあり、中心部は空域となる。明瞭で 10μｍに 17 ～ 25 本ある。本種は殻面で互いに密着させ、帯状の群体を形成するため、*Fragiralia* 属（p.18）の種類と間違いやすいが、中心背節の存在が分かるため、本種と同定できる。

17 18 ***Sellaphora seminulum* (Grun.) D. G. Mann**

淡水産着生種。栄養塩類濃度が高い河川や湖沼の流水・止水域など底泥から出現する。殻は線状楕円形で殻端は広いくちばし状となる。**殻長** 5 ～ 20μｍ **殻幅** 3 ～ 5 μｍ **条線** 短く殻縁辺部にあり、中心部は空域となる。明瞭で 10 μｍに 17 ～ 25 本ある。*Sellaphora joubaudii*（p.65〈p.60- **21**〉）と間違いやすいが、条線を構成する胞紋が二重点紋列であることから、類似した形態の種類と区別される本種と同定できる。

p.70 ～ 71

1 ***Gyrosigma kuetzingii* (Grun.) Cl.**

淡水産着生種。河川や湖沼、池沼の流水・止水域など底泥から出現する。殻はＳ字状。殻端は広いくちばし状となる。**殻長** 90 ～ 150 μｍ **殻幅** 12 ～ 15 μｍ **条線** 縦横に認められるが、横条線方が目立ち、明瞭で 10 μｍに 24 ～ 27 本ある。近縁種と違いやすいが、殻全体がＳ字状になり、縦溝は中心域付近では直線、殻端方向では殻の一方の側に偏心する。

2 ***Gyrosigma scalproides* (Rabh.) Cl.**

淡水産着生種。河川や湖沼、池沼の流水・止水域など底泥から出現する。殻はＳ字状。殻端は広いくちばし状となる。**殻長** 40 ～ 70 μｍ **殻幅** 7 ～ 11 μｍ **条線** 縦横に認められるが、横条線方が目立ち、明瞭で 10 μｍに 20 ～ 24 本ある。殻全体がＳ字状になるが、縦溝の曲がりが少ない。

3 ***Caloneis (Pinnularia) silicula* (Ehr.) Cl.**

淡水産着生種。河川や湖沼、池沼の流水・止水域など底泥から出現する。**殻長** 20 ～ 120 μｍ **殻幅** 5 ～ 20 μｍ **条線** 細めの線状で 10μｍに 15 ～ 20 本ある。近年本属は *Pinnularia* 属と同類であるとの見解もあるが、本属の全てが確認された訳ではないので、従来の扱いとした。

4 5 ***Pinnularia microstauron* (Ehr.) Cl.**

淡水産着生種。河川や湖沼、池沼の流水・止水域など底泥から出現する。殻は広線状皮針形の中型種、縦溝の中心末端が丸く長いこと、殻端が広くちばし状にならないことなどで区別できる。**殻長** 40 ～ 90 μｍ **殻幅** 7 ～ 13μｍ **条線** 放射線状で 10 μｍに 9 ～ 11 本ある。

6 ***Sellaphora bacillum* (Ehr.) D. G. Mann**

淡水産着生種。河川や湖沼の流水・止水域など基物に着生して広く出現する。殻は広皮針形で殻端は丸く終わる。**殻長** 18 ～ 53 μｍ **殻幅** 10 ～ 20μｍ **条線** 殻中心部で放射状、殻端部では平行となる。明瞭で 10 μｍに12 ～ 14 本ある。*S.*

laevissima (p.64〈p.60- 18〉) と酷似するが、本種の最殻端条線が縦溝に沿った縦線で分断される特徴で区別される。各地に生育する。

7 *Pinnularia intterupta* W. Sm.

淡水産着生種。河川や湖沼、池沼の流水・止水域など底泥から出現する。殻は広線状皮針形の中型種、縦溝の中心末端が丸く長いこと、殻端が広くちばし状にならないことなどで区別できる。殻長 20 ～ 65μm 殻幅 6 ～ 8μm 条線 放射線状で 10μmに9～13本ある。

8 *Pinnularia gibba* Ehr.

淡水産着生種。河川や湖沼、池沼の流水・止水域など底泥から出現する。殻は広線状皮針形の中型種、中心域が引き伸ばされた菱形になることなどで区別できる。殻長 45 ～ 120μm 殻幅 7 ～ 12μm 条線 放射線状で 10μmに9～11本ある。

9 *Pinnularia subcapitata* Greg.

淡水産着生種。河川や湖沼、池沼の流水・止水域など底泥から出現する。殻は広線状皮針形の小形種、殻端がくちばし状に突出することなどで区別できる。殻長 20 ～ 60μm 殻幅 4 ～ 6μm 条線 放射線状で 10μmに12～14本ある。

10 *Encyonema neogracilis* Krammer

淡水産着生種。河川や湖沼、池沼の流水・止水域など基物に着生して生育する。殻は半円形で細長い。殻長 22 ～ 57μm 殻幅 4.5 ～ 9μm 条線 放射線状で 10μmに9～16本ある。

11 12 *Luticola goeppertiana* (Bleisch) D. G. Mann

淡水産着生種。河川や湖沼、池沼の流水・止水域など底泥から出現する。殻は広皮針形、殻端の形状は多様で、広円からくちばし状の個体もある。殻長 13 ～ 40μm 殻幅 5 ～ 10μm 条線 放

コラム

胞紋の構造

珪藻の紋様を胞紋というが、その胞紋構造も不思議なことがある。

中心類で比較的大型の珪藻の胞紋構造は複雑である。

小箱胞紋(1)と偽小箱胞紋(2)である。

小箱胞紋は殻の外側に細かな小孔をもつ膜で閉ざされ、殻内側は大きく開口する構造である。*Coscinodiscus* 属などにみられる。

偽小箱胞紋は小箱胞紋と反対で、外側が大きく開口し、殻内側は細かな小孔をもつ膜で閉ざされる構造である。*Triceratium* や *Biddulphia* 属などにみられる。

1. 小箱胞紋

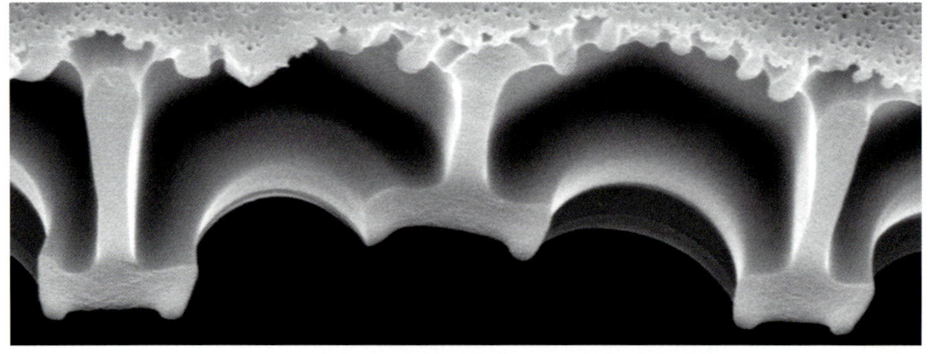

射線状で10μmに15～20本ある。中心域は横に広がり横帯になり、殻縁に1つの遊離点をもつ。

13 *Encyonema silesiacum* (Bleisch) D. G. Mann

淡水産着生種。河川や湖沼、池沼の流水・止水域など基物に着生して生育する。殻は半円形。殻長 7～30μm 殻幅 4～7μm 条線 放射線状で10μmに10～15本ある。

14 *Cymbella leptoceros* (Ehr.) Kuetz.

淡水産着生種。河川や湖沼、池沼の流水・止水域など基物に着生して生育する。殻は長半円形で腹側が少し出る。殻長 15～60μm 殻幅 7～13μm 条線 二重点紋で区画され明瞭、10μmに9～13本ある。

15 *Encyonema prostratum* (Berkeley) Kuetz.

淡水産着生種。河川や湖沼、池沼の流水・止水域など基物に着生して生育する。殻は長半円形で殻端と中央部腹側が少し出る。殻長 38～92μm 殻幅 16～31μm。生細胞は粘液鞘に連なって生育する。

16 *Cymbella cistula* (Ehr.) Kirchner

淡水産着生種。河川や湖沼、池沼の流水・止水域など基物に着生して生育する。殻は長半円形で殻端と中央部腹側が少し出る。殻長 35～100μm 殻幅 13～23μm。中心節の腹側に遊離点がある。

2. 偽小箱胞紋

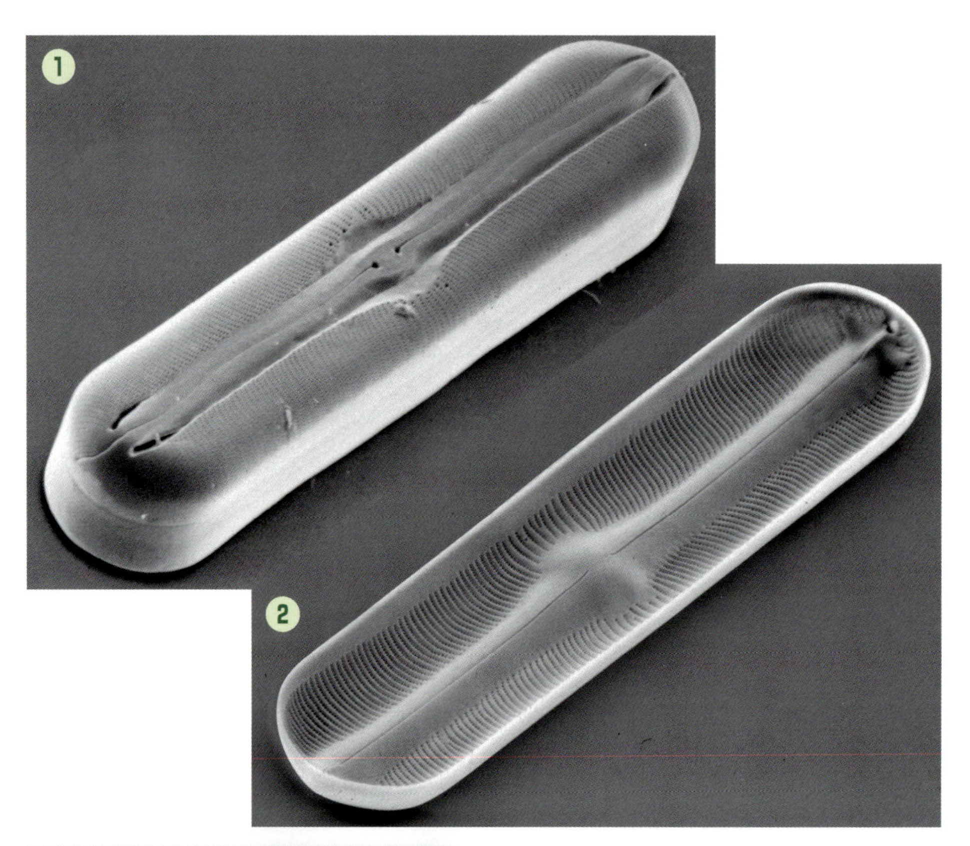

1&2. *Sellaphora parapupula* L.-Bert.
（**SEM** **1.** 被殻外面　**2.** 被殻内面）
3. *Lyrella amphoroides* D. G. Mann
4. *Craticula cuspidate*（Kuetz.）D. G. Mann
5&6. *Cymatopleura solea*（Breb.）W. Sm.
7. *Gomphonema augur* Ehr. （被殻全体像 **SEM**）
8. *Nitzschia fonticola*（Grun.）Grun.（被殻全体像 **SEM**）
9. *Synedrella parasitica*（W. Sm.）Round
Cymatopleura solea に着生 **SEM**

解説は p.80

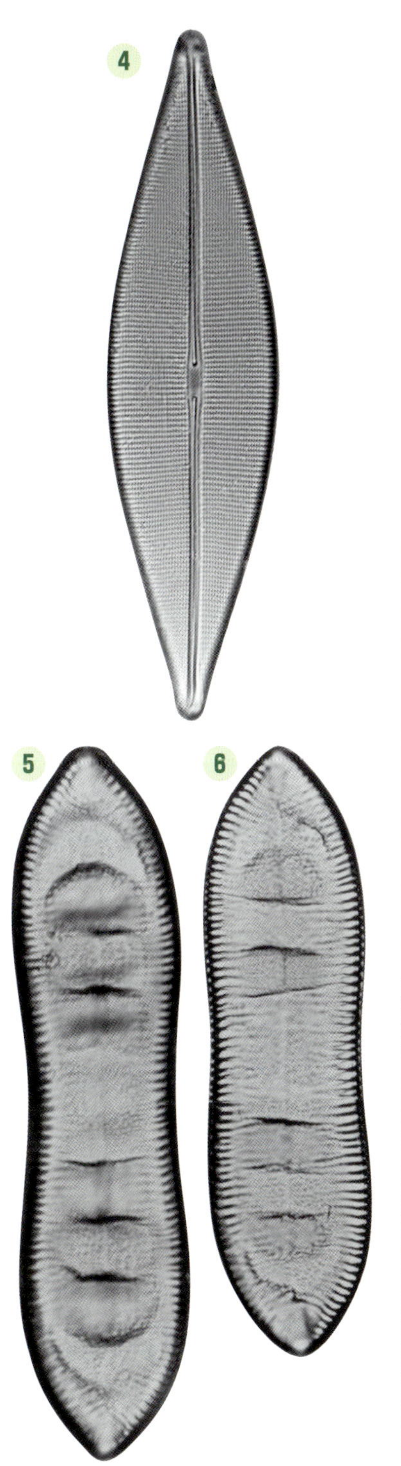
4
5
6

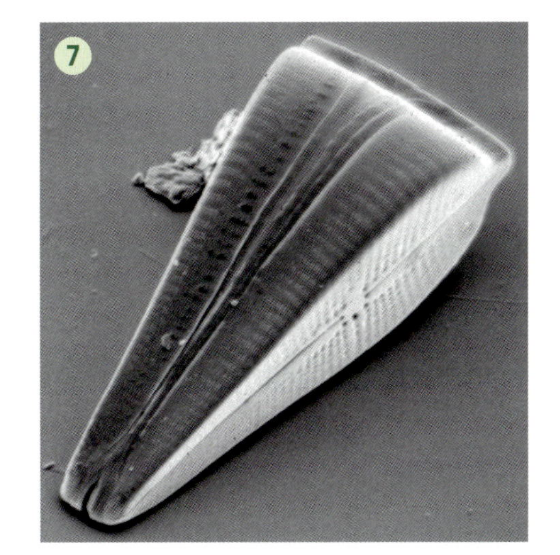
7

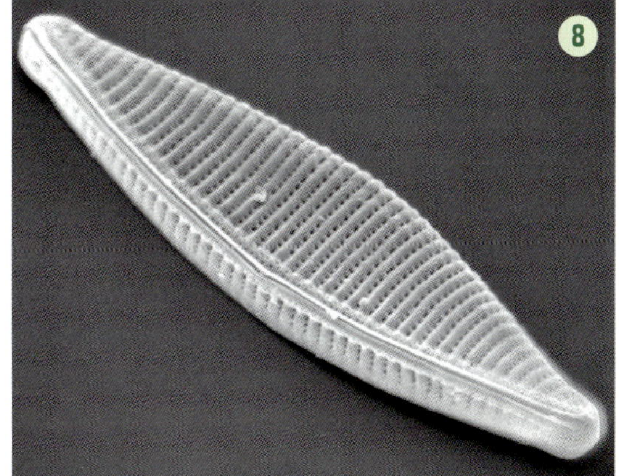
8

9

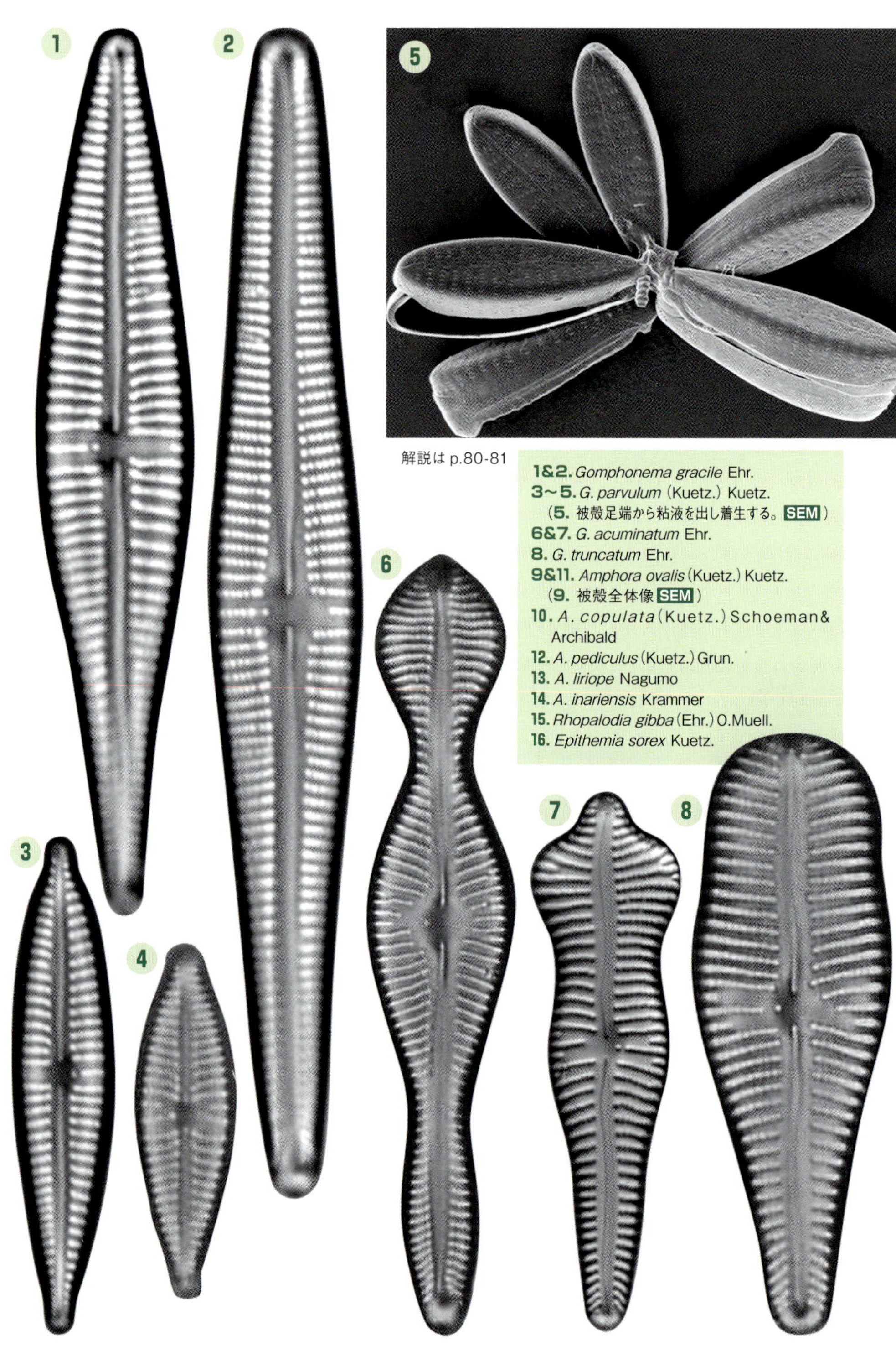

解説は p.80-81

1&2. *Gomphonema gracile* Ehr.
3〜5. *G. parvulum* (Kuetz.) Kuetz.
（**5.** 被殻足端から粘液を出し着生する。SEM）
6&7. *G. acuminatum* Ehr.
8. *G. truncatum* Ehr.
9&11. *Amphora ovalis* (Kuetz.) Kuetz.
（**9.** 被殻全体像 SEM）
10. *A. copulata* (Kuetz.) Schoeman& Archibald
12. *A. pediculus* (Kuetz.) Grun.
13. *A. liriope* Nagumo
14. *A. inariensis* Krammer
15. *Rhopalodia gibba* (Ehr.) O.Muell.
16. *Epithemia sorex* Kuetz.

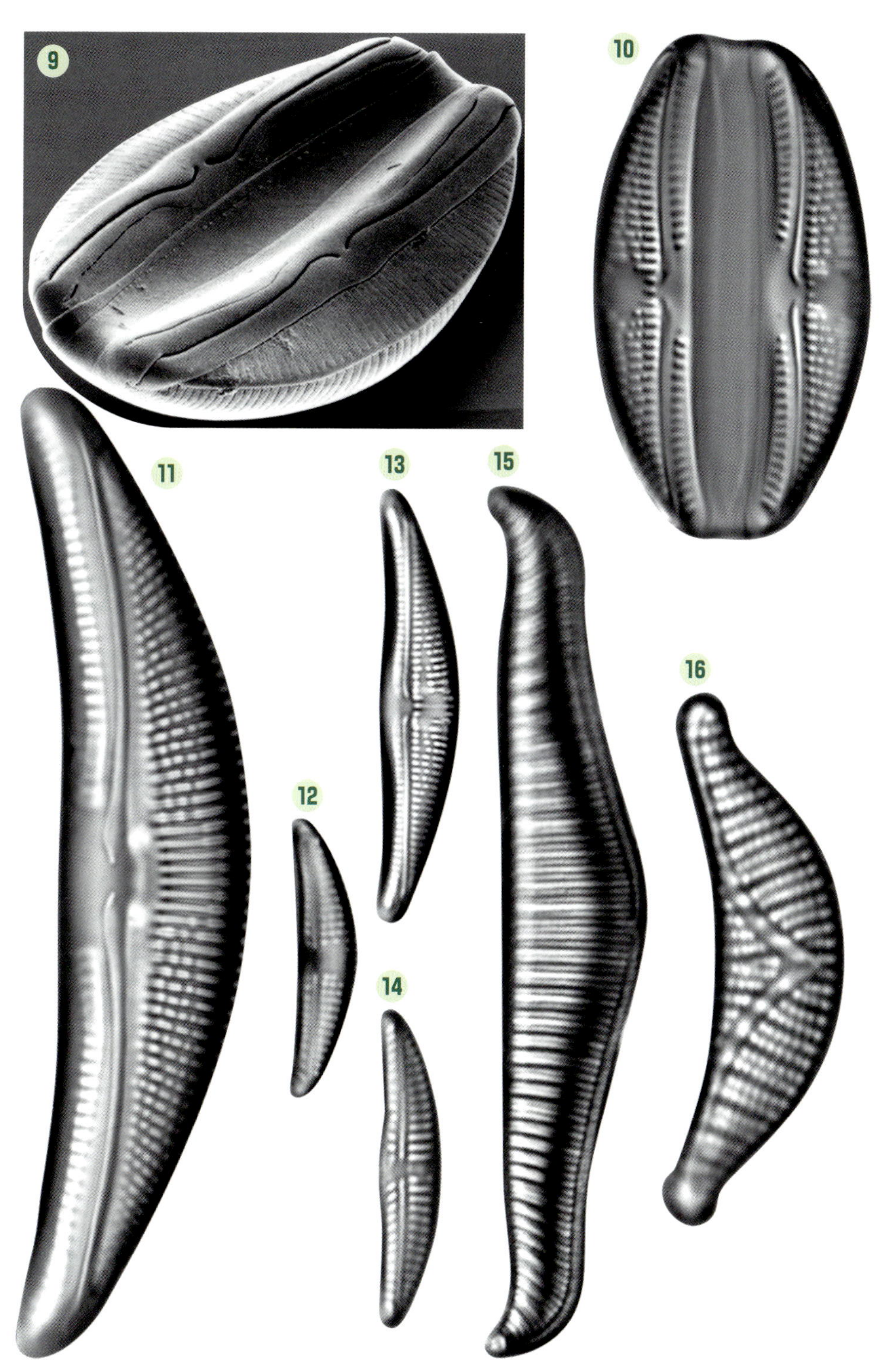
9
10
11
12
13
14
15
16

p.76 ～ 77

1 ***Sellaphora parapupula*** **L.-Bert.**
2
前出→ p.72（p.68- **2**）

3 ***Lyrella amphoroides*** **D. G. Mann**

海産底生種。殻長 70 ～ 120 μ m 殻幅 27 ～ 40 μ m 条線 明瞭な点紋で、10 μ m に 10 ～ 18 本ある。*Navicula lyra* Ehr. とされていた種類。日本沿岸に広く分布する。

4 ***Craticula cuspidate*** **(Kuetz.) D. G. Mann**

淡水産着生種。河川や湖沼、池沼の流水・止水域など底泥から出現する。殻は皮針形で殻端は細長く突出する。中心域が引き伸ばされた菱形になることなどで区別できる。殻長 30 ～120 μ m 殻幅 13 ～ 25 μ m 条線 横条線は 10 μ m に 11 ～ 13 本、縦条線 10 μ m に 21 ～ 27 本ある。この種類にはクラティクラ（棚板）と呼ばれる構造が帯片し発達する。

5 ***Cymatopleura solea*** **(Breb.) W. Sm.**
6

淡水産着生種。河川や湖沼、池沼の流水・止水域など底泥から出現する。殻は中央部がくびれた広線形。殻長 30 ～ 300 μ m の大型種である。縦溝は管縦溝で殻の両殻縁を通り、殻面が大きく波打つという目立った特徴をもつ。この種類の殻には度々、*Synedrella parasitica* (W. Sm.) Round が多数付着していることある。この属は、国際命名規約で決められた保存属とされている。殻幅 13 ～ 25 μ m 条線 横条線は 10 μ m に 11 ～ 13 本、縦条線は 10 μ m に 21 ～ 27 本ある。

7 ***Gomphonema augur*** **Ehr.**

淡水産着生種。河川や湖沼、池沼の流水・止水域などから出現する。殻は上下不相称のくさび形。頭端はくちばし状に突出する。殻長 20 ～ 130 μ m 殻幅 8 ～ 20 μ m。

8 ***Nitzschia fonticola*** **(Grun.) Grun.**

淡水産着生種。河川や湖沼、池沼の流水・止水域などから出現する。殻は線状皮針形。頭端はくちばし状に突出する。殻長 10 ～ 65 μ m 殻幅 2.5 ～ 5 μ m。

9 ***Synedrella parasitica*** **(W. Sm.) Round**

淡水着生種。殻は線状皮針形で科殻中央で膨れる。軸域は広い。殻長 10 ～ 30 μ m 殻幅 3 ～ 5 μ m。他の大形珪藻に着生してみられる。

p.78 ～ 79

1 ***Gomphonema gracile*** **Ehr.**
2

淡水産着生種。河川や湖沼、池沼の流水・止水域などから出現する。殻は上下不相称のくさび形。頭端はくちばし状に突出する。殻長 35 ～ 60 μ m 殻幅 6 ～ 8 μ m 条線 10 μ m に 12 ～ 14 本ある。殻中央の条線で左右の 2 本は、片方は短く、相対する側は長く先端に遊離点をもつ。

3 ***Gomphonema parvulum*** **(Kuetz.) Kuetz.**
4
5

淡水産着生種。河川や湖沼、池沼の流水・止水域などから基物に着生して出現する。殻は上下不相称のくさび形。頭端はくちばし状に突出する。殻長 10 ～ 40 μ m 殻幅 5 ～ 8 μ m 条線 10 μ m に 7 ～ 29 本ある。殻中央の条線で左右の 2 本は、片方は短く、相対する側は長く先端に遊離点をもつ。被殻足端から粘液を出し着生する。

6 ***Gomphonema acuminatum*** **Ehr.**
7

淡水産着生種。河川や湖沼、池沼の流水・止水域などから基物に着生して出現する。殻は上下不相称のくさび形。頭端はくちばし状に突出する。殻側が波打つという特徴がある。殻長 35 ～ 100 μ m 殻幅 6 ～ 15 μ m 条線 10 μ m に 8 ～ 13 本ある。殻中央の条線で左右の 2 本は、片方は短く、相対する側は長く先端に遊離点をもつ。

8 ***Gomphonema truncatum*** **Ehr.**

淡水産着生種。河川や湖沼、池沼の流水・止水域などから基物に着生して出現する。殻は上下不相称のくさび形で頭端は円形。殻長 13 ～ 75 μ m 殻幅 7 ～ 17 μ m 条線 10 μ m に 9 ～ 12 本ある。殻中央の条線で左右の2本は、片方は短く、相対する側は長く先端に遊離点をもつ。

9 ***Amphora ovalis* (Kuetz.) Kuetz.**

11 淡水産着生種。静岡県柿田川遊水地の底泥に出現する。大型の種類で、*Amphora* 属(p.20)のタイプ種である。ヨーロッパでは汎布種であるが、本邦では柿田川湧水地からのみ確認されている。**殻長** 30～195μm **殻幅** 17～50μm **条線** 10μmに10～13本ある。

10 ***Amphora copulata* (Kuetz.)Schoeman & Archibald**

淡水産着生種。河川や湖沼、池沼の流水・止水域などから底泥や基物に着生して出現する。淡水産 *Amphora* 属の代表種である。2つの被殻は、帯片の腹側と背側の幅の違いによって、数十度の角度をもって相対する構造である(p.98, 100)。**殻長** 19～42μm **殻幅** 5～7.5μm **条線** 10μmに14～16本ある。

12 ***Amphora pediculus* (Kuetz.) Grun.**

淡水産着生種。河川や湖沼、池沼の流水・止水域などから底泥や基物に着生して出現する。小型の淡水産 *Amphora* 属の代表種である。**条線** 明瞭な点紋となる。**殻長** 7～15μm **殻幅** 2.5～4μm **条線** 10μmに18～24本ある。

13 ***Amphora liriope* Nagumo**

淡水産着生種。静岡県柿田川遊水地の底泥に出現する。*A. copulata*(**10**)とはより細い殻形と小型。出現地は柿田川と大正池(長野県)で清澄な水質環境である。**殻長** 20～50μm **殻幅** 6～8μm **条線** 10μmに14～15本ある。

14 ***Amphora inariensis* Krammer**

淡水産着生種。河川や湖沼、池沼の流水・止水域などから底泥や基物に着生して出現する。*A. pediculus*(**12**)に大きさは類似しているが、条線は明瞭な線となる。**殻長** 15～28μm **殻幅** 3.5～6μm **条線** 10μmに15～17本ある。

15 ***Rhopalodia gibba* (Ehr.) O. Muell.**

淡水産着生種。河川や湖沼、池沼の流水・止水域などから基物に着生して出現する。殻は括弧形を呈し、櫛の歯のような横走肋があり、その間に条線がある。**殻長** 30～150μm **殻幅** 7～15μm。肋線は10μmに6～8で、各肋線間に2、3本の条線がある。

16 ***Epithemia sorex* Kuetz.**

淡水産着生種。河川や湖沼、池沼の流水・止水域などから基物に着生して出現する。殻は弓形を呈し、櫛の歯のような横走肋があり、その間に条線がある。**殻長** 8～70μm **殻幅** 6.5～16μm。肋線は10μmに5～7で、各肋線間に2、3本の条線がある。

淡水着生珪藻 *Planothidium lanceolatum* (SEM)
上：縦溝殻
下：無縦溝殻

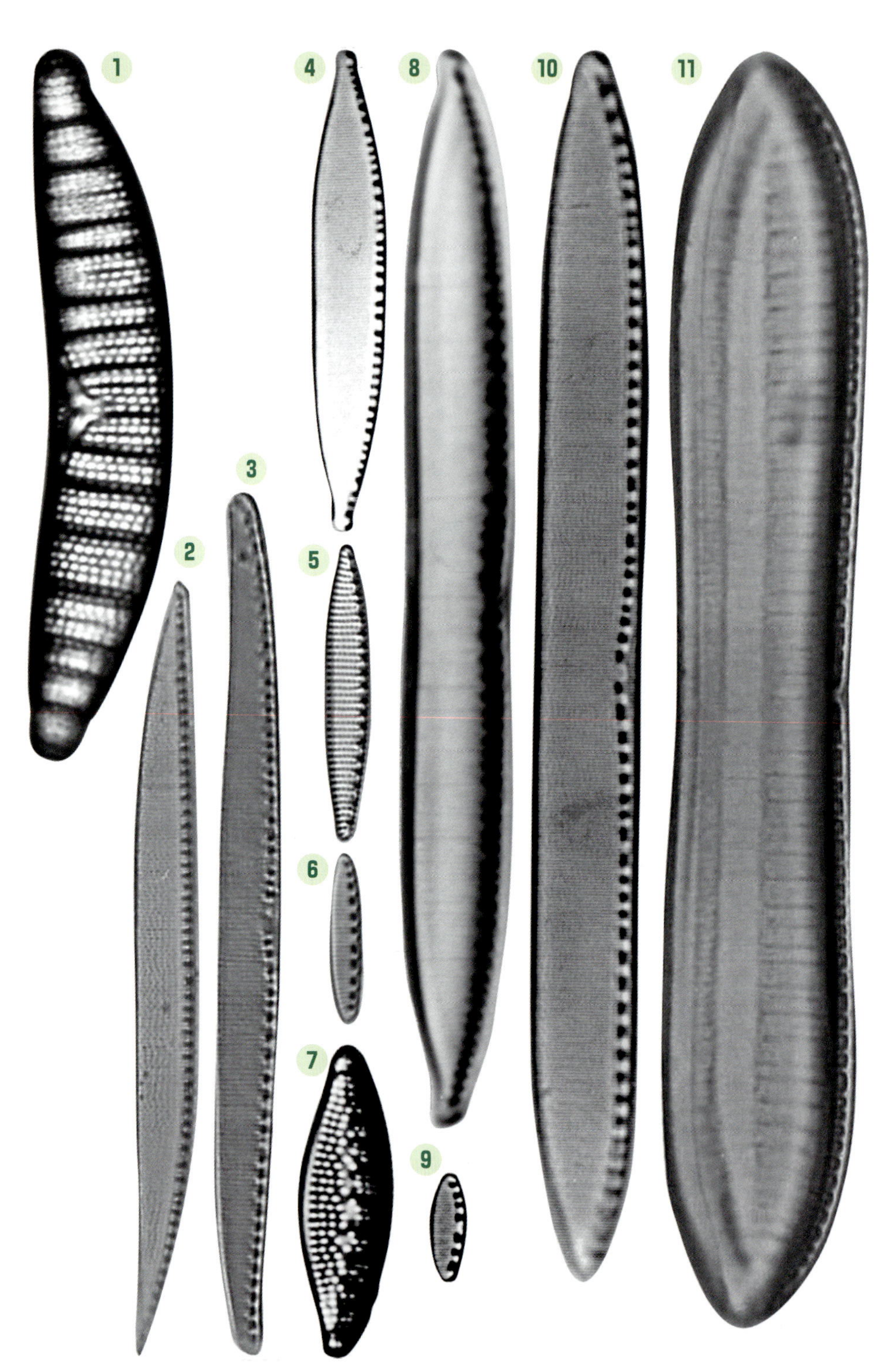
1
2
3
4
5
6
7
8
9
10
11

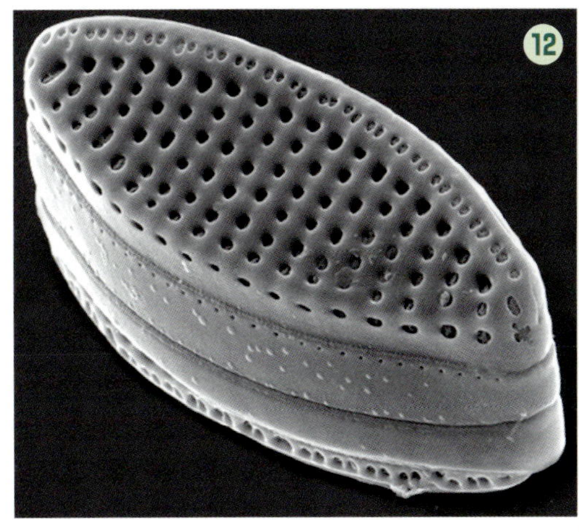

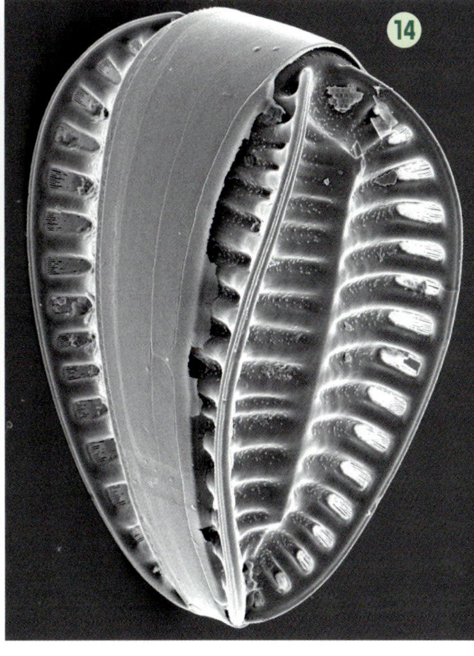

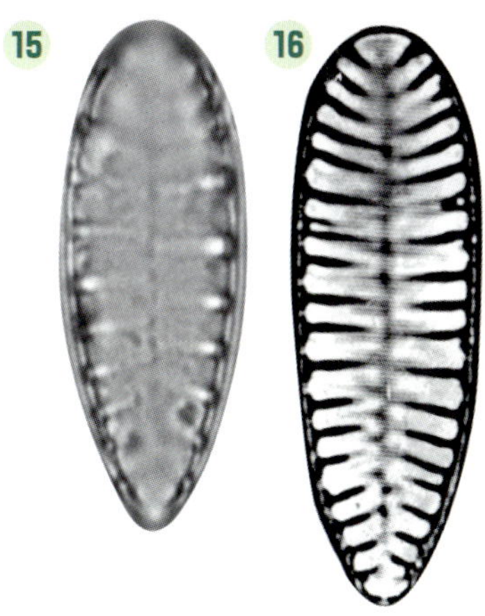

解説は p.86-87

1. *Epithemia adnata* (Kuetz.) Breb.
2. *Nitzschia sigma* (Kuetz.) W. Sm.
3. *N. filiformis* (W. Sm.) V. H.
4. *N. palea* (Kuetz.) W. Sm.
5. *N. frustlum* (Kuetz.) Grun.
6. *N. inconspicua* Grun.
7. *N. sinuate* (W. Sm.) var. *delognei* (Grun.) L. - Bert.
8. *N. linearis* (C. Ag.) W. Sm.
9&12. *N. abbrebiata* Hust.（**12.** 被殻全体像 SEM）
10. *N. umbonata* (Ehr.) L. -Bert.
11. *N. marginulata* Grun.
13. *Surirella tenera* Greg.
14. *S. robusta* Ehr（被殻全体像 SEM）
15. *S. terricola* L. - Bert. & Alles
16. *S. minuta* Breb. ex Kuetz.

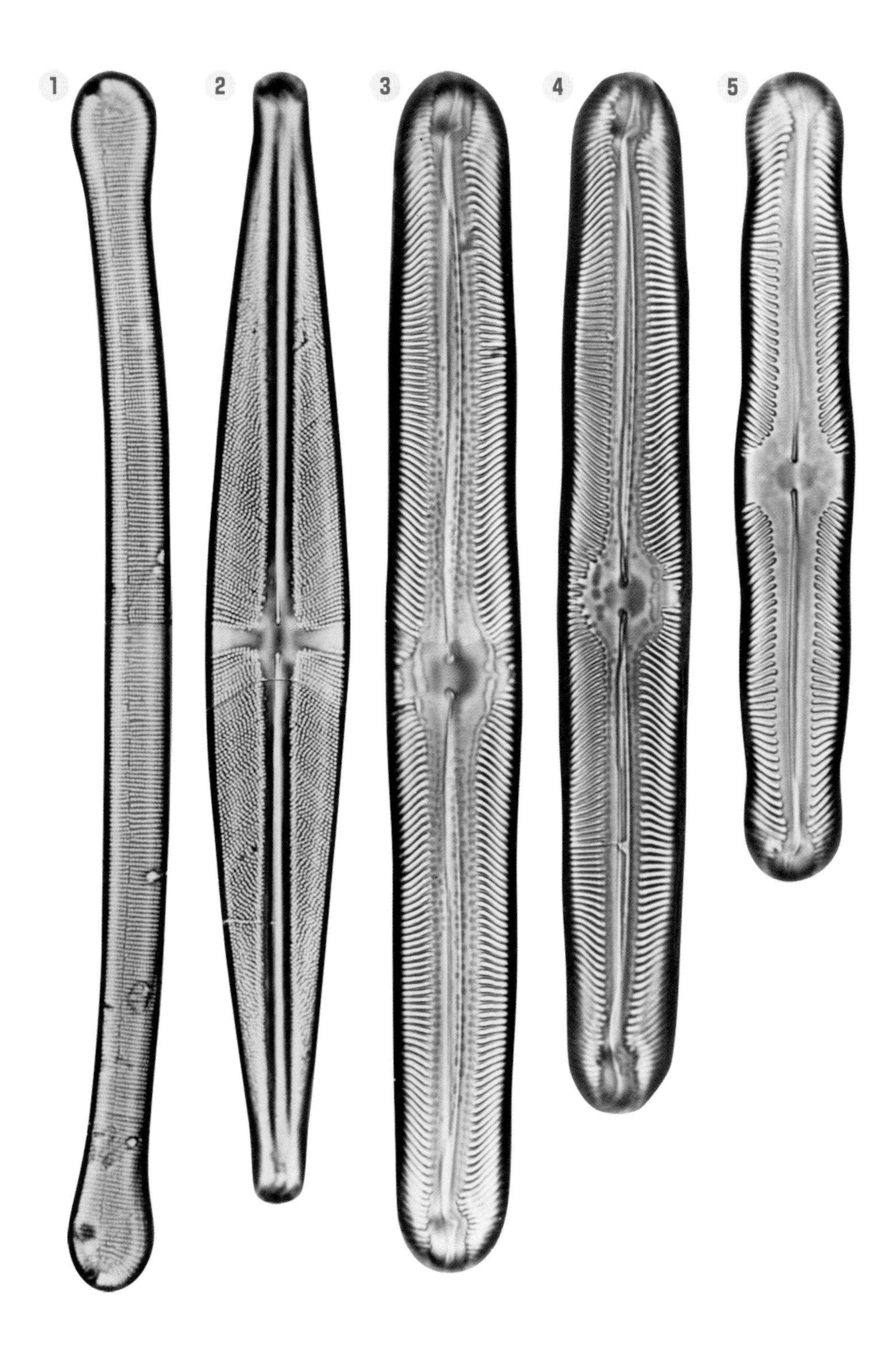
1
2
3
4
5

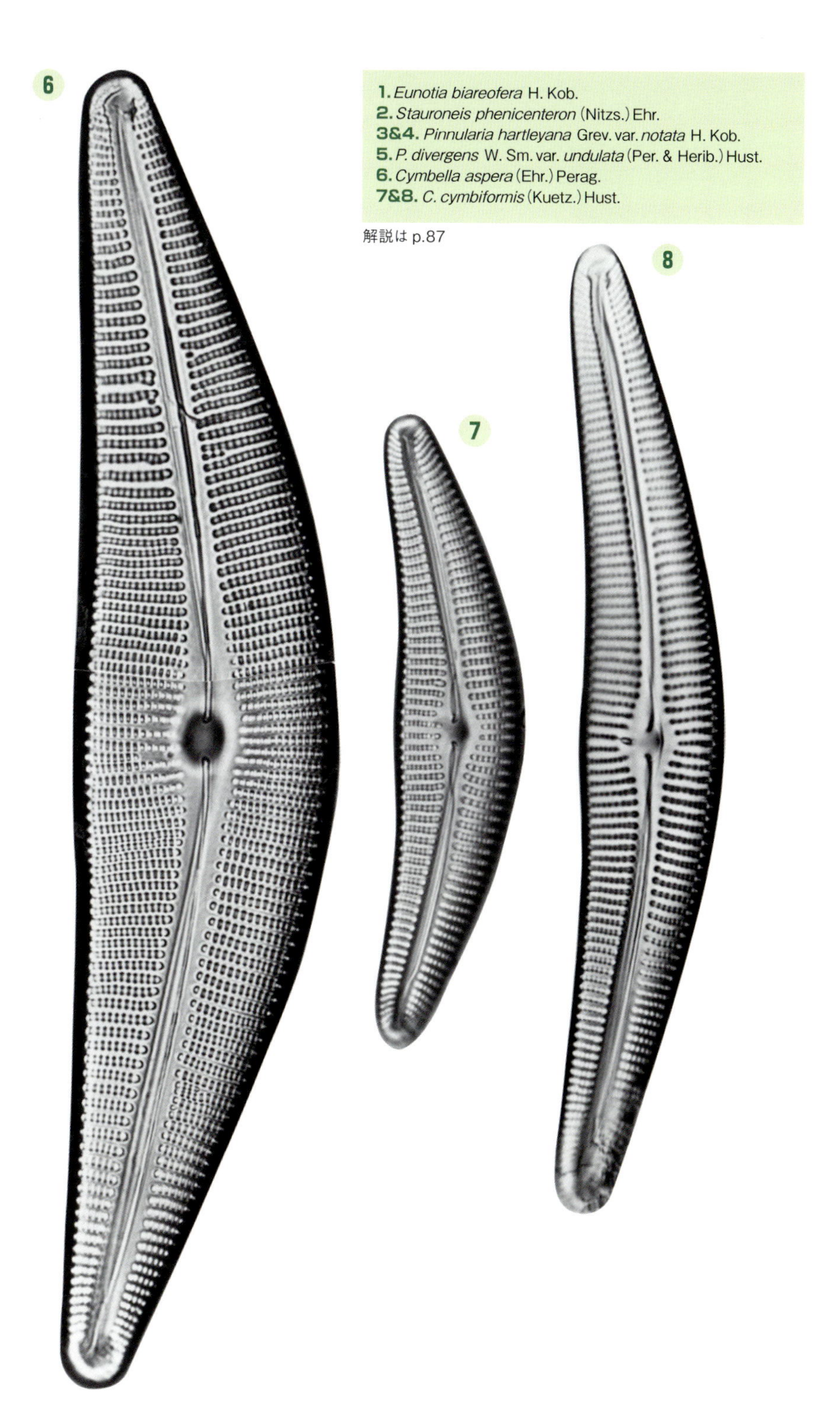

1. *Eunotia biareofera* H. Kob.
2. *Stauroneis phenicenteron* (Nitzs.) Ehr.
3&4. *Pinnularia hartleyana* Grev. var. *notata* H. Kob.
5. *P. divergens* W. Sm. var. *undulata* (Per. & Herib.) Hust.
6. *Cymbella aspera* (Ehr.) Perag.
7&8. *C. cymbiformis* (Kuetz.) Hust.

解説は p.87

p.82 ~ 83

1 ***Epithemia adnata*** **(Kuetz.) Breb.**

淡水産着生種。河川や湖沼、池沼の流水・止水域などから基物に着生して出現する。殻は弓形を呈し、櫛の歯のような横走肋があり、その間に条線がある。*E. sorex*（p.81〈p.79- 16〉）とは殻端の形状が異なること、管状縦溝の位置の違いで区別される。殻長 15 ~ 150μm 殻幅 7 ~ 14μm。肋線は 10μm に 2 ~ 4 で、条線 各肋線間に 3 ~ 8 本ある。

2 ***Nitzschia sigma*** **(Kuetz.) W. Sm.**

淡水産底泥種。河川や湖沼、池沼の流水・止水域などに出現する。殻は線状狭皮針形で殻端がそれぞれ逆方向に曲がる。殻長 35 ~ 200μm 殻幅 4 ~ 15 μm。竜骨は 10 μm に 7 ~ 12 で、条線 10μm に 19 ~ 38 本ある。

3 ***Nitzschia filiformis*** **(W. Sm.) V. H.**

淡水産底泥種。河川や湖沼、池沼の流水・止水域などに出現する。殻は線状狭皮針形、殻端くちばし状でそれぞれ逆方向にわずかに曲がる。殻長 35 ~ 120 μm 殻幅 3 ~ 4.5 μm。竜骨の小骨は 10μm に 7~11 で、条線 10μm に 30 ~ 36 本ある。

4 ***Nitzschia palea*** **(Kuetz.) W. Sm.**

淡水産底泥種。河川や湖沼、池沼の流水・止水域などに広く出現する。殻は線状狭皮針形、殻端は殻中央部から殻端に向かって次第に細くなり、わずかに突出する。殻長 20 ~ 60μm 殻幅 3 ~ 5 μm。竜骨の小骨は 10μm に 10 ~ 15 で、条線 10 μm に 35 ~ 40 本ある。腐水域の指標種とされている。

5 ***Nitzschia frustlum*** **(Kuetz.) Grun.**

淡水産底泥種。河川や湖沼、池沼の流水・止水域などに広く出現する。殻は線状狭皮針形、殻端は殻中央部から殻端に向かって次第に細くなり、わずかに突出する。殻長 5 ~ 30μm 殻幅 2.5 ~ 3.5 μm。竜骨の小骨は 10 μm に 10 ~ 12 で、条線 10μm に 20 ~ 30 本ある。電顕観察では、条線が縦溝管上で 2 つにならないことが確認できる。工業排水指標性藻類とされている。

6 ***Nitzschia inconspicua*** **Grun.**

淡水産底泥種。河川や湖沼、池沼の流水・止水域などに広く出現する。殻は線状狭皮針形、殻端はわずかに突出する。殻長 3 ~ 22 μm 殻幅 2.5 ~ 3.5 μm。竜骨の小骨は 10 μm に 8 ~ 13 で、条線 10 μm に 23 ~ 32 本ある。

7 ***Nitzschia sinuate*** **(W.Sm.) var. *delognei* (Grun.) L.-Bert.**

淡水産底泥種。河川や湖沼、池沼の流水・止水域など広く出現する。殻は線状狭皮針形、殻端はわずかに突出する。殻長 10 ~ 30 μm 殻幅 3 ~ 8 μm。竜骨の小骨は 10μm に 5 ~ 8 で、条線 明瞭な点紋列で、竜骨付近は配列が乱れ、10 μm に 18 ~ 25 本ある。

8 ***Nitzschia linearis*** **(C. Ag.) W. Sm.**

淡水産底泥種。河川や湖沼、池沼の流水・止水域などに広く出現する。殻は線状狭皮針形、殻中央部は凹み、殻端はくちばし状に突出する。殻長 70 ~ 150 μm 殻幅 6 μm。竜骨は太い線状で、小骨が不規則な間隔で 10 μm に 10 ~ 12 で、条線 10 μm に約 30 本ある。

9 ***Nitzschia abbrebiata*** **Hust.**

12 淡水産底泥種。河川や湖沼、池沼の流水・止水域などに広く出現する。殻は線状狭皮針形、殻端はわずかに突出する。殻長 3 ~ 22 μm 殻幅 2.5 ~ 3.5 μm。竜骨の小骨は 10 μm に 8 ~ 13 で、条線 10 μm に 23 ~ 30 本ある。

10 ***Nitzschia umbonata*** **(Ehr.) L.-Bert.**

淡水産底泥種。河川や湖沼、池沼の流水・止水域などに広く出現する。殻は線状狭皮針形、殻中央部は若干凹み、殻端はくちばし状に突出する。殻長 30 ~ 100 μm 殻幅 7 ~ 9 μm。竜骨は太い線状で、小骨は 10 μm に 7 ~10 で、条線 10 μm に 26 ~ 30 本ある。

11 ***Nitzschia marginulata*** **Grun.**

淡水産底泥種。河川や湖沼、池沼の流水・止水域などに広く出現する。殻は線状狭皮針形、殻中央部は若干凹み、殻端はくちばし状に突出する。**殻長** 43 ～ 110μm **殻幅** 9 ～ 17μm。竜骨は太い線状で、小骨は 10μm に 9 ～ 14 で、**条線** 殻縁で 10μm に 19 ～ 28 本ある。

13 ***Surirella tenera*** **Greg.**

淡水産底泥、プランクトン種。河川や湖沼、池沼の流水・止水域などに広く出現する。殻は線状皮針形、殻上下相称でくちばし状に突出する。**殻長** 40 ～ 185μm **殻幅** 13 ～ 45μm。翼は殻縁に発達し、翼管は 10μm に 2、3 個ある。

14 ***Surirella robusta*** **Ehr.**

淡水産底泥、プランクトン種。河川や湖沼、池沼の流水・止水域などに広く出現する。殻は線状皮針形、殻上下不相称。**殻長** 150 ～ 400μm **殻幅** 50 ～ 150μm。翼は殻縁に発達し、翼管は 10μm に 7 ～ 12 本ある。

15 ***Surirella terricola*** **L.-Bert. & Alles**

淡水産底泥、プランクトン種。河川や湖沼、池沼の流水・止水域などに出現する。殻は線状皮針形、殻上下不相称。**殻長** 15 ～ 24μm **殻幅** 6.5 ～ 8μm。翼は殻縁に発達し、翼管は 10μm に約 5 本ある。

16 ***Surirella minuta*** **Breb. ex Kuetz.**

淡水産底泥、プランクトン種。河川や湖沼、池沼の流水・止水域などに出現する。殻は線状皮針形、殻上下不相称。**殻長** 9 ～ 47μm **殻幅** 9 ～ 11μm。翼は殻縁に発達し、翼管は 10μm に 6 ～ 8 本ある。**条線** 10μm に 21 ～ 29 本ある。

p.84 ～ 85

1 ***Eunotia biareofera*** **H. Kob.**

淡水産着生種。湿原の湖沼や池沼でミズゴケなどが生育する、弱酸性の水域に多く出現する。殻は細長い一文字状で、両頭端は丸い。両殻端縁腹側に短い縦溝があり、殻面に釣り針形にわずかに観察される。**殻長** 100 ～ 300 μm **殻幅** 2 ～ 7 μm **条線**明瞭で 10 μm に 11 ～ 16 本ある。生細胞は、互いの殻端から粘液を出し、ウインナー状の群体を形成する。走査電子顕微鏡観察では、殻縁に沿って小針列が観察された。

2 ***Stauroneis phenicenteron*** **(Nitzs.) Ehr.**

前出→ p.65（p.62- 6 ）

3 **4** ***Pinnularia hartleyana*** **Grev. var.** ***notata*** **H. Kob.**

淡水産着生種。湖沼や池沼の底泥などに出現する。殻は線状羽形で両殻側はわずかに波打つ、両殻端は丸い。**殻長** 145 ～ 200μm **殻幅** 20 ～ 22 μm。**条線** 10μm に約 10 本ある。

5 ***Pinnularia divergens*** **W. Sm. var.** ***undulata*** **(Per. & Herib.) Hust.**

淡水産着生種。湖沼や池沼の若干腐食質の底泥などに出現する。殻は線状羽形で両殻側はわずかに波打つ、両殻端は丸い。**殻長** 50 ～ 160μm **殻幅** 13 ～ 30μm **条線** 10 μm に 8 ～ 12 本ある。

6 ***Cymbella aspera*** **(Ehr.) Perag.**

淡水産着生種。湖沼や池沼の基物などに着生して出現する。**殻長** 110 ～ 200μm **殻幅** 26 ～ 35 μm **条線** 10μm に約 10 本ある。

7 **8** ***Cymbella cymbiformis*** **(Kuetz.) Hust.**

淡水産着生種。湖沼や池沼の基物などに着生して出現する。**殻長** 40 ～ 105μm **殻幅** 13 ～ 17 μm **条線** 10μm に 7 ～ 15 本ある。胞紋は 10 μm に 16 ～ 20 個ある。

コラム

珪藻の中を観察する

1. *Aulacoseira ambigua*、2つの被殻が連結している様子がよく分かる。

珪藻被殻の中はどうなっているのか? この疑問を解くため1800年代後半から1900年代前半の頃に、北欧の研究者がいろいろな手法を試みてきた。例えば珪藻被殻を氷のブロックにして、ハンドミクロトームで切るという方法である。筆者らも微細な針でつついて割る方法で、いろいろな新知見を得てきた。しかしながら、最新技術があることを知ったのだ。

FIB微細加工装置の存在である。FIB装置では、ガリウム(Ga)イオンビームが用いられ、集束イオンビームを当てて試料表面の原子をはじきとばすこと(スパッタリング現象)によって試料を切ることができるのである。

この装置を使って珪藻を切ってみた。この技術によって新たなことが見つかることも期待される。

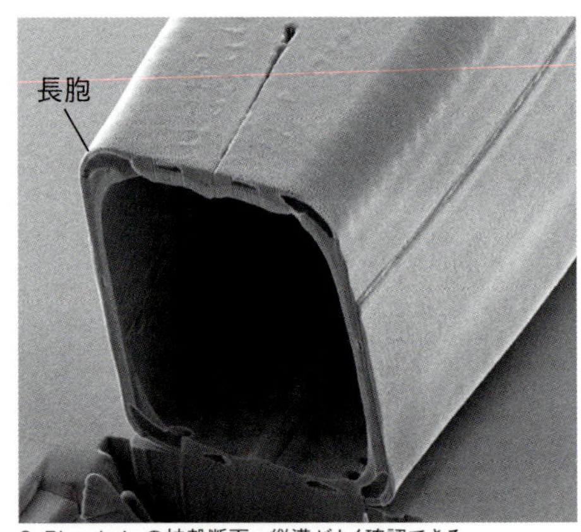

2. *Pinnularia* の被殻断面、縦溝がよく確認できる。

3. *Nitzschia* の被殻断面、管縦溝がよく確認できる。

湿原の珪藻

高層湿原や低層湿原では自然環境が保護されているところも多く、良い自然環境が保たれている。保護区域での採集はできないが、ちょっとしたミズゴケ湿地は沢山ある。ミズゴケがあるところは腐食酸性になっているため、*Eunotia* 属や *Frustulia* 属が優占する。

解説は p.80
(p.78- 1 2)

解説は p.58 (p.56- 3 4)

解説は p.87 (p.84- 1)

湿原の珪藻 生細胞写真

1. 緑藻サヤミドロに着生する *Gomphonema* sp.[A]と粘液鞘に入った *Frustulia rhomboids*[B]
2. 殻足端から粘液で着生する *Gomphonema gracile*
3. 緑藻シオグサに着生する *Peronia fibula*
4. 殻端の粘液で互いに連なった *Eunotia biareofera*
5. 変わった *Surirella* の仲間、*Stenopterobia intermedia* var. *capirata*.

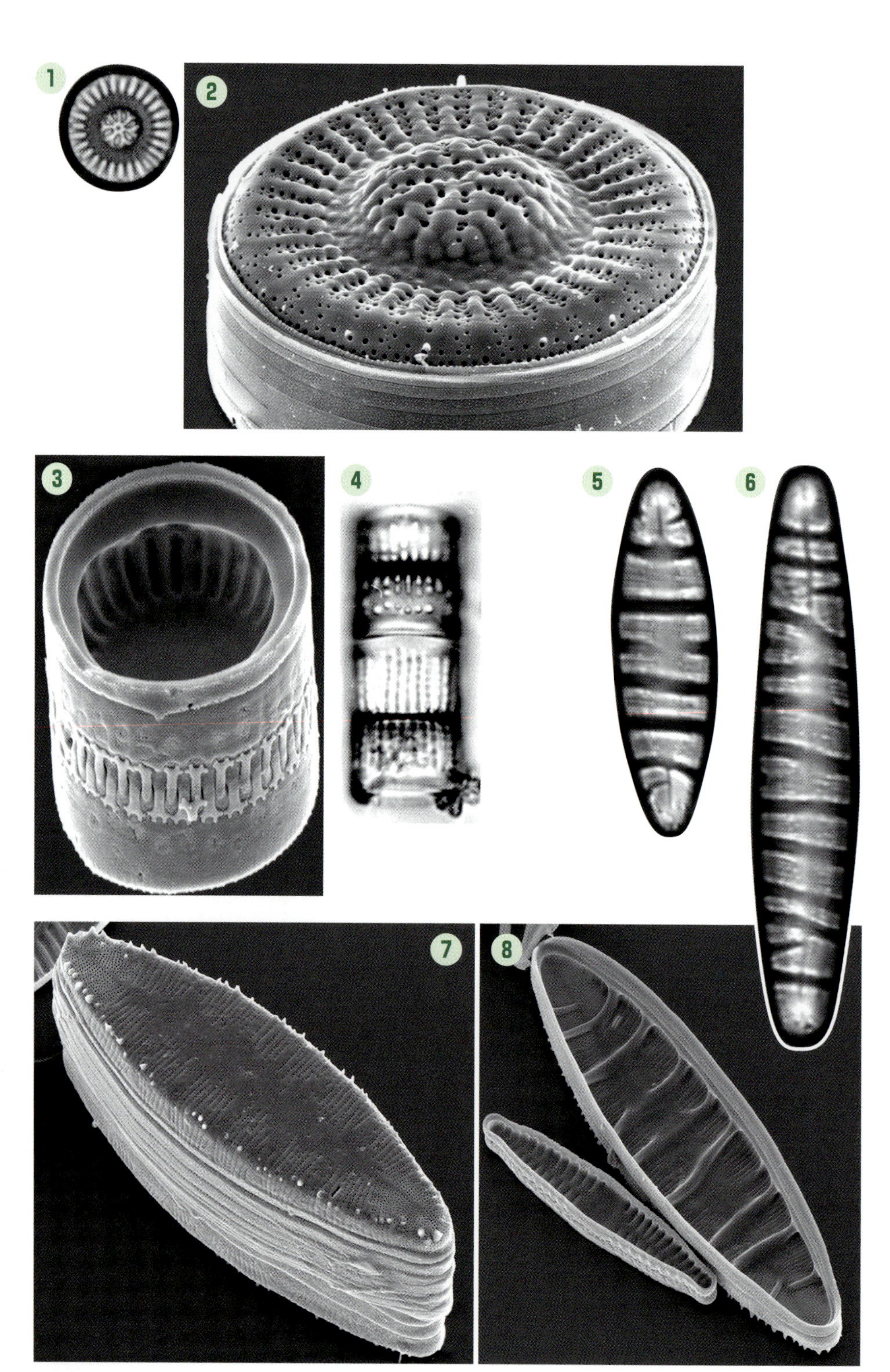
1
2
3
4
5
6
7
8

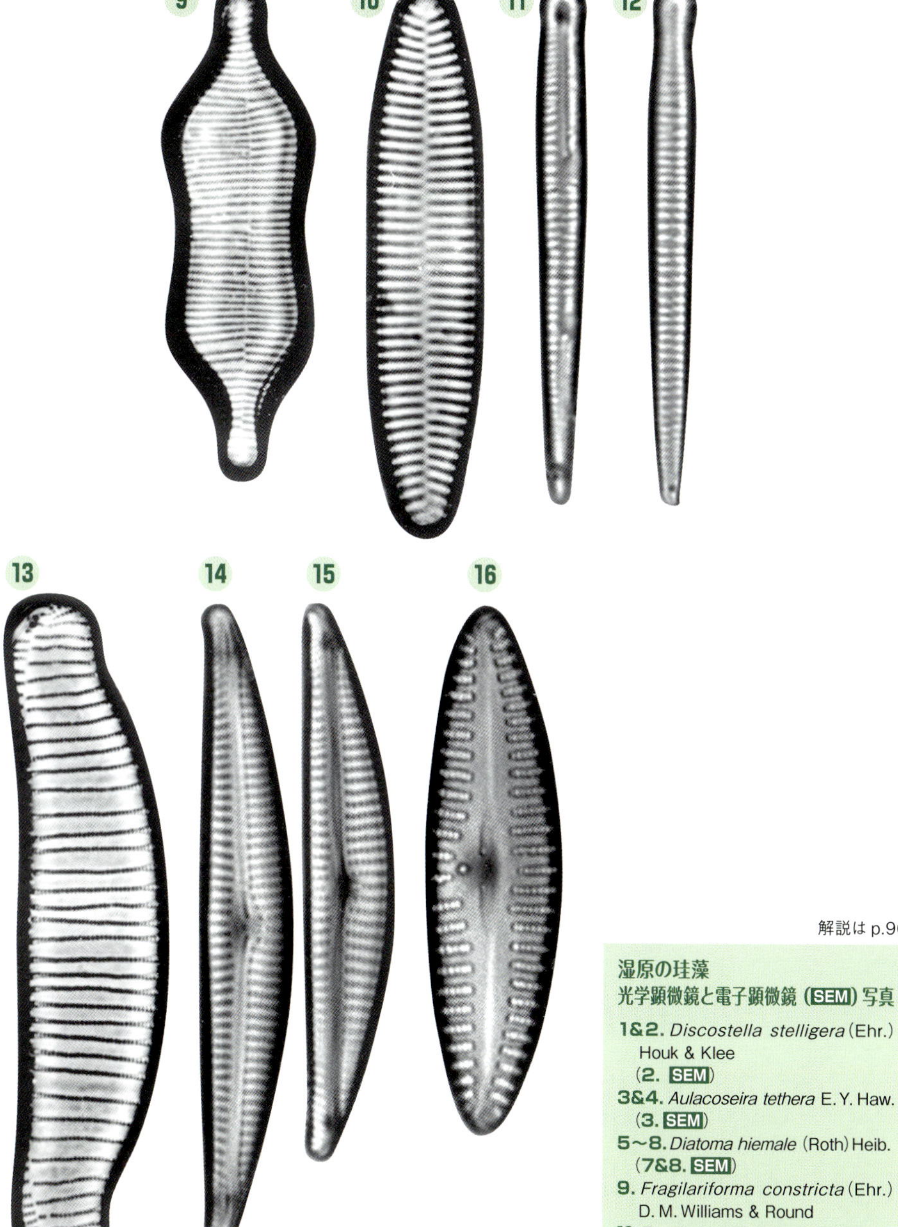

解説は p.96

湿原の珪藻
光学顕微鏡と電子顕微鏡（SEM）写真

1&2. *Discostella stelligera* (Ehr.) Houk & Klee (2. SEM)
3&4. *Aulacoseira tethera* E. Y. Haw. (3. SEM)
5～8. *Diatoma hiemale* (Roth) Heib. (7&8. SEM)
9. *Fragilariforma constricta* (Ehr.) D. M. Williams & Round
10. *Fragilaria neoproducta* L.-Bert.
11. *Peronia fibula* (Breb. ex Kuetz.) R. Roth
12. *Eunotia praerupta* var. *inflata* Grun.
13. *Encyonema gracile* Ehr.
14. *Oricymba japonica* (E. Reichelt) Jüttner et al.

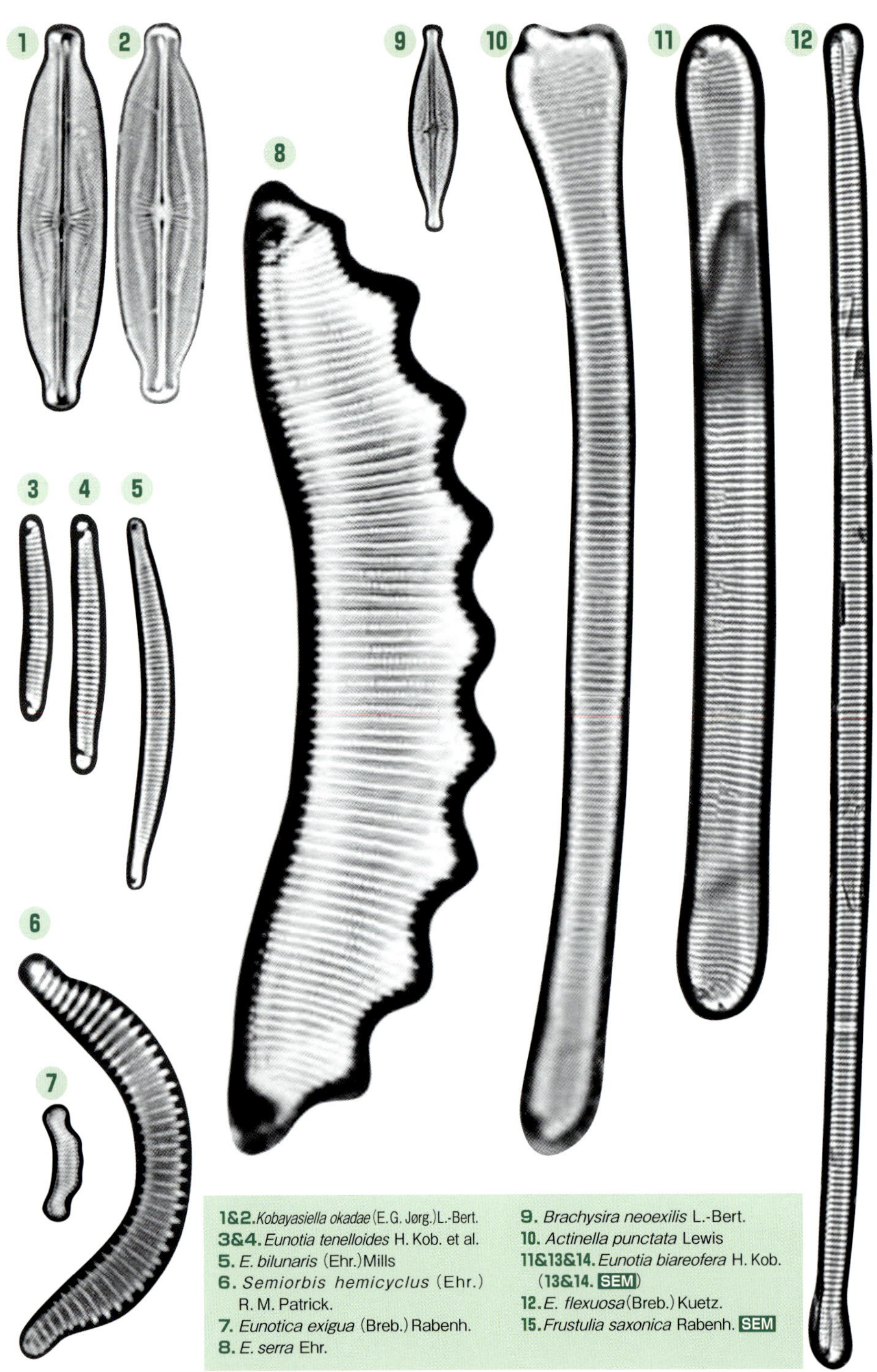

1&2. *Kobayasiella okadae* (E. G. Jørg.) L.-Bert.
3&4. *Eunotia tenelloides* H. Kob. et al.
5. *E. bilunaris* (Ehr.) Mills
6. *Semiorbis hemicyclus* (Ehr.) R. M. Patrick.
7. *Eunotica exigua* (Breb.) Rabenh.
8. *E. serra* Ehr.
9. *Brachysira neoexilis* L.-Bert.
10. *Actinella punctata* Lewis
11&13&14. *Eunotia biareofera* H. Kob. (**13&14.** **SEM**)
12. *E. flexuosa* (Breb.) Kuetz.
15. *Frustulia saxonica* Rabenh. **SEM**

解説は p.96-97

13
14

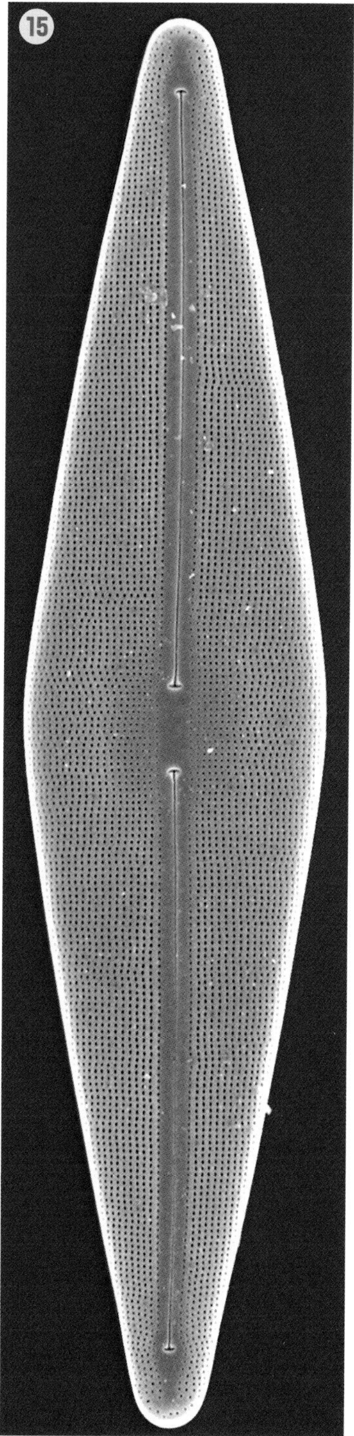
15

p.92 ～ 93

1 *Discostella stelligera* (Ehr.) Houk & Klee
2
前出→ p.46（p.43- 10 13）

3 *Aulacoseira tethera* E.Y. Haw.
4
淡水産着生種。湖沼や池沼の基物などに着生して出現する。被殻は円筒形で殻端の小針によってジッパー状に連結する。殻の 直径 6.5 ～ 14 μm 殻高 2.5 ～ 4 μm 条線 10 μm に 7 ～ 15 本ある。胞紋は 10μm に 11 ～ 16 個ある。

5 *Diatoma hyemalis* (Roth) Heib.
-8
淡水産着生種。湖沼や池沼の基物などに着生して出現する。特に冷水域に多くみられる。被殻は長皮針形で殻端は丸い。生細胞は殻端の粘液で連なり、ジグザグ群体を形成する。殻は横断する太い横走肋が目立つ。殻長 30 ～ 100 μm 殻幅 7 ～ 12 μm 条線 10μm に 18 ～ 22 本ある。

9 *Fragilariforma constricta* (Ehr.) D. M. Williams & Round
淡水産着生種。湖沼や池沼の基物などに着生して出現する。特に冷水域に多くみられる。被殻は長皮針形で中央部が凹む、殻端は丸い。生細胞は殻面で連なり、帯状群体を形成する。殻長 11 ～ 80μm 殻幅 5 ～ 12 μm 条線 10 μm に 18 ～ 22 本ある。

10 *Fragilaria neoproducta* L.-Bert.
淡水産着生種。湖沼や池沼の基物などに着生して出現する。特に冷水域に多くみられる。被殻は長皮針形で殻端は丸い。生細胞は殻面で連なり、帯状群体を形成する。殻長 15 ～ 50 μm 殻幅 4 ～ 6μm 条線 10μm に 13 ～ 17 本ある。

11 *Peronia fibula* (Bréb. ex Kuetz.) R. Roth
前出→ p.58（p.56- 3 4）

12 *Eunotia praerupta* var. *inflata* Grun.
淡水産着生種。湖沼や池沼の基物などに着生して出現する。被殻は一文字状で中央部が山形にである。殻端は丸い。生細胞は殻面連なり、帯状群体を形成する。殻長 20 ～ 100μm 殻幅 6 ～ 17 μm 条線 10μm に 6 ～ 17 本ある。

13 *Encyonema gracile* Ehr.
淡水産着生種。湖沼や池沼の基物などに着生して出現する。被殻は半皮針形で細長く、殻端はくちばし状に丸い。殻長 22 ～ 57 μm 殻幅 4.5 ～ 9 μm 条線 10μm に 9 ～ 14 本で、胞紋は 10 μm に 26 ～ 32 個となる。

14 *Oricymba japonica* (E. Reichelt) Juttner et al.
淡水産着生種。湖沼や池沼の基物などに着生して出現する。日本固有種とされている。被殻は半皮針形で左右非対称、殻端はくちばし状に丸い。殻長 15 ～ 60μm 殻幅 7 ～ 13 μm 条線 太く、明瞭で 10 μm に 9 ～ 13 本で、胞紋は 10 μm に 20 ～ 25 個となる。

p.94 ～ 95

1 *Kobayasiella okadae* (E. G. Jørg.) L.-Bert.
2
淡水産着生種。高層湿原の湖沼、池沼のミズゴケ湿原などの底泥から出現する。殻は皮針形、殻端頭状に突出する。光顕ではみえにくいが、無紋域が軸域を囲むように縦走する。殻長 25 ～ 35 μm 殻幅 6 ～ 7μm 条線 放射線状で 10μm に 20 ～ 22 本ある。類似種としては、*N. parasubrillisima* Kobayasi & Nagumo が随伴種として出現することが多い。

3 *Eunotia tenelloides* H. Kobayasi et al.
4
淡水産着生種。高層湿原や平地でミズゴケなどが生育する、弱酸酸性の湖沼に出現する。殻長 8 ～ 20μm 殻幅 3.5 ～ 4.5μm 条線 10μm に 14 ～ 18 本ある。各地に生育する。

5 *Eunotia bilunaris* (Ehr.) Mills
淡水産着生種。湖沼や池沼でミズゴケなどが生育する、 弱酸性の水域に多く出現する。殻はアーチ状に湾曲する。両殻端縁腹側に短い縦溝がある。殻長 14～105μm 殻幅 3.5～5.5μm 条線 明瞭で10μmに13～17本ある。足端から出される粘液で基物に着生する。

6 *Semiorbis hemicyclus* (Ehr.) R. M. Patrick

前出→ p.58 (p.56- 7)

7 *Eunotia exigua* (Breb.) Rabenh.

淡水着生種。殻は幾分湾曲し、背側が 2、3 回山状になる。殻長 6～30μm 殻幅 3～4μm 条線 10μmに19～24本ある。ミズゴケ湿原の池沼などに出現する。

8 *Eunotia serra* Ehr.

淡水産着生種。湖沼や池沼でミズゴケなどが生育する、弱酸性の水域に多く出現する。殻は背側が鋸の歯状に波打つが、山の大きさは長い個体でも短い個体でもほぼ同じ。両殻端縁腹側に短い縦溝があり、殻面に釣り針形に観察される。殻長 30～160μm 殻幅 12～17μm 条線 明瞭で10μmに9～12本ある。

9 *Brachysira neoexilis* L. -Bert.

淡水着生種。殻は線状皮針形で殻端は頭状になる。殻長 12～36μm 殻幅 3～5μm 条線 10μmに30～36本ある。ミズゴケ湿原の池沼などに出現する。

10 *Actinella punctata* Lewis

淡水産着生種。高層湿原の湖沼や池沼でミズゴケなどが生育する、弱酸性の水域に多く出現する。殻は上下不相称で細長い一文字状で、頭端が凹む。両殻端縁腹側に短い縦溝があり、殻面に釣り針形にわずかに観察される。殻長 100～300μm 殻幅 2～7μm 条線 明瞭で10μmに11～16本ある。

11 13 14 *Eunotia biareofera* H. Kob.

前出→ p.87 (p.84- 1)

12 *Eunotia flexuosa* (Breb.) Kuetz.

前出→ p.59 (p.56- 11)

15 *Frustulia saxonica* Rabenh.

前出→ p.65 (p.62- 2)

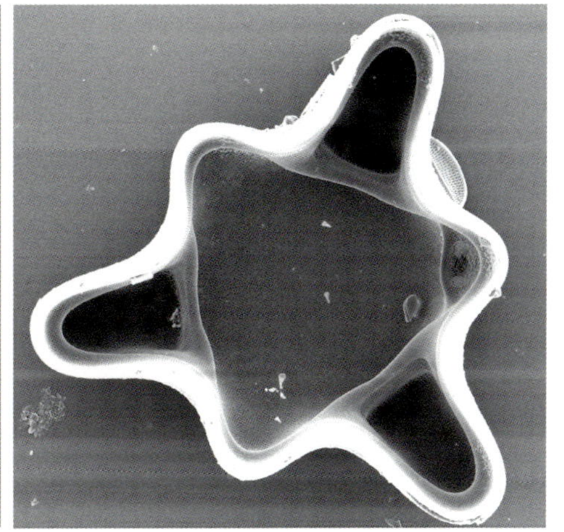

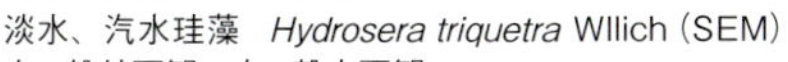

淡水、汽水珪藻 *Hydrosera triquetra* Wllich (SEM)
左：殻外面観　右：殻内面観

コラム

中心類珪藻の見分け方

1. *Coscinodiscus* 属

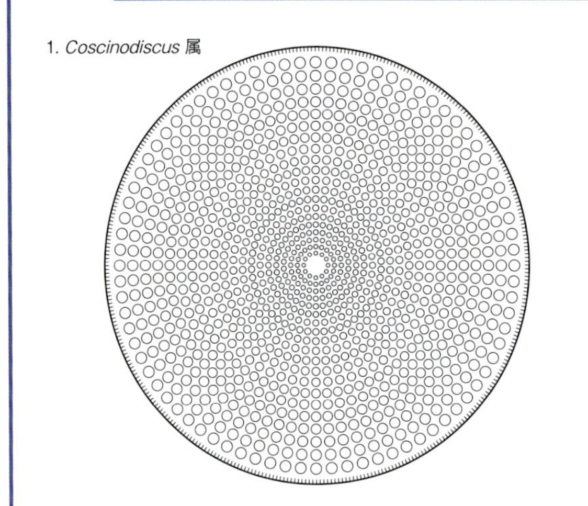

3. *Cyclotella* 属

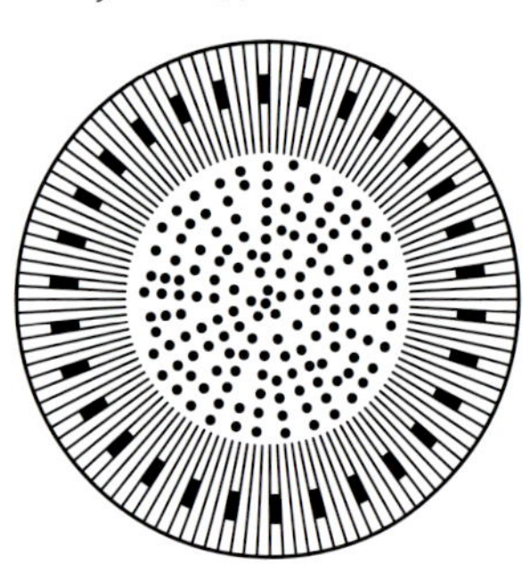

2. *Stephanodiscus* 属

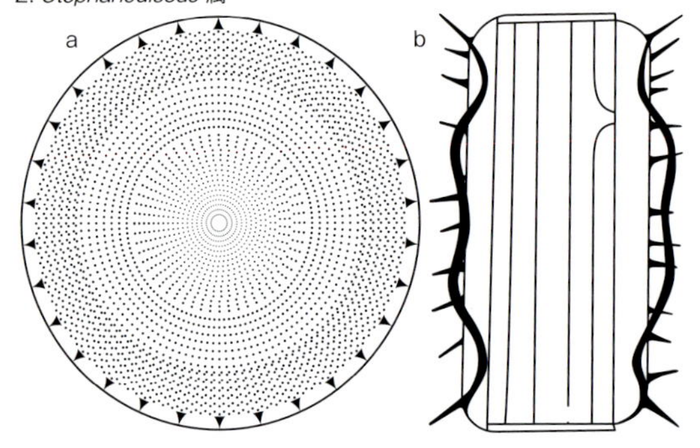

4. *Discotella* 属

5. *Tharassiosira* 属

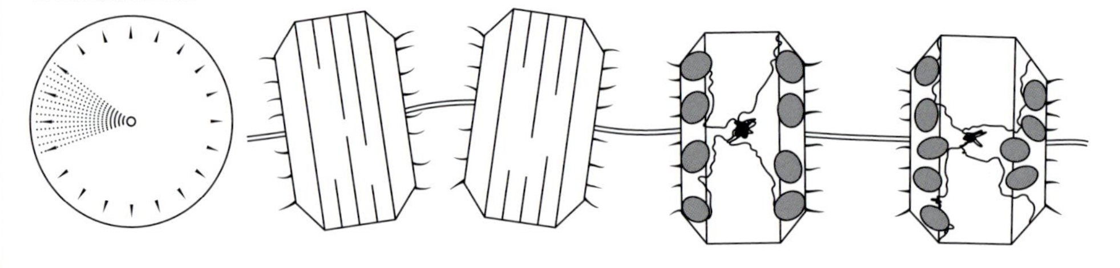

中心類珪藻は、池や湖にプランクトン（浮遊性）として漂っている種類が大半である。時には川の止水域や川の瀬（溜まり）などみられることもある。

殻面が丸い形の珪藻は種類としては、海産種に多くみられる。まず生きている状態（被殻洗浄をする前）を観察しよう。単体か何らかの方法で連なっているかなどを確認することが重

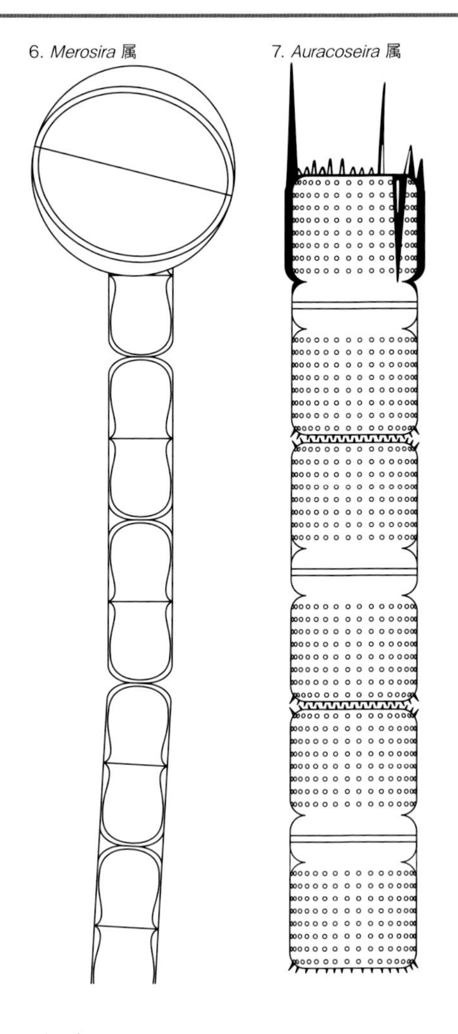

要である。

Coscinodiscus 属[1]（コスキノディスカス、コアミケイソウ）は基本的には単体である。殻の紋様（条線）は中心から殻縁へと放射状に配列されている。丸い珪藻は以前は多くの種類が *Coscinodiscus* 属[1]とされてきたが、生細胞の観察や殻微細構造の観察などによって、別の属に移属されている。最初に記載された種類が化石の場合が多く、生細胞が認識できなかったことが一因と思われる。

Stephanodiscus 属[2]（ステファノディスクス、トゲカサケイソウ）*Cyclotella* 属[3]（キクロテラ、タイコケイソウ）の仲間は淡水の湖沼によくみられる。殻の紋様（条線）は中心から殻縁へと放射状に配列され、点紋条線となり、殻縁には針状の突起がある。帯面から観察すると確認できる[2b]。

Stephanodiscus 属[2]に酷似する種類に、*Cyclostephanos* 属がある。

Cyclotella 属[3]（キクロテラ、タイコケイソウ）の仲間は淡水の湖沼によくみられる。近年では、*Discotella* 属[4]として分けられた種類も多くみられる。この仲間は、中心放射条線と縁辺条線とが区切られることが特徴とされている。

Thalassiosira 属[5]（タラシオシラ、ニセコアミケイソウ）は海産の種類がほとんどである。殻形は丸、放射条線と *Coscinodiscus* 属[1]や *Stephanodiscus* 属[2]と似ているが、生細胞では粘液によって連なって観察される。封埋されたプレパラート観察でも殻中心付近を良く観察すると、粘液を出す箇所を確認することができる。

糸状に連なる種類で目立つのは、*Melosira* 属[6]（メロシラ、タルケイソウ）と *Aulacoseira* 属[7]（オーラコシラ、スジタルケイソウ）である。これらの種類はかつて同じ属とされていた（Hustedt 1930 など）。しかしながら、電子顕微鏡観察、遺伝子解析の結果などから現在では別のグループとして扱われている。*Melosira* 属[6]は光顕観察では、殻面に目立った紋様はみられない。被殻同士の連結も緩やかなため、被殻洗浄処理によって短く分断されてしまう。*Aulacoseira* 属[7]はほとんどが淡水の種類である。筒状の殻の側面に胞紋がある。被殻は刺によって噛み合った状態で連なる。ある程度長い状態になると、分離殻が形成され分断される。

コラム

敵との戦い

1. 正常な状態の珪藻

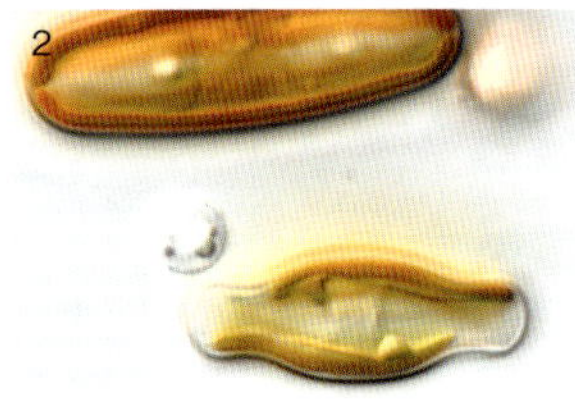

2&3. ツボカビが珪藻に付着

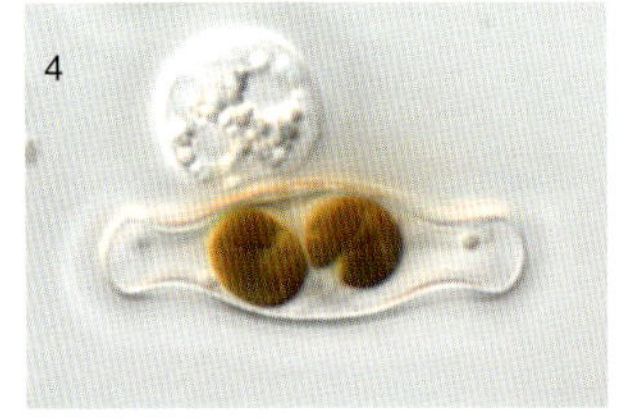

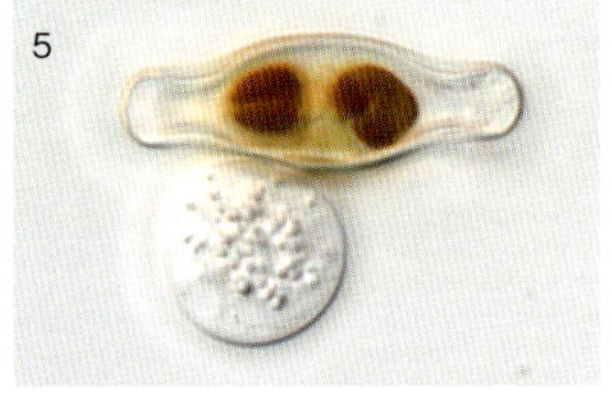

4&5. ツボカビ胞子嚢が珪藻から出る

6. ツボカビが遊走子を放出

自然環境で生育している珪藻にはもちろん敵もいる。サンプルを観察していると、アメーバや繊毛虫（ゾウリムシの仲間）が元気よく動き回っている時がある。彼らの体の中をよく見ると、細胞内に捕食された珪藻が入っていることがある[7]。大抵は葉緑体の色が黄色や無色になり、消化されていることが分かるが、中には消化管で耐え、糞として排出された後も生きている種類もいるようだ。

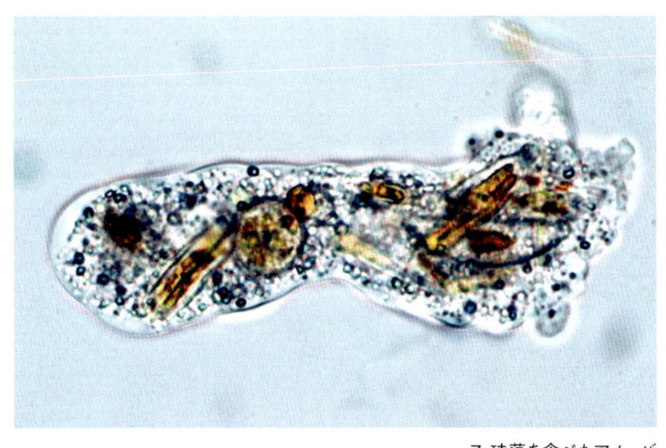
7. 珪藻を食べたアメーバ

また、珪藻をよく観察すると、細胞壁の外側になにかくっついていることがある。池のサンプルでよくみられるこの物体は珪藻に寄生するツボカビの仲間である（写真）。彼らは珪藻から栄養を吸い取ることで成長し、やがてツボのようにふたが開き遊走子を放出する。

珪藻は種類が豊富で専門家ですら電子顕微鏡や遺伝子の塩基配列を確認しないと同定に戸惑うことがあるのだが、寄生生物の種類によっては特定の珪藻種のみを宿主とし、それらを正確に見分け寄生するものもいる。おそらく種特異的な匂いなどを頼りに宿主を見つけているのだろう。我々も珪藻の種同定に困ったら寄生生物に聞いてみるのも良いかもしれない。

湖の珪藻

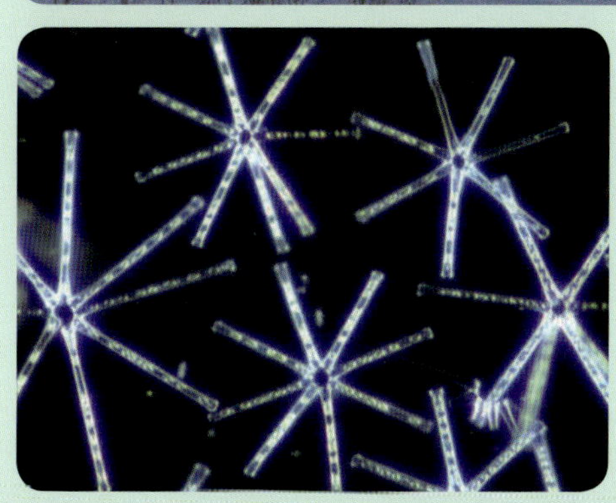

Asterionella 属の
暗視野照明

日本には多くの湖がある。そこに生育する珪藻を調べたり、湖底堆積物を採取すると、湖の成因や歴史を知ることができる。

湖水を採集すると場所と季節によっては、*Asterionella* 属（ホシガタケイソウ）の綺麗な姿を観察することもできる。

湖の珪藻 生細胞写真

1. *Fragilaria crotonensis* Kitton　群体帯面。
2. *Aulacoseira granulata* (Ehr.) Simonsen
3. *Cyclotella* sp. 殻面と帯面。
4. *Stauroneis* sp.
5. *Nitzschia* sp. の群体。湖岸砂上。

1

解説は p.58（p.54- 3 4）

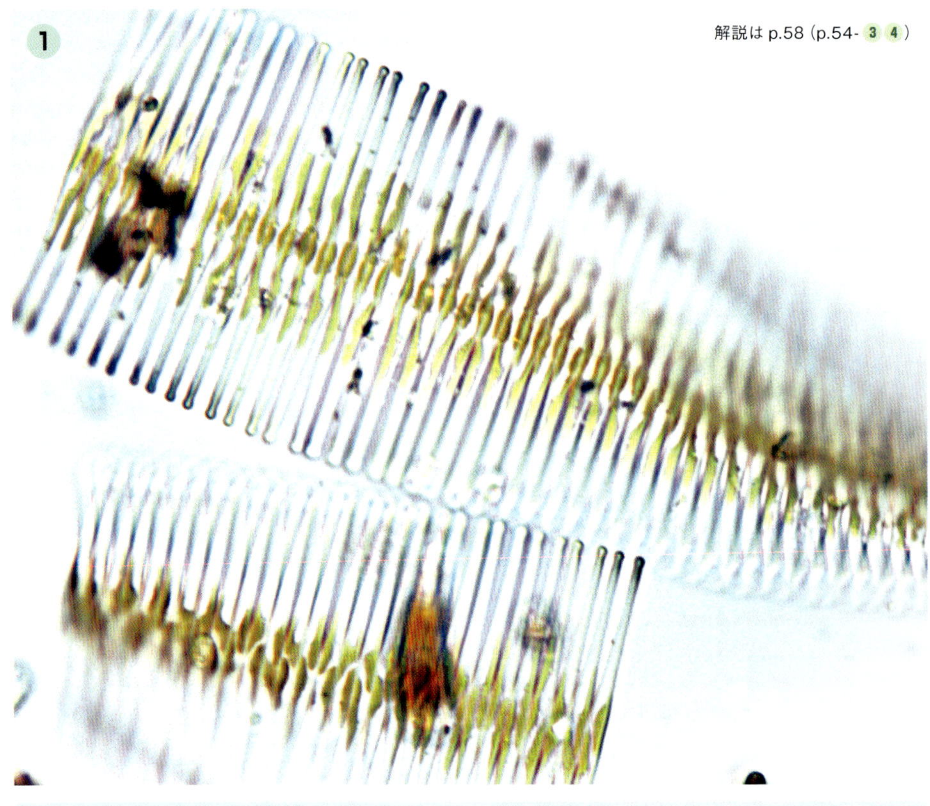

2

解説は p.46（p.42- 2）

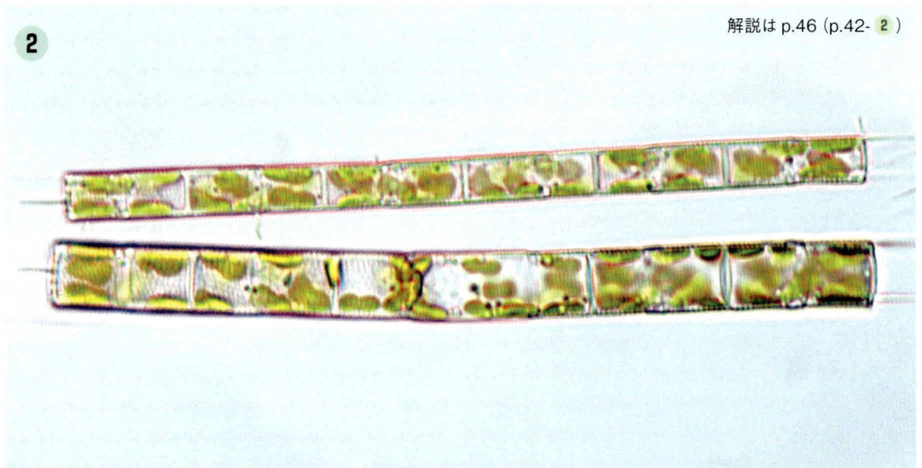

3

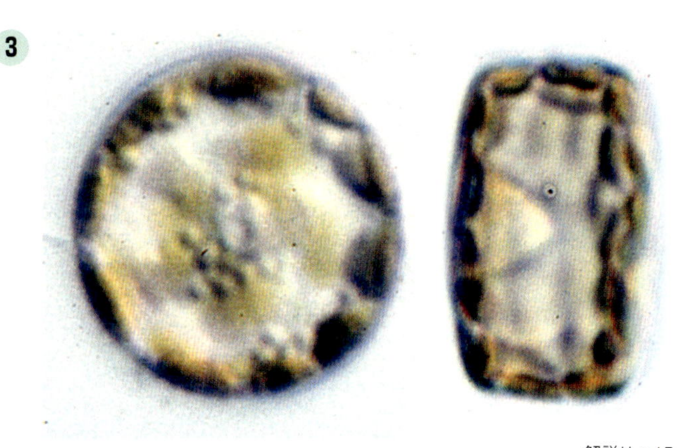

解説は p.15

4

5 解説は p.23

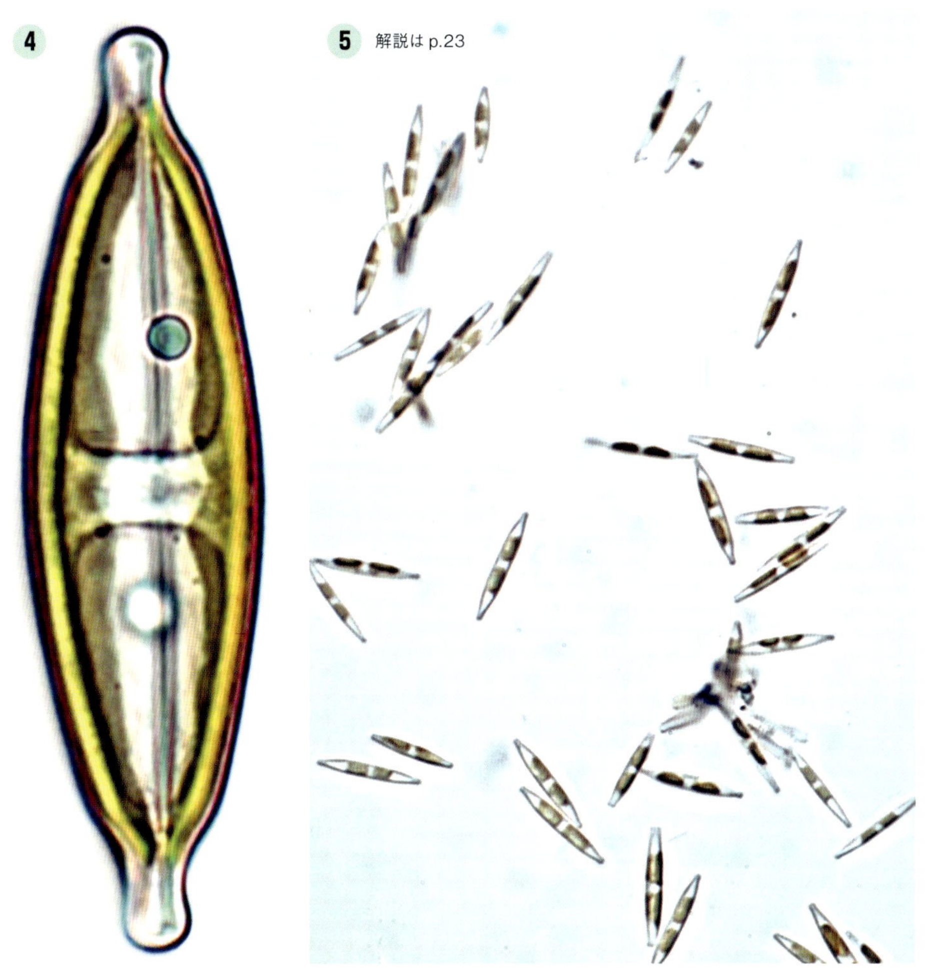

1. 直線状：*Aulacoseira granulata*
らせん状：*A. ambigua*

2. *Synedra* sp. の星状群体。

3. *Diatoma vulgaris* Bory の群体。

4. *Fragilaria vaucheriae*（Kuetz.）J. B. Petersen の帯状群体。

5. *Nitzschia sigmoidea*（Nitzs.）W. Sith の帯面観。

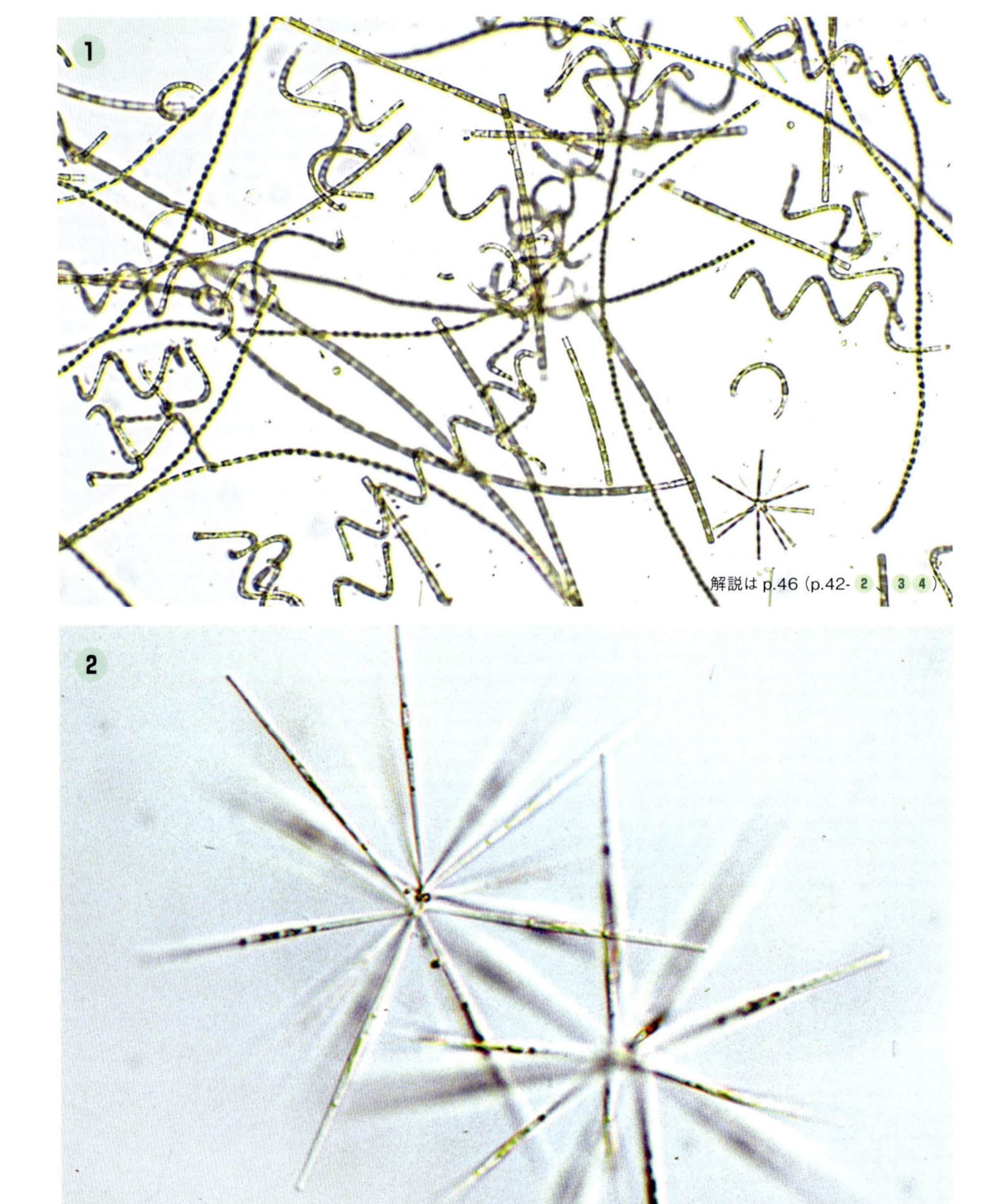

解説は p.46（p.42-2、3 4）

解説は p.19

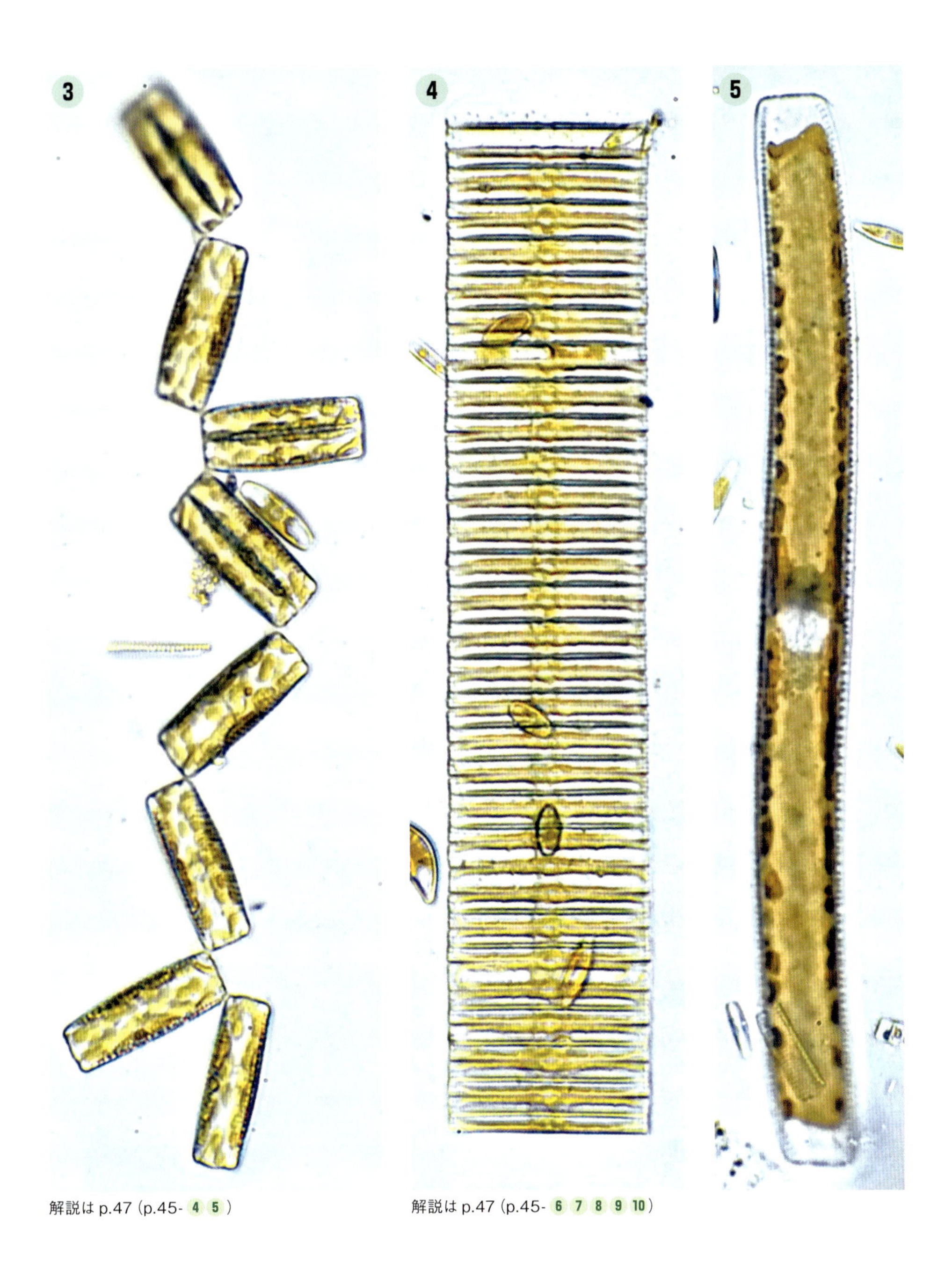

解説は p.47（p.45- 4 5 ）

解説は p.47（p.45- 6 7 8 9 10 ）

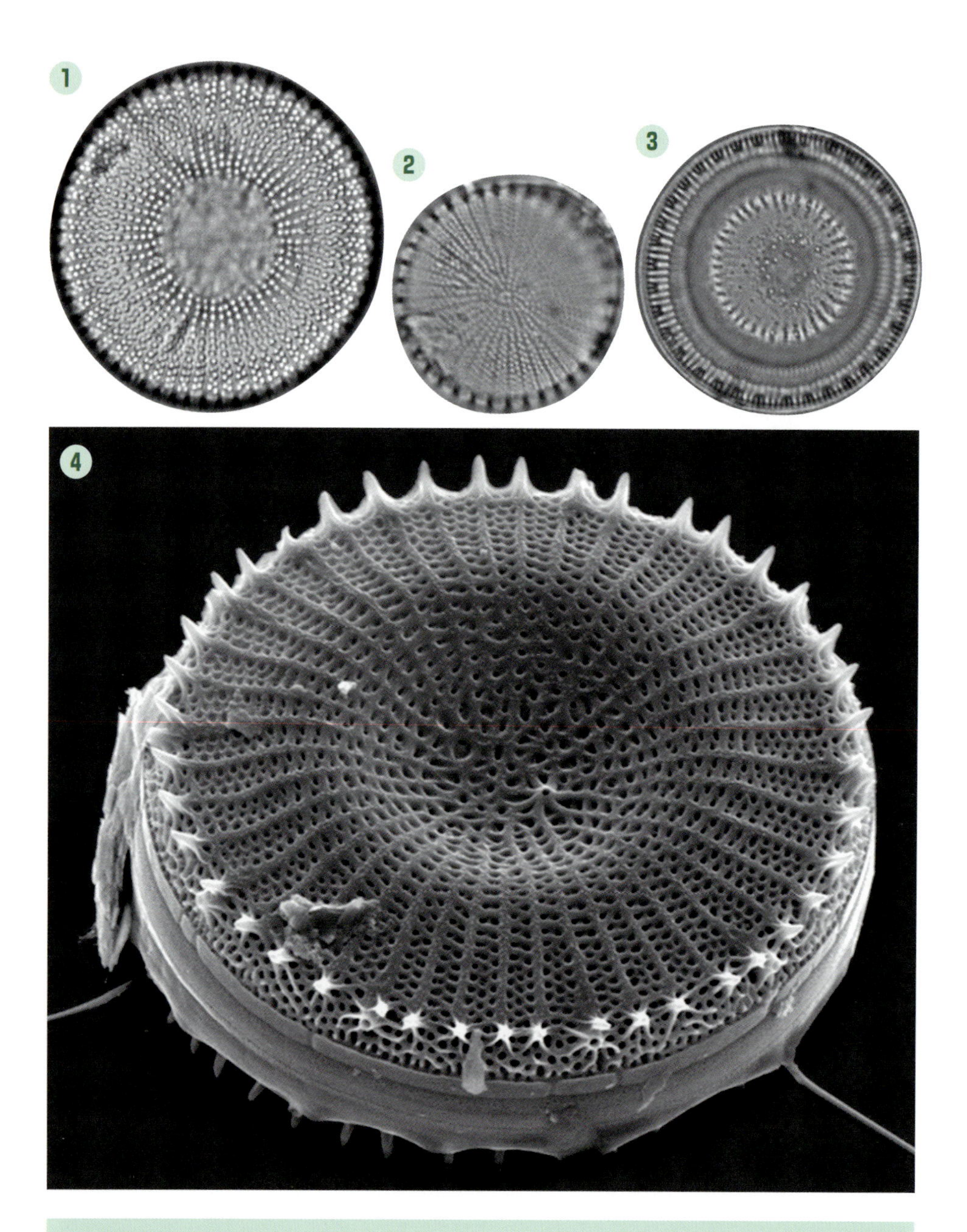

湿原の珪藻 光学顕微鏡と電子顕微鏡（SEM）写真

1. *Stephanodiscus niagarae* Ehr.
2&4. *S. hantzschii* Grun.
（**4.** SEM）
3. *Cyclotella*（*Discotella*）*asterocostata* Lin et al.
5&6. *Aulacoseira ambigua* SEM
（**5.** 連結針　**6.** らせん状群体）
7. *A. granulata* の連結針 SEM
8. *Fragilaria crotonensis* Kitton の帯状群体 SEM

解説は p.110

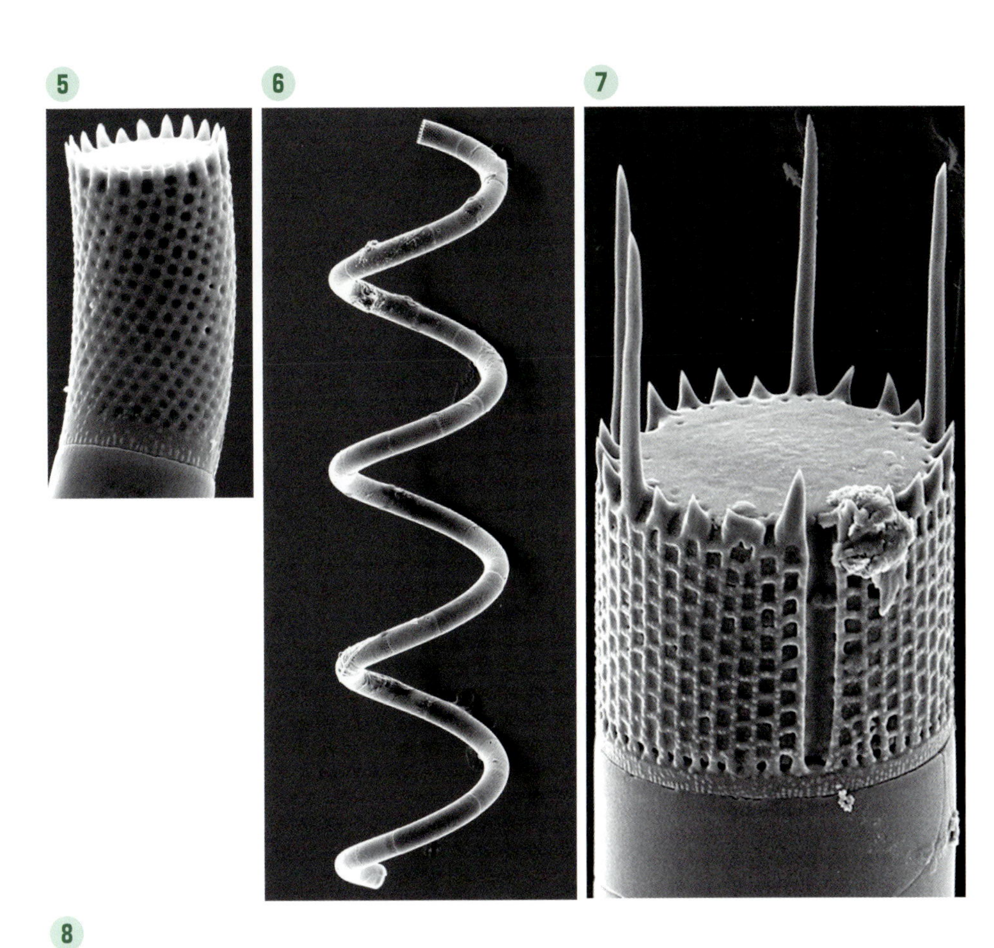
5
6
7

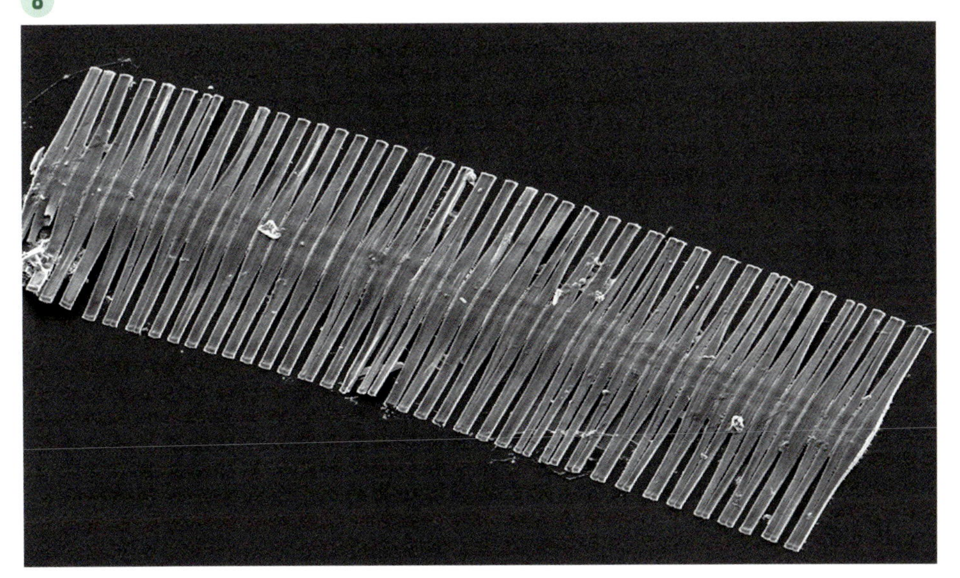
8

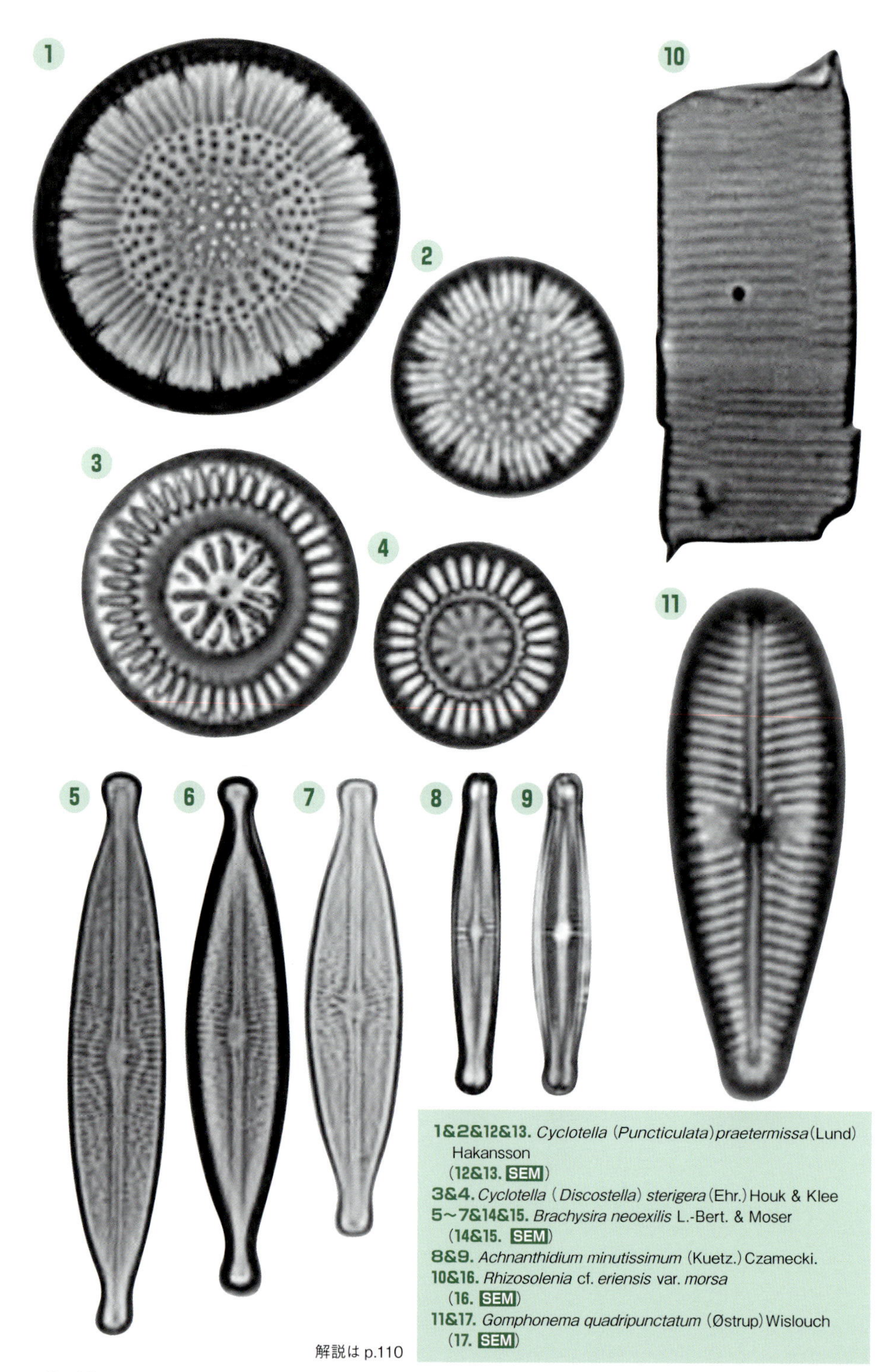

1&2&12&13. *Cyclotella* (*Puncticulata*) *praetermissa* (Lund) Hakansson (**12&13. SEM**)
3&4. *Cyclotella* (*Discostella*) *sterigera* (Ehr.) Houk & Klee
5～7&14&15. *Brachysira neoexilis* L.-Bert. & Moser (**14&15. SEM**)
8&9. *Achnanthidium minutissimum* (Kuetz.) Czamecki.
10&16. *Rhizosolenia* cf. *eriensis* var. *morsa* (**16. SEM**)
11&17. *Gomphonema quadripunctatum* (Østrup) Wislouch (**17. SEM**)

解説は p.110

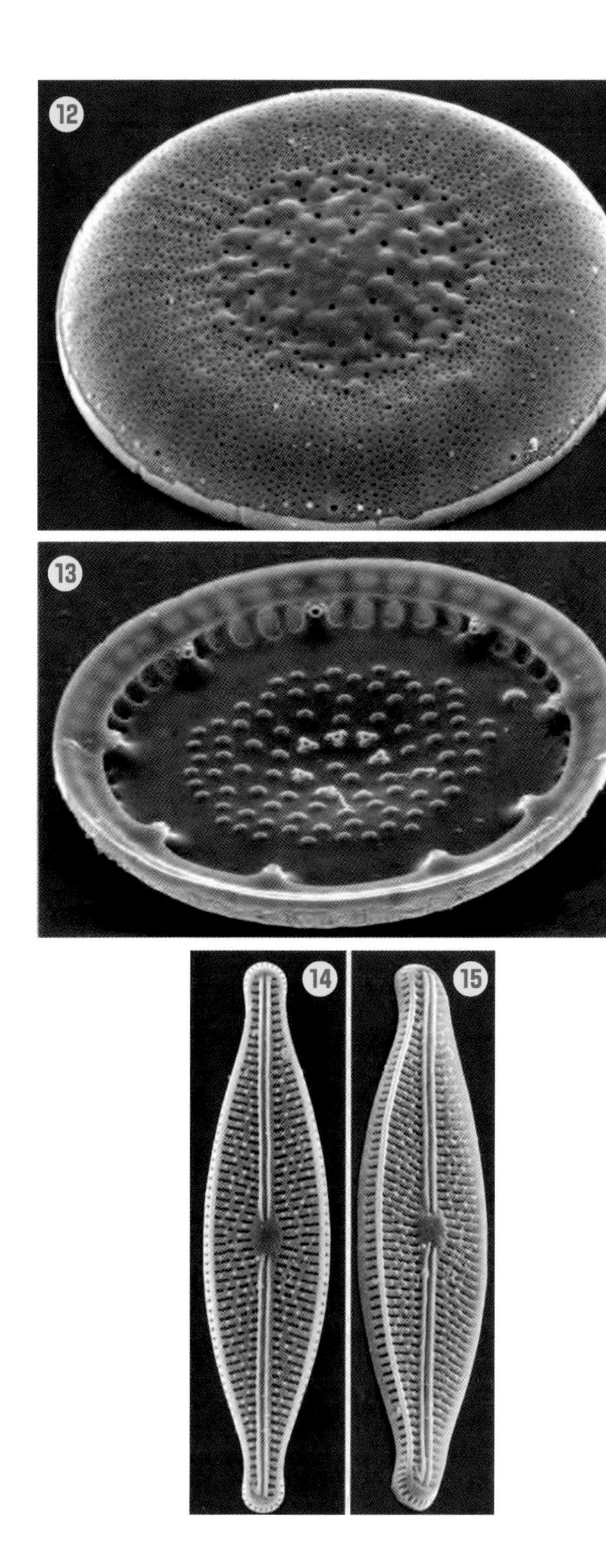
12
13
14
15

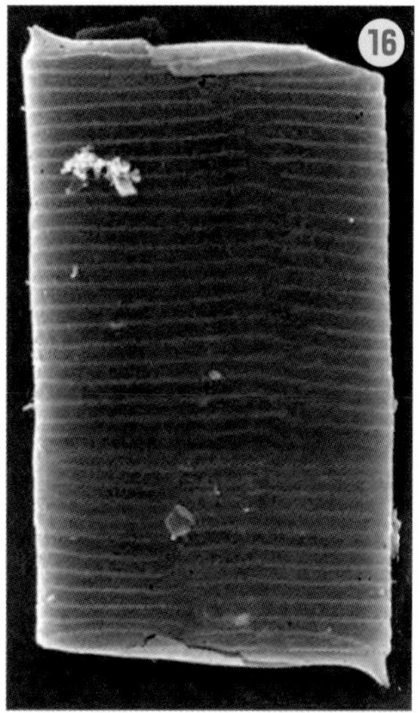
16

17

p.106～107

1 ***Stephanodiscus niagarae* Ehr.**

淡水産プランクトン種。湖沼、池沼の止水域などに広く出現する。殻は円形。殻の 直径 25～135 μm 条線 2、3 列の放射状となり、明瞭で 10 μm に 5～7 本ある。殻縁には小針列が確認される。

2 4 ***Stephanodiscus hantzschii* Grun.**

淡水産プランクトン種。湖沼、池沼の止水域などに広く出現し、汽水域からも出現する。殻は円形。直径 6～16 μm 条線 2～4 列の放射状となり、10 μm に 8～16 本ある。殻縁には小針列が確認される。

3 ***Cyclotella* (Discotella) *asterocostata* Lin et al.**

淡水産プランクトン種。湖沼、池沼の止水域などに広く出現し、汽水域からも出現する。殻は円形。殻中心域と縁辺条線域は無紋域によって分断される。殻の 直径 11.5～29 μm 条線 2 放射状となり、10 μm に 12～16 本ある。殻縁には小針列が確認される。

5 6 ***Aulacoseira ambigua***

前出→ p.46 (p.42- 3 4)

7 ***Aulacoseira granulata***

前出→ p.46 (p.42- 2)

8 ***Fragilaria crotonensis* Kitton**

前出→ p.58 (p.54- 3 4)

p.108～109

1 2 12 13 ***Cyclotella (Puncticulata) praetermissa* (Lund) Hakansson**

淡水産プランクトン種。殻の 直径 10～17 μm、中心域にはほぼ放射状に点紋が配列する。縁辺域の条線密度は 10 μm に 16～20 本。間条線の 4～6 本ごとに殻端に殻縁には肋と縁辺有基突起があり、光顕では黒線としてみられる。淡水の池沼、河川の止水域にみられる。

3 4 ***Cyclotella (Discostella) sterigera* (Ehr.) Houk & Klee**

淡水産プランクトン種。殻の 直径 7～16 μm、中心域には星型の条線が配列、または星型模様がある。縁辺域の条線密度は 10 μm に 11～16 本、中心域の星型模様と縁辺域の条線の間には割合広い無紋域がみられる。殻面は中心域がわずかに盛り上がり、殻縁はなだらかに湾曲する。殻中心域には、3 脚の中心有基突起が数個みられる。淡水の池沼、河川の止水域にみられる。

5 6 7 14 15 ***Brachysira neoexilis* L.-Bert. & Moser**

淡水産着生種。殻長 17～27μm 殻幅 4～5 μm 条線 10 μm に 32～36 本。殻外表面には間条線上に小顆粒状突起がみられる。淡水の池沼、ミズゴケのある水域に着生種としてみられる。

8 9 ***Achnanthidium minutissimum* (Kuetz.) Czamecki.**

淡水産着生種。殻は線状皮針形で、殻端は頭状に突出する。殻長 5～25μm 殻幅 2.5～4 μm 条線 10 μm に 30 本。淡水の池沼、河川など広く着生種としてみられる。

10 16 ***Rhizosolenia* cf. *eriensis* var. *morsa***

淡水産プランクトン種。被殻長 22～27μm（棘を除く）殻幅 8.5～13μm。棘は殻面片側にある。棘の基部の隆起は比較的少なく殻面は平である。淡水の湖沼にプランクトン種としてみられる。

11 17 ***Gomphonema quadripunctatum* (Østrup) Wislouch**

淡水産着生種。殻長 22～39 μm 殻幅 7～9 μm 条線 10 μm に 13～17 本であった。中心域に 4 個の遊離点があることが特徴とされる。淡水の池沼、河川など広く着生種としてみられる。

河川の珪藻

川の石の表面には沢山の珪藻が着生している。鮎や水生昆虫の幼生はこれをついばんでいるのだ。石の表面をブラシ等で付着物をかき落とすと、川に生育するいろいろな珪藻が観察される。

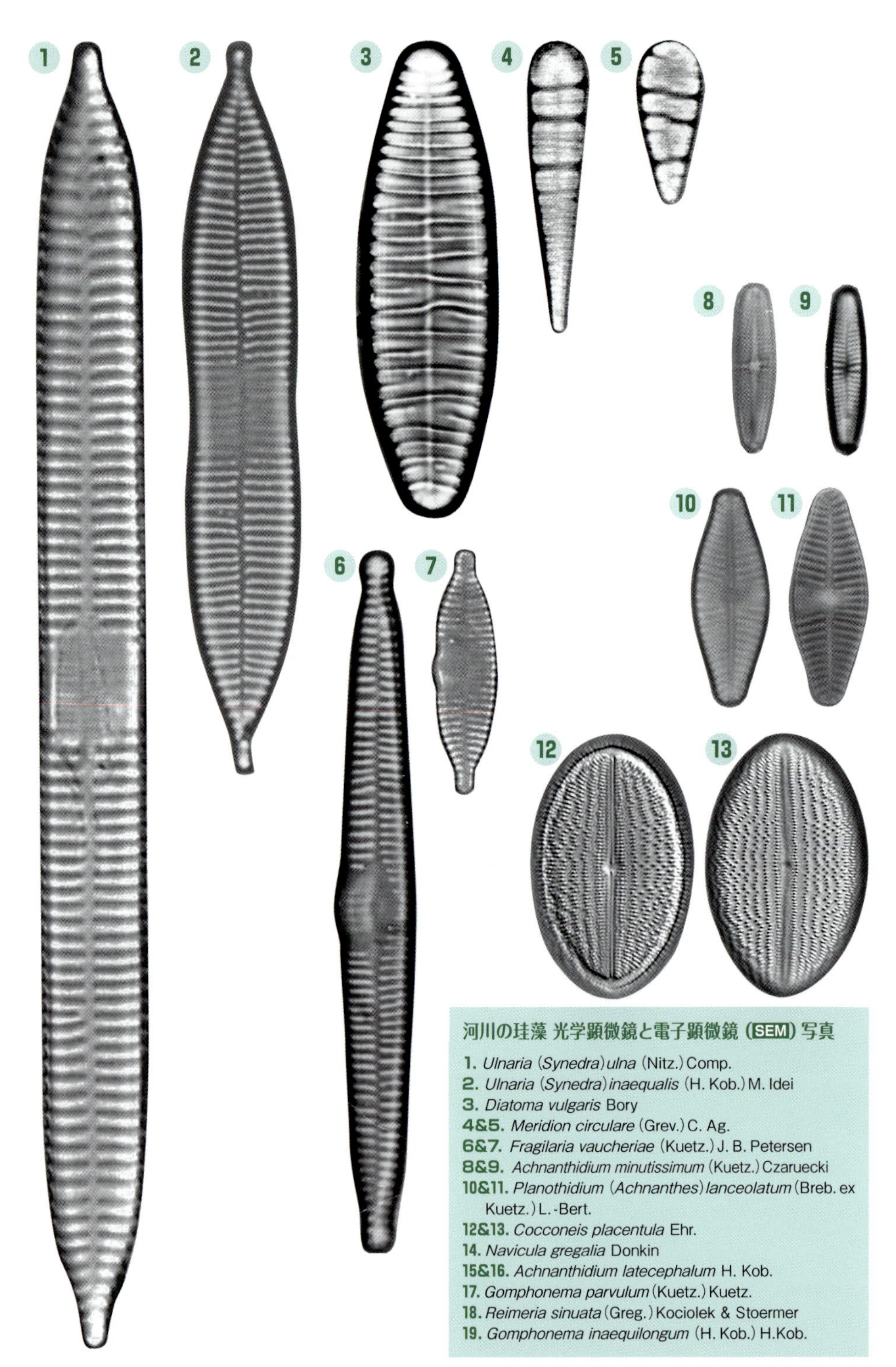

河川の珪藻 光学顕微鏡と電子顕微鏡（SEM）写真

1. *Ulnaria* (*Synedra*) *ulna* (Nitz.) Comp.
2. *Ulnaria* (*Synedra*) *inaequalis* (H. Kob.) M. Idei
3. *Diatoma vulgaris* Bory
4&5. *Meridion circulare* (Grev.) C. Ag.
6&7. *Fragilaria vaucheriae* (Kuetz.) J. B. Petersen
8&9. *Achnanthidium minutissimum* (Kuetz.) Czaruecki
10&11. *Planothidium* (*Achnanthes*) *lanceolatum* (Breb. ex Kuetz.) L.-Bert.
12&13. *Cocconeis placentula* Ehr.
14. *Navicula gregalia* Donkin
15&16. *Achnanthidium latecephalum* H. Kob.
17. *Gomphonema parvulum* (Kuetz.) Kuetz.
18. *Reimeria sinuata* (Greg.) Kociolek & Stoermer
19. *Gomphonema inaequilongum* (H. Kob.) H.Kob.

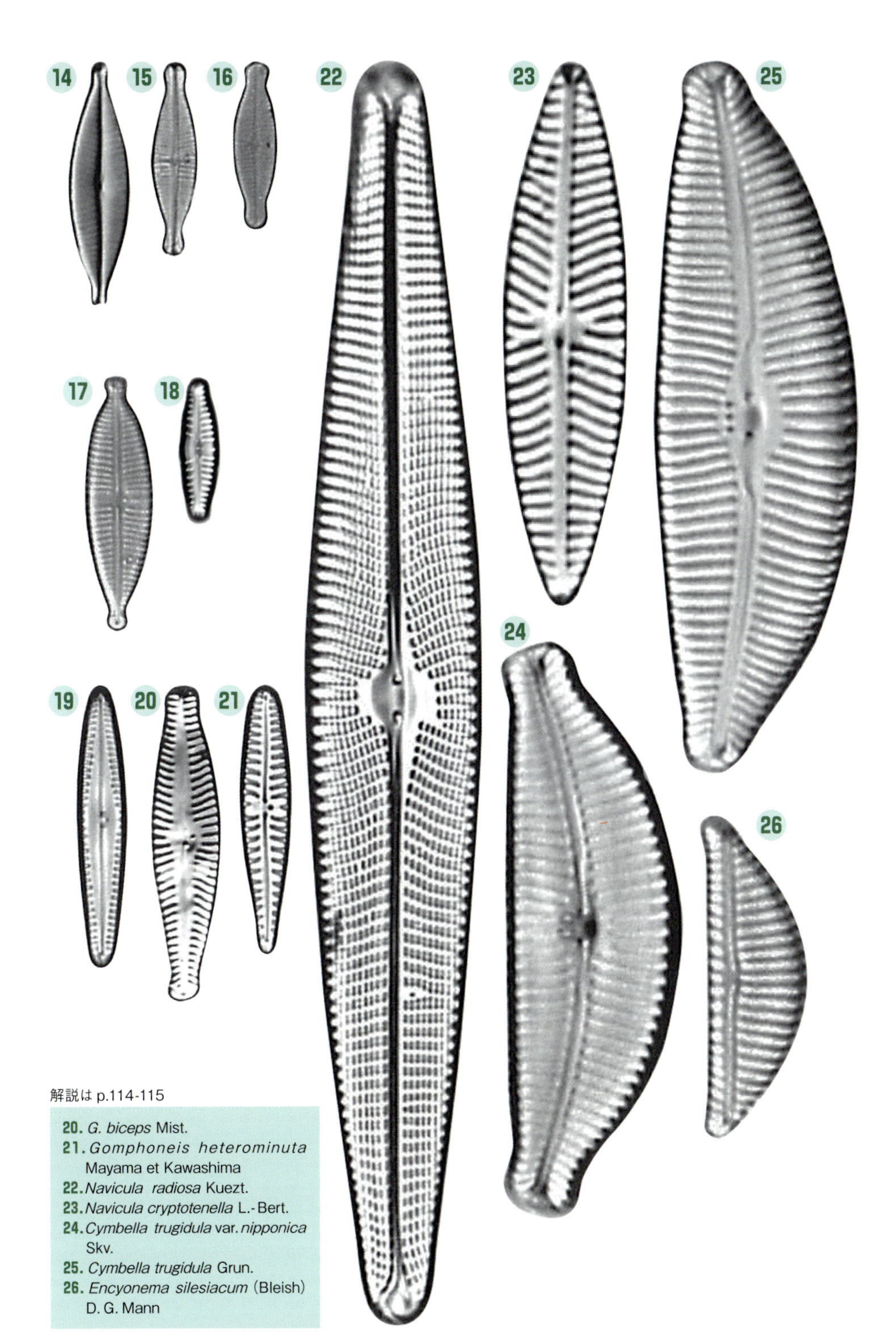

解説は p.114-115

20. *G. biceps* Mist.
21. *Gomphoneis heterominuta* Mayama et Kawashima
22. *Navicula radiosa* Kuezt.
23. *Navicula cryptotenella* L.-Bert.
24. *Cymbella trugidula* var. *nipponica* Skv.
25. *Cymbella trugidula* Grun.
26. *Encyonema silesiacum* (Bleish) D. G. Mann

p.112～113

1 ***Ulnaria (Synedra) ulna*** **(Nitz.)Comp.**

前出→ p.58（p.56- 1）

2 ***Ulnaria (Synedra) inaequalis*** **(H. Kob.) M. Idei.**

前出→ p.58（p.54- 1 2）

3 ***Diatoma vulgaris*** **Bory**

前出→ p.47（p.45- 4 5）

4 5 ***Meridion circulare*** **(Grev.) C. Ag.**

前出→ p.58（p.55- 9 10 11）

6 7 ***Fragilaria vaucheriae*** **(Kuetz.) J. B. Petersen**

前出→ p.47（p.45- 6 7 8 9 10）

8 9 ***Achnanthidium minutissimum*** **(Kuetz.) Czaruecki**

前出→ p.110（p.108- 8 9）

10 11 ***Planothidium (Achnanthes) lanceolatum*** **(Breb. ex Kuetz.) L. -Bert.**

前出→ p.64（p.60- 6 7 10 11）

12 13 ***Cocconeis placentula*** **Ehr.**

前出→ p.64（p.60- 14 15）

14 ***Navicula gregalia*** **Donkin**

淡水産着生種。河川、湖沼や池沼の底泥などが生育する。殻は皮針形で、両頭端は頭状となる。殻長 13～42 μm 殻幅 5～10μm 条線 繊細で 10 μm に 13～22 本ある。

15 16 ***Achnanthidium latecephalum*** **H. Kob.**

淡水産着生種。河川、湖沼や池沼の底泥などが生育する。殻は皮針形で、両頭端は頭状となる。殻長 13～42 μm 殻幅 5～7 μm 条線 繊細で 10 μm に約 28 本ある。

17 ***Gomphonema parvulum*** **(Kuetz.) Kuetz.**

前出→ p.80（p.78- 3 4 5）

18 ***Reimeria sinuata*** **(Greg.) Kociolek & Stoermer**

淡水産着生種。河川や湖沼の流水・止水域など基物に着生して広く出現する。殻は中心が背側にやや突出し、殻端は丸く終わる。殻長 9～40 μm 殻幅 3.5～9μm 条線 ほぼ平行となる。明瞭で 10 μm に 18～14 本ある。各地に生育する。

19 ***Gomphonema inaequilongum*** **(H. Kob.) H. Kob.**

淡水産着生種。河川や湖沼の流水・止水域など基物に着生して広く出現する。殻は線状皮針形、上下不相称で、楔形となり、殻端は丸く終わる。殻長 25～40 μm 殻幅 4 ～6 μm 条線 短くほぼ平行となる。明瞭で 10 μm に 13～14 本ある。各地に生育する。

20 ***Gomphonema biceps*** **Mist.**

淡水産着生種。河川や湖沼、池沼の流水・止水域などから基物に着生して出現する。殻は上下不相称のくさび形。両殻端は頭状に突出する。殻長 19～40μm 殻幅 6～8μm 条線 10μm に 8～149 本ある。条線は放射状で中央の条線の先端に遊離点をもつ。被殻足端から粘液を出し着生する。天竜川以西の河川に多い。

21 ***Gomphoneis heterominuta*** **Mayama et Kawashima**

淡水産着生種。河川や湖沼、池沼の流水・止水域などから基物に着生して出現する。殻は上下不相称のくさび形。頭端はくちばし状に突出する。殻長 10～35μm 殻幅 4～8μm 条線 10μm に 8～10 本ある。殻中央の条線で左右の2本は、片方は短く、相対する側は長く先端に遊離点をもつ。各地に生育する。

22 ***Navicula radiosa*** **Kuezt.**

淡水産着生種。河川や湖沼の流水・止水域など底泥から広く出現する。殻は広皮針形で殻端は細長く伸張する。殻長 50～120μm 殻幅 8～12 μm 条線 殻中心部で放射状、殻端部では平行から逆放射となる。明瞭で10μmに10～12本ある。胞紋は点紋状で10μmに28～32個ある。各地に生育する。

23 *Navicula cryptotenella* L.-Bert.

淡水産着生種。河川や湖沼の流水・止水域など底泥から広く出現する。殻は広皮針形で殻端はくちばし状となる。殻長 14～40μm 殻幅 5～7μm 条線 殻中心部で放射状、殻端部では平行から逆放射となる。明瞭で10μmに14～16本ある。各地に生育する。

24 *Cymbella trugidula* var. *nipponica* Skv.

淡水産着生種。河川や湖沼、池沼の流水・止水域など基物に着生して生育する。殻は長半円形で腹側が少し出る。殻長 25～50μm 殻幅 10～15μm 条線 二重点紋で区画され明瞭、10μmに12～14本ある。本邦各地に出現する。

25 *Cymbella trugidula* Grund.

淡水産着生種。河川や湖沼、池沼の流水・止水域など基物に着生して生育する。殻は長半円形で腹側が少し出る。殻長 25～50μm 殻幅 10～15μm 条線 二重点紋で区画され明瞭、10μmに12～14本ある。前種とは、腹側の殻側が真っすぐなことで区別される。本邦各地に出現する。

26 *Encyonema silesiacum* (Bleish) D. G. Mann

前出→ p.75（p.71- 13）

コラム

珪藻の学名と和名

珪藻の属については様々に呼ばれた属や古くから和名で呼ばれてきた属がある。たとえば、「イトマキケイソウ」は*Biddulphia*属は殻の側面（帯面）から観た形に由来する。淡水産で広く生育する*Eunotia*属は「イチモンジケイソウ」、これは殻形が「一文字」にみえるから、*Navicula*属は「フネケイソウ」と呼ばれるのは殻形が「フネ」にみえるからである。このように殻の外形から、その外形にあったような和名が付けられていることが多くある。一方、著名な珪藻研究者に捧げられた属名もある。*Kobayasiella*属はその1つである。

珪藻の和名は、小林弘珪藻図鑑等にほぼ全ての珪藻属について掲載されている。研究者同士で話をする場合、和名がなくてもかまわないが、それでは一般の人に不便が生じてしまう。そこで、学名をカタカナで表記することがしばしば行われている。

コラム

サンゴ礁の砂上にみられる珪藻

干潮のサンゴ礁。干潟が広がっている。潮が引いた砂の上に珪藻が茶色く出現する。

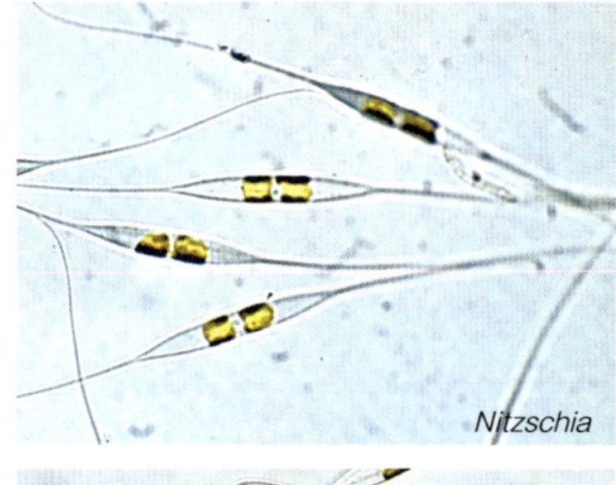

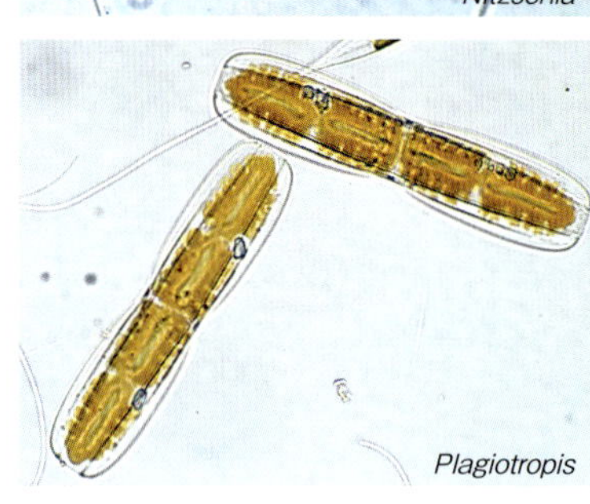

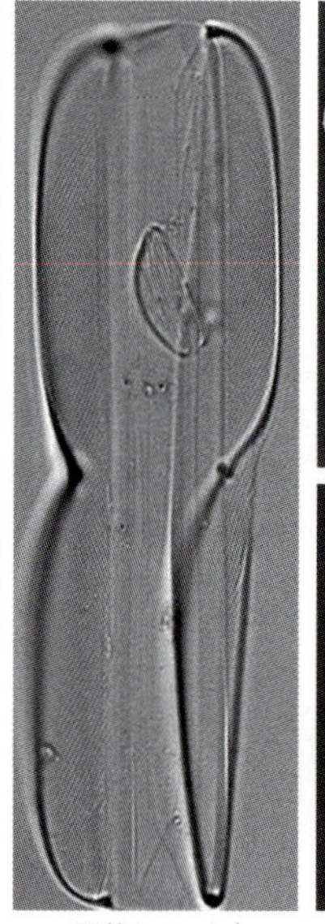

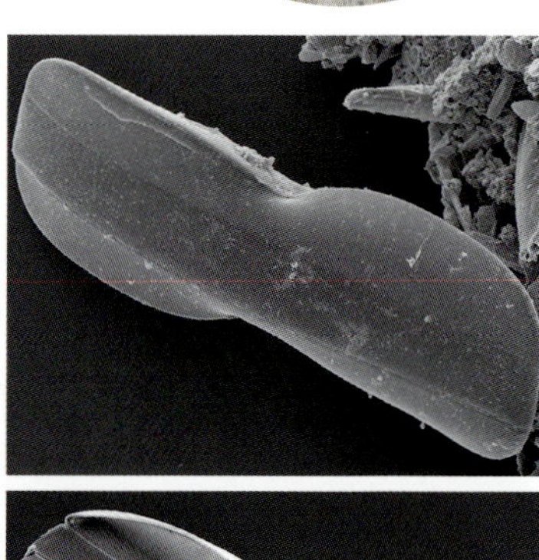

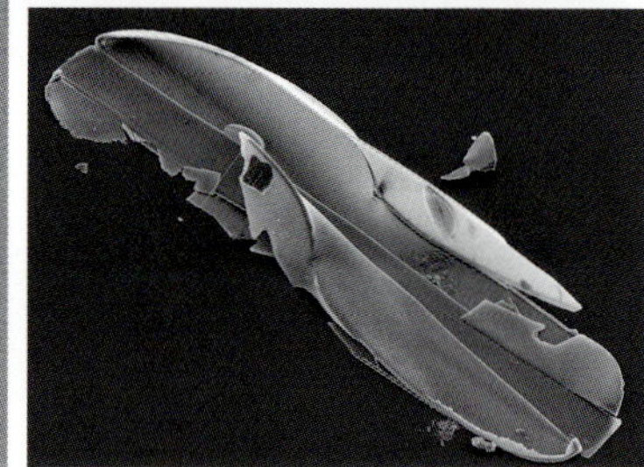

羽状ケイソウ（*Donkinia minuta*）。縦溝部分がS字状に隆起している。潮が引いた砂状に茶色く大量発生することがある。

西表島など南海に広がるサンゴ礁、潮が引いた白い砂の上には茶色くなって珪藻が出現する。満潮の時は外敵から身を守るために砂の中に潜んでいるが、潮が引くと砂の上に現れるのだ。

Amphora、*Donkinia*、*Plagiotropis*、*Trachyneis*、*Nitzschia* など場所や季節によって出現する種類は異なっている。

本州でも海岸の砂浜をよくみると砂の上に珪藻が出てきているのだが、砂の色が白くないので分かりにくい。

海の珪藻

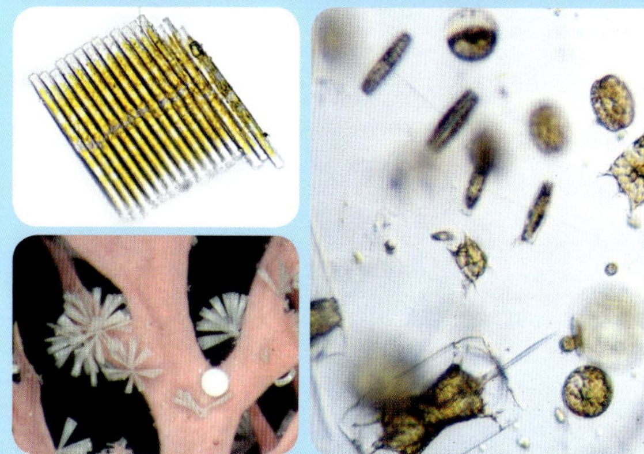

日本は海の環境がいろいろある。そのため、そこに生育する珪藻の種類も多様な種類が多彩な姿をみせてくれるのだ。

北の海から南まで、港などの水を汲んでみると、プランクトンの種類が沢山みられる。また、タイドプールなどの海藻表面には、付着性の種類が数多く生育している。

海の珪藻 生細胞写真

1&3. *Coscinodiscus wailesii* Gran
（**1.** 殻面観 **3.** 帯面観）
2. *Actinocyclus subtilis* (Greg.) Ralfs
4. *Planktoniella sol* (Wallich) Schutt
5. *Triceratium broekii* L.
6. *Thalassiosira diporocyclus* Hasle

解説は p.124

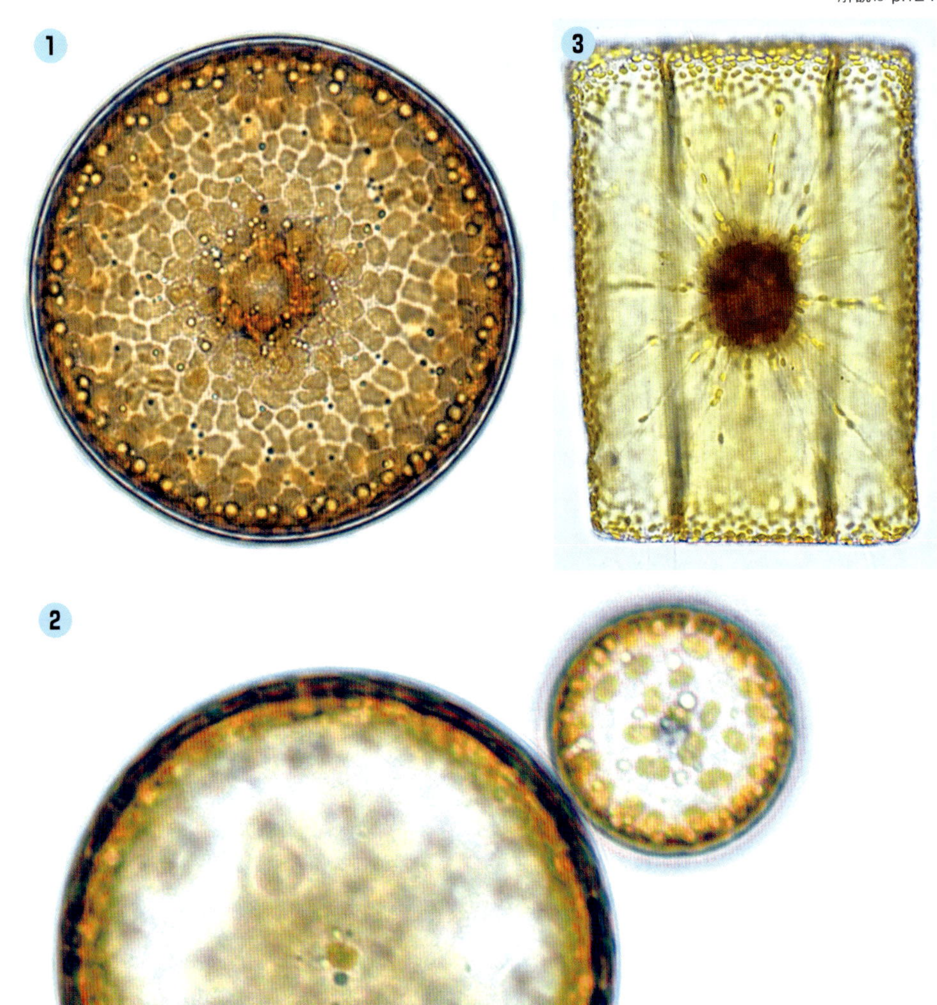

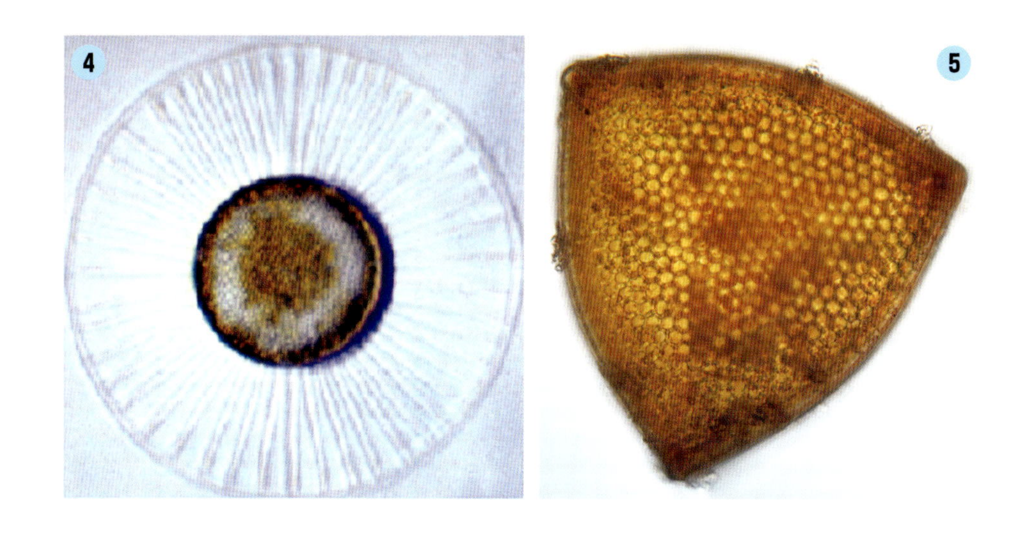
4
5

6

1. *Melosira moniliformis* (O. F. Mueller) var. *octogona* (Grun.) Hust.
2. *Stephanopyxis palmeriana* (Grev.) Grun.
3. *Corethron criophilum* Castracane
4. *Odontella sinensis* (Grev.) Drebes
5. *Thalassiosira lineata* Jose

解説は p.124

1

2

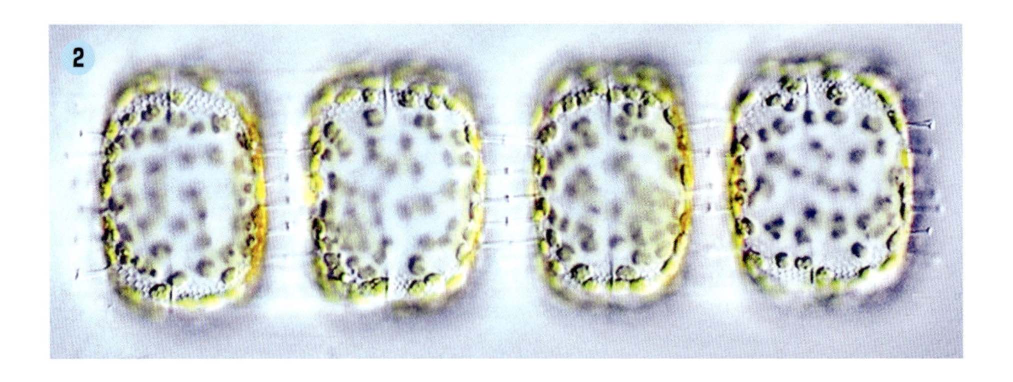

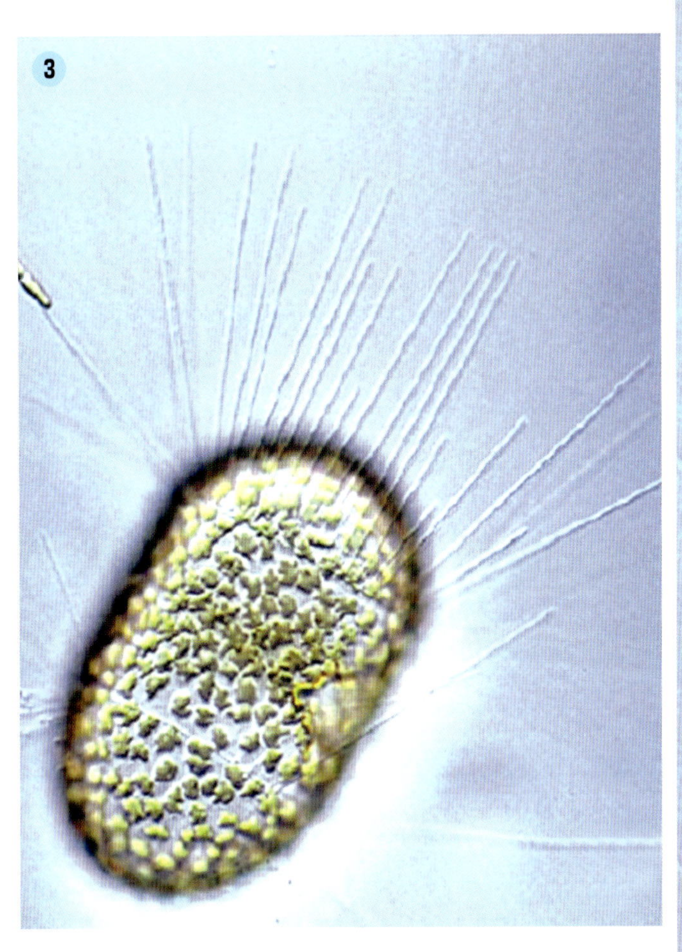
3

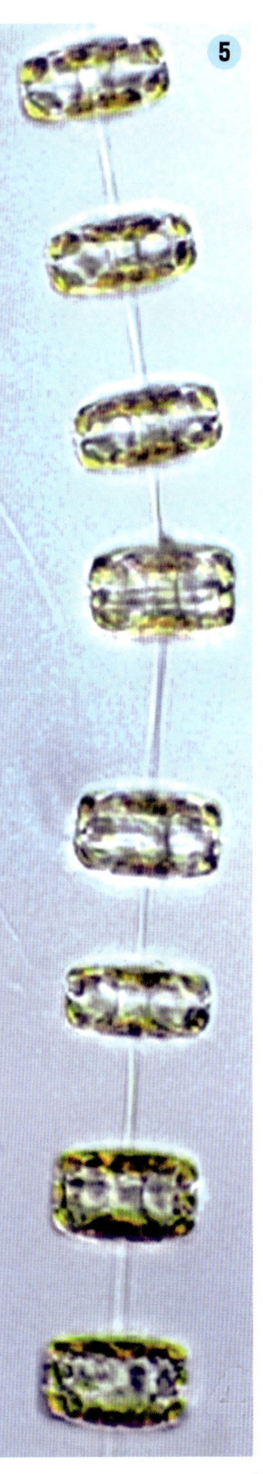
5

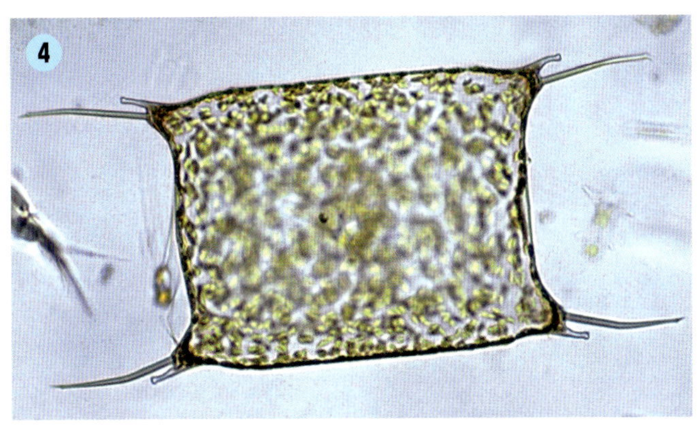
4

1. *Bacteriastrum delicatulum* Cl.
2. *Skeletonema costatum* (Grev.) Cl.
3. *Ditylum brightwelli* (West) Grun.
4&5. *Rhizosolenia robusta* Norman
6. *R. setigera* Brightwell

解説は p.124-125

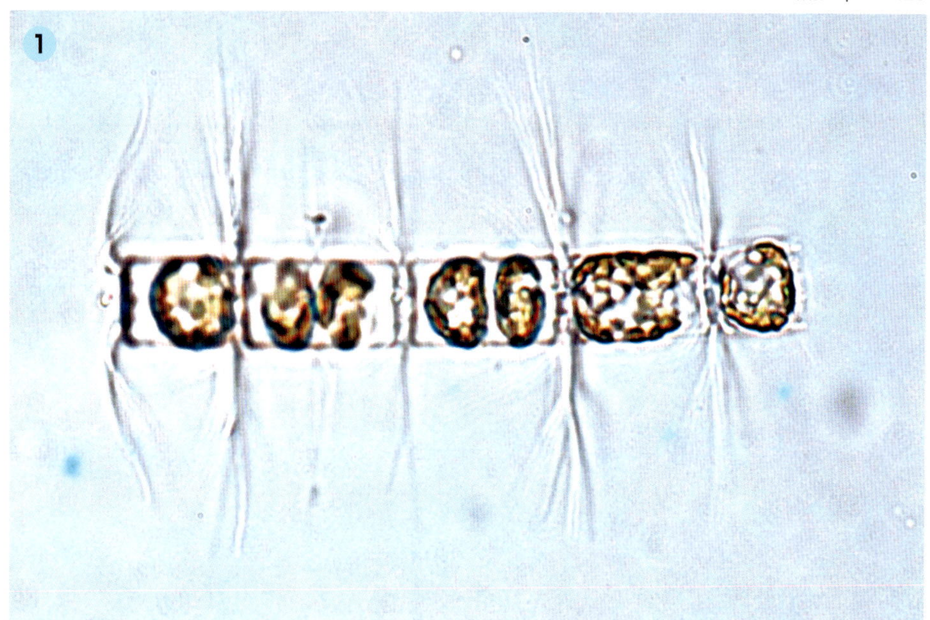

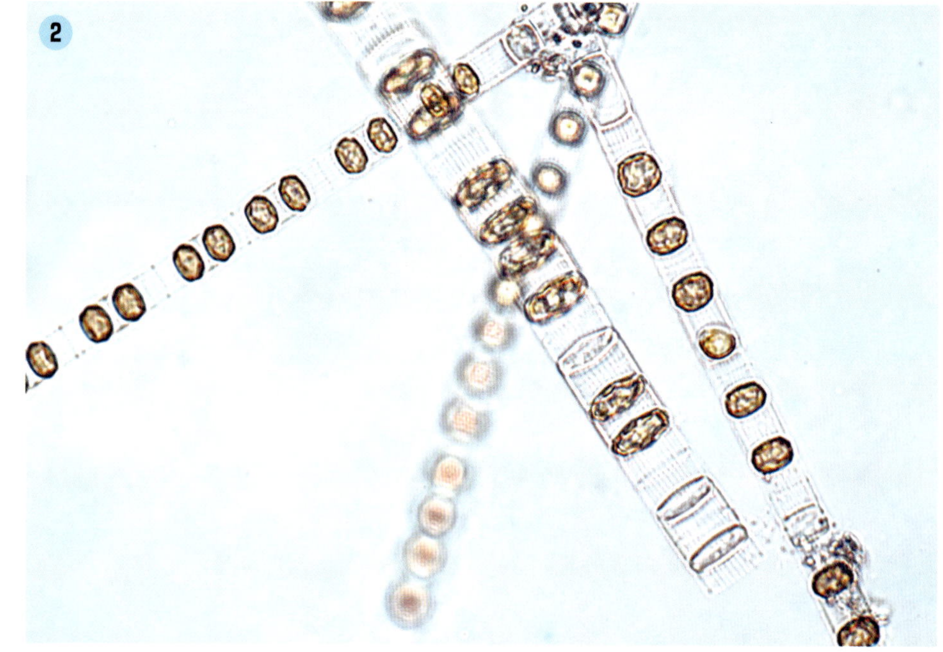

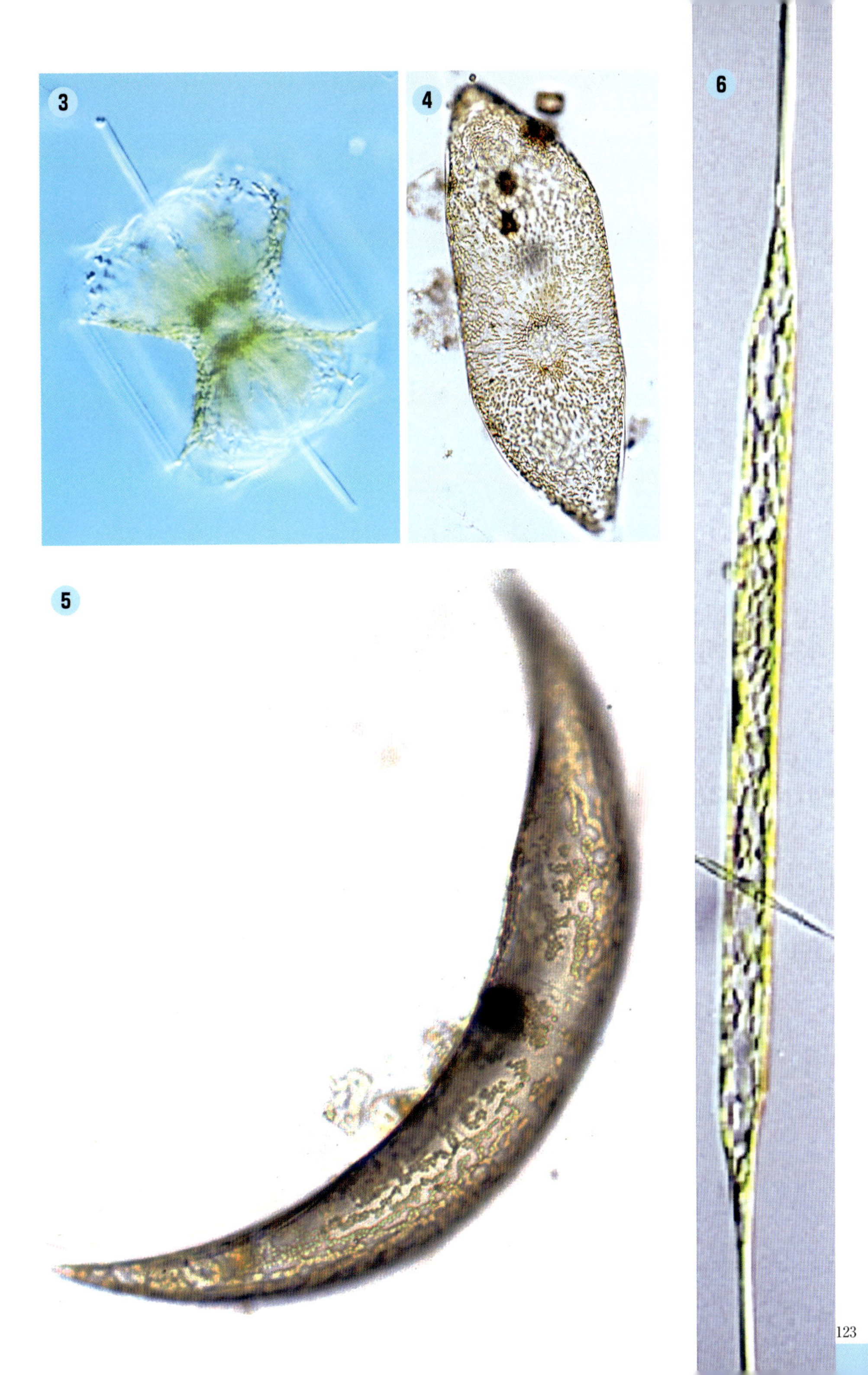
3
4
5
6

p.118～119

1 **3** ***Coscinodiscus wailesii* Gran**

後述→ p.156（p.155- 10 11 12）

2 ***Actinocyclus subtilis* (Greg.) Ralfs**

後述→ p.149（p.147- 7 8）

4 ***Planktoniella sol* (Wallich) Schutt**

後述→ p.156（p.155- 9）

5 ***Triceratium broekii* L.**

海産プランクトン種。細胞は三角。1 辺が 200～350 μ m。日本沿岸に広く分布する。

6 ***Thalassiosira diporocyclus* Hasle**

海産プランクトン種。細胞は円盤形。粘液に多数の細胞が包まれている。殻の 直径 8～12 μ m。日本沿岸に広く分布する。

p.120～121

1 ***Melosira moniliformis* (O. F. Mueller) C. Ag.**

海産プランクトン種。細胞は細胞は円盤形で殻面の中央部で緩く結合し、糸状群体を形成する。殻の 直径 25～70 μ m。 類似種 *M. moniliformis*（p.140〈p.138- 3〉）との区別は、殻肩部の“えり”の有無が分かりやすい。日本沿岸に広く分布する。

2 ***Stephanopyxis palmeriana* (Grev.) Grun.**

海産プランクトン種。細胞は円筒形で殻縁の刺で緩結合し、数個が連なった群体を形成する。殻の 直径 25～70 μ m。日本沿岸に広く分布する。

3 ***Corethron criophilum* Castracane**

海産プランクトン種。細胞は円筒形。殻の一方向に長い刺があり、目立った形態をしている。殻長 100～200 μ m、直径 40～80 μ m。日本沿岸に広く分布する。

4 ***Odontella sinensis* (Grev.) Drebes**

海産プランクトン種。細胞の側面観は四角形にみえるが、殻面は紡錘板状形。殻の四隅から先端が若干膨れた長い突起があり、目立った形態をしている。殻長（長軸）90～200 μ m 直径 40～80 μ m。イトマキケイソウの和名は、この種類に付けられた。日本沿岸に広く分布する。

5 ***Thalassiosira lineata* Jose**

海産プランクトン種。細胞は円筒形で殻中央から粘液を出して結合し、数個が連なった群体を形成する。目立った形態をしている。殻の 直径 30～100 μ m。日本沿岸に広く分布する。

p.122～123

1 ***Bacteriastrum delicatulum* Cl.**

海産プランクトン種。細胞は円筒形で殻縁に放射状の刺を形成し、この刺を絡ませることで結合し、数個が連なった群体を形成する。目立った形態をしている。殻の 直径 30～100 μ m。日本沿岸に広く分布する。

2 ***Skeletonema costatum* (Grev.) Cl.**

海産プランクトン種。細胞は円筒形で殻縁に刺を形成し、この刺で結合し、糸状群体を形成する。目立った形態をしている。殻の 直径 5～20 μ m。日本沿岸に広く分布する。

3 ***Ditylum brightwelli* (West) Grun.**

海産プランクトン種。細胞は三角筒形で殻縁に刺列の縁飾りを形成する。殻中央に長い刺を形成する。目立った形態をしている。殻の 直径 25～100 μ m。日本沿岸に広く分布する。

4 **5** ***Rhizosolenia robusta* Norman**

海産プランクトン種。細胞は円筒形で両端は細くなる。観察する角度によっては三日月形にみえる。目立った形態をしている。殻の 直径 30～100 μ m。日本沿岸に広く分布する。

6 *Rhizosolenia setigera* Brightwell

海産プランクトン種。細胞は棒状円筒形で両端は細くなる。観察する角度によっては三日月形にみえる。目立った形態をしている。殻の **直径** 3 ～ 80 μm **殻高** 50 ～ 700 μm。日本沿岸に広く分布する。

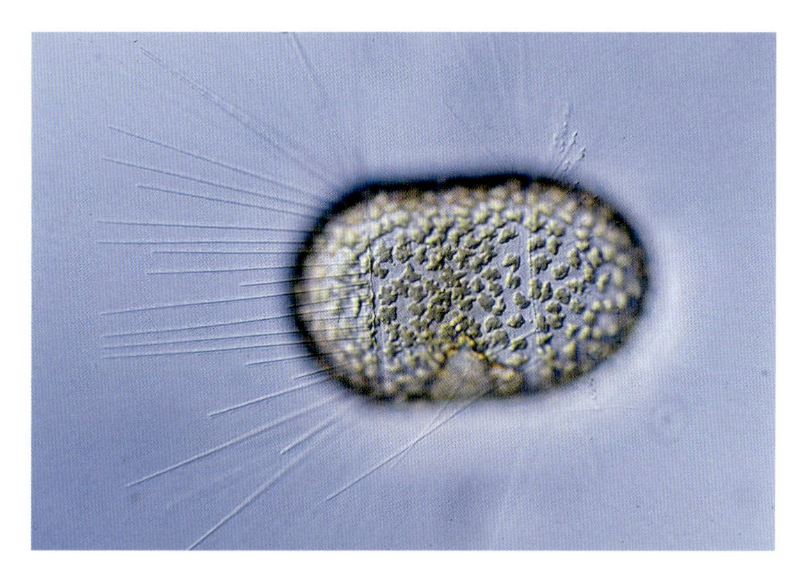

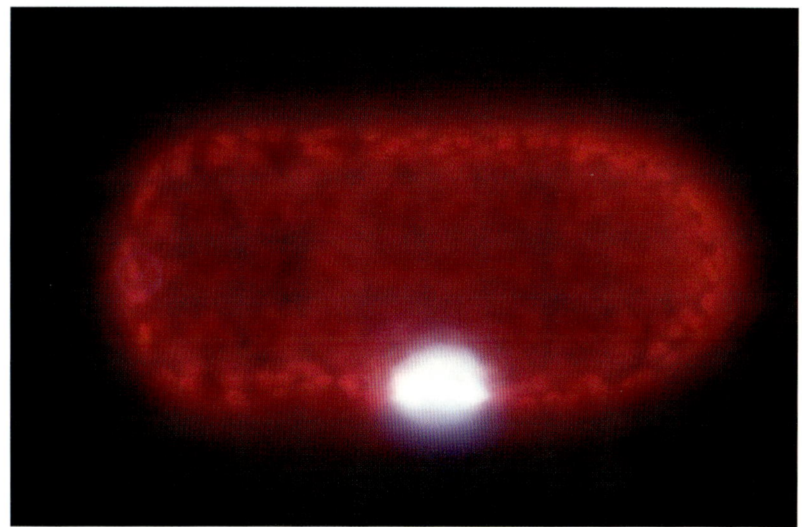

Corethron criophilum Castracane
上　生細胞
下　DAPI 染色による蛍光顕微鏡写真。核のDNAが青白色に染まっている。

1. *Chaetoceros curvisetus* Cl.
2. *C. socialis* Lauder
3. *C. constrictus* Gran
4. *C. coarctatum* Lauder
5. *Biddulphia tuomeyi* (Bailey) Roper

解説は p.132

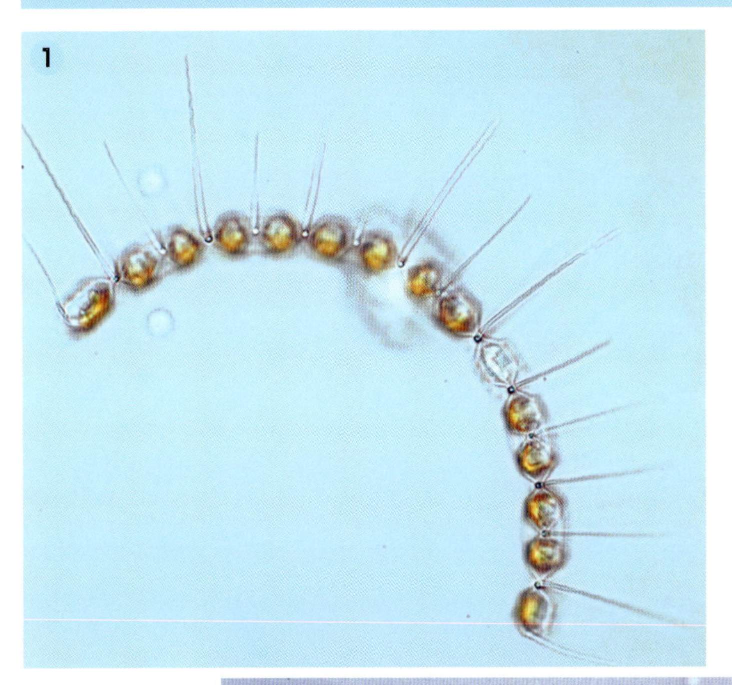

1

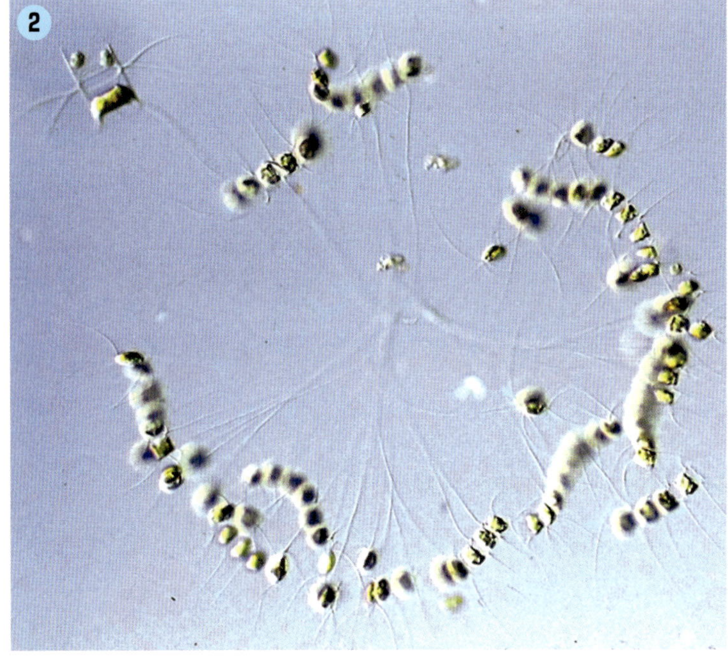

2

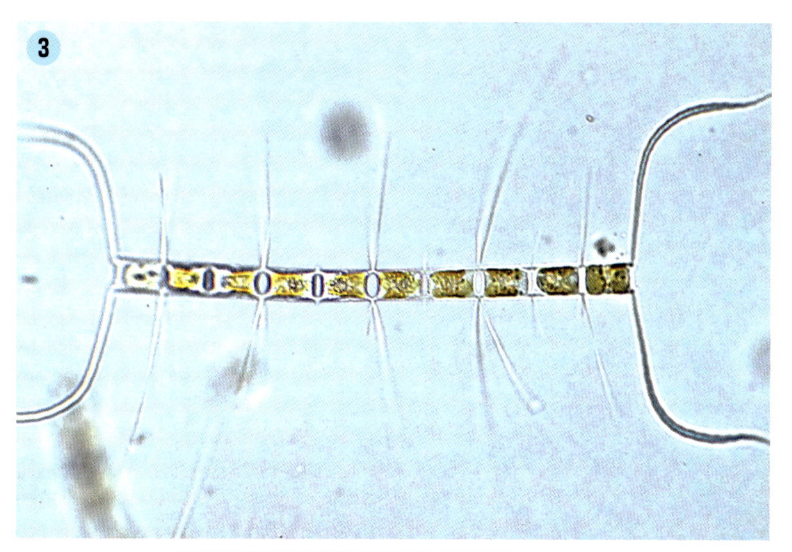
3

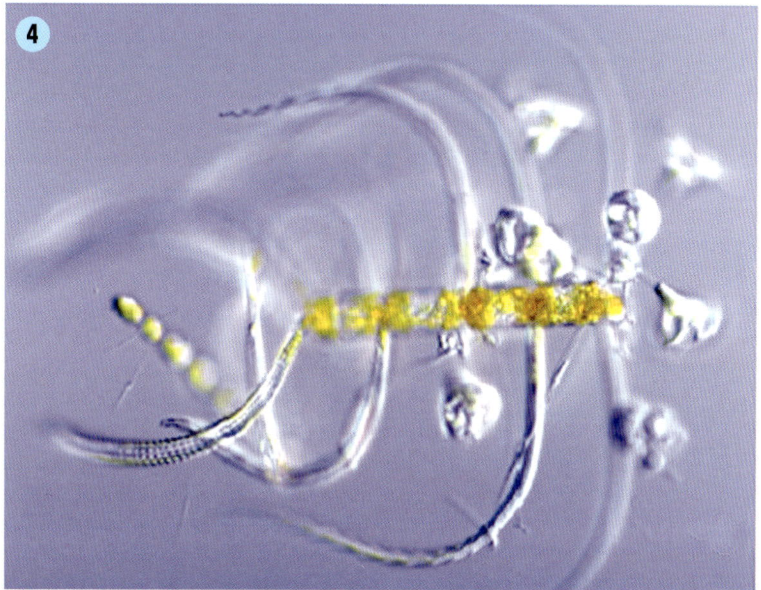
4

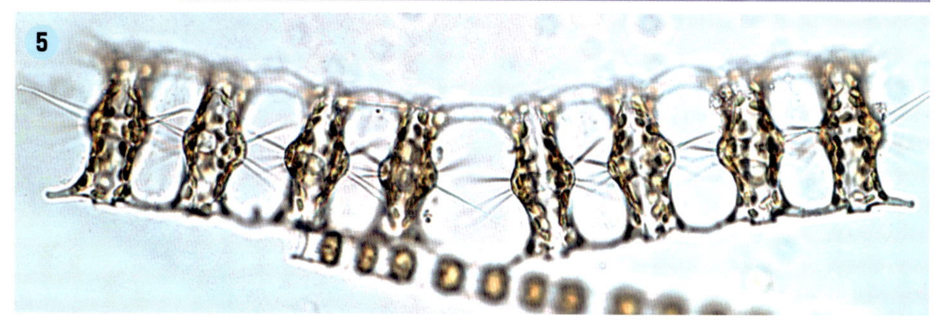
5

1. *Ditylum brightwelli* (West) Grun.
2. *Stictocyclus stictodiscus* (Grun.) Ross
3. *Asterionella glacialis* Castracane
4. *Eucampia zodiacus* Ehr.

解説は p.132

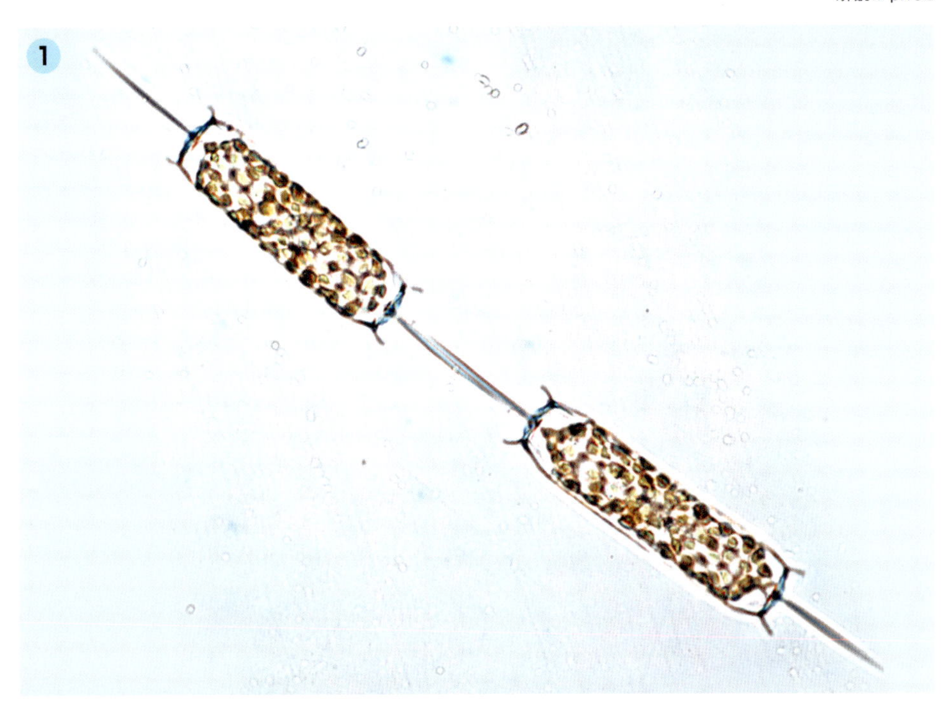

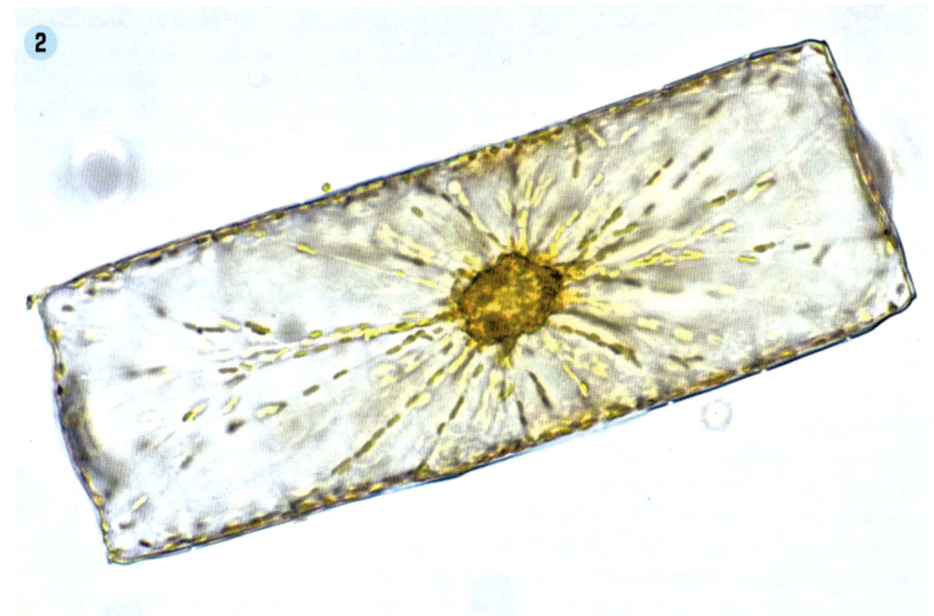

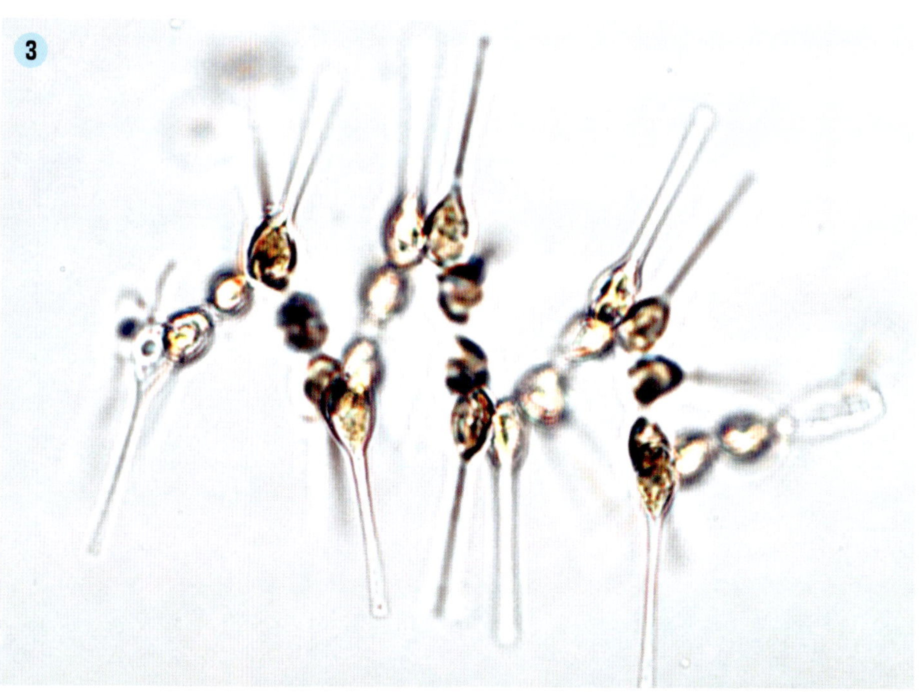
3

4

1. *Isthmia enervis* Ehr.
2. *Trigonium* sp.
3. *T. formosum* (Brightwell)
4. *Striatella unipunctata* (Lyngb.) Ag.
5. *Thalassionema nitzschioides* Grun.

解説は p.132-133

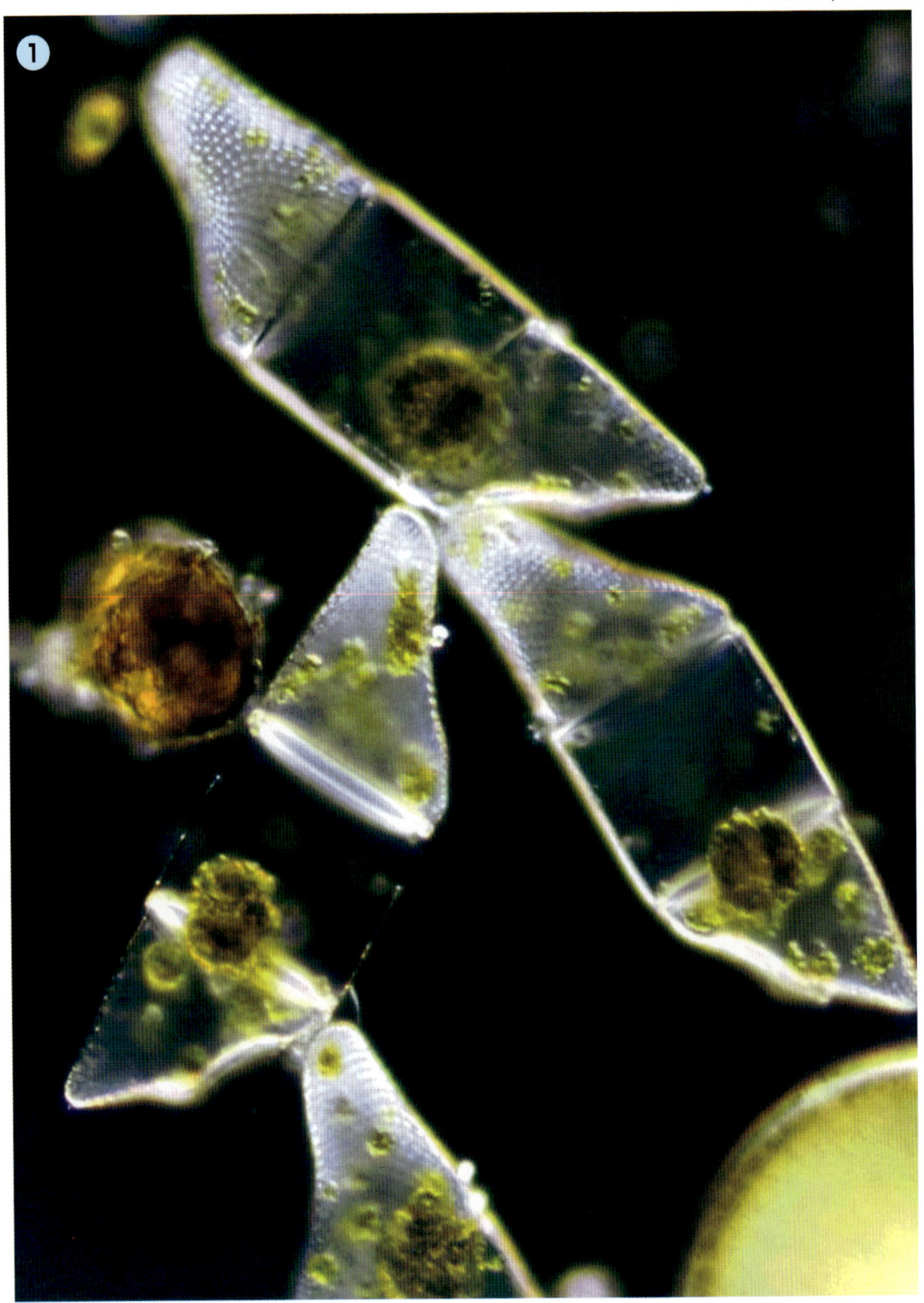

2

3

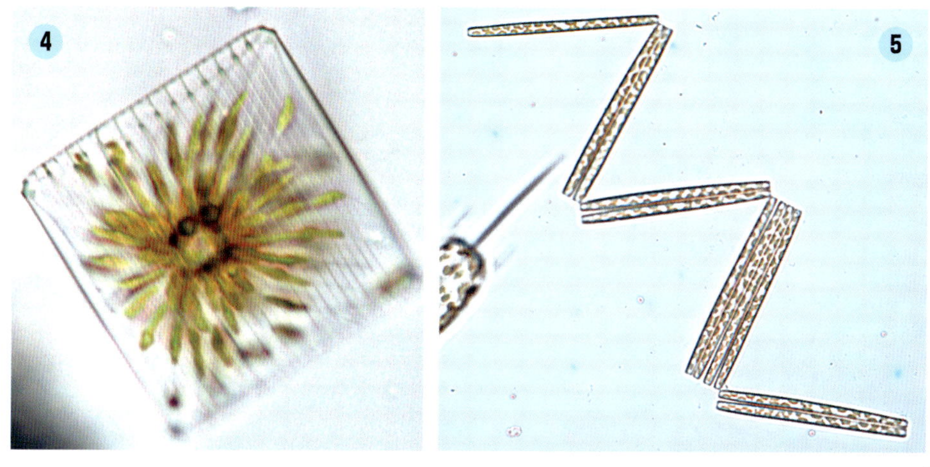
4
5

p.126～127

1 ***Chaetoceros curvisetus* Cl.**

海産プランクトン種。細胞は円筒形で多数連結して、螺旋状群体を形成する。短い群体は円弧形で、弧の外側に向かって刺毛が放射状に形成される。殻高 15～50 μm。日本沿岸に広く分布する。

2 ***Chaetoceros socialis* Lauder**

海産プランクトン種。細胞は円筒形で群体は短く湾曲する。特殊な長い刺毛を形成し、この刺毛が束ねられ粘液と共に群集を形成する。多数連結して、螺旋状群体を形成する。短い群体は円弧形で、弧の外側に向かって刺毛が放射状に形成される。殻高 4～15 μm。日本沿岸に広く分布する。

3 ***Chaetoceros constrictus* Gran**

海産プランクトン種。細胞は円筒形で群体は短い。殻端細胞は太い特殊な長い刺毛を形成し、間の細胞の刺毛は細い。殻高 10～30 μm。日本沿岸に広く分布する。

4 ***Chaetoceros coarctatum* Lauder**

海産プランクトン種。細胞は円筒形で殻面は楕円形。細胞は太い特殊な長い刺毛を形成する。殻高 33～40 μm。本種にはツリガネムシ（Vorticella）が付着していることが多い。日本沿岸に広く分布する。

5 ***Biddulphia tuomeyi* (Bailey) Roper**

海産プランクトン種。細胞は円筒形で殻面は楕円形。細胞は中央に太い特殊な長い刺毛を形成、数個の細胞が連なってみられる。殻高 33～40 μm。日本沿岸に広く分布する。

p.128～129

1 ***Ditylum brightwelli* (West) Grun.**

前出→ p.124（p.123- 3）

2 ***Stictocyclus stictodiscus* (Grun.) Ross**

海産プランクトン種。細胞は円筒形。殻中央部がわずかに膨れる。中央多数の唇状突起を形成する、数個の細胞が連なって出現することが多い。殻高 200～400 μm。日本沿岸に広く分布する。

3 ***Asterionella glacialis* Castracane**

海産プランクトン種。螺旋群体を形成するが、螺旋が右・左巻きの両形がある。被殻長 16～70 μm。日本沿岸に広く分布する。

4 ***Eucampia zodiacus* Ehr.**

海産プランクトン種。細胞は扁平で、被殻の両端突出部（眼域）で連結して螺旋群体を形成する。被殻長 13～70 μm。日本沿岸に広く分布する。沿岸水域の栄養塩濃度指標種とされている。

p.130～131

1 ***Isthmia enervis* Ehr.**

海産着生種、時に浮遊性。細胞は扁平で、被殻の両端突出部(眼域)で連結して群体を形成する。被殻長 48～200 μm。日本沿岸に広く分布する。

2 ***Trigonium* sp.**

海産着生種、時に浮遊性。細胞は辺が凹んだ三角形で扁平。被殻の両端突出部（眼域）で基物に着生したり、数個連結する。被殻長 48～200 μm。日本温帯沿岸に分布する。

3 ***Trigonium formosum* (Brightwell)**

海産着生種、時に浮遊性。細胞は辺が凹んだ三角形で筒状。被殻の両端突出部（眼域）で基物に着生したり、数個連結する。被殻長 100～300 μm。日本沿岸に分布する。

4 ***Striatella unipunctata* (Lyngb.) Ag.**

海産着生種、時に浮遊性。細胞は扁平で多数の帯片をもつ。被殻の両端突出部（眼域）で基物に着生する。**被殻長** 48 ～ 200 μm。日本沿岸に分布する。

5 ***Thalassionema nitzschioides* Grun.**

海産プランクトン種。細胞は棒状で、被殻の両端突出部（眼域）で隣接被殻と連なり、交互に分離するため、ジグザグ群体を形成する。**被長** 48 ～ 200 μm。日本沿岸に分布する。

Chaetoceros 属のグループショット

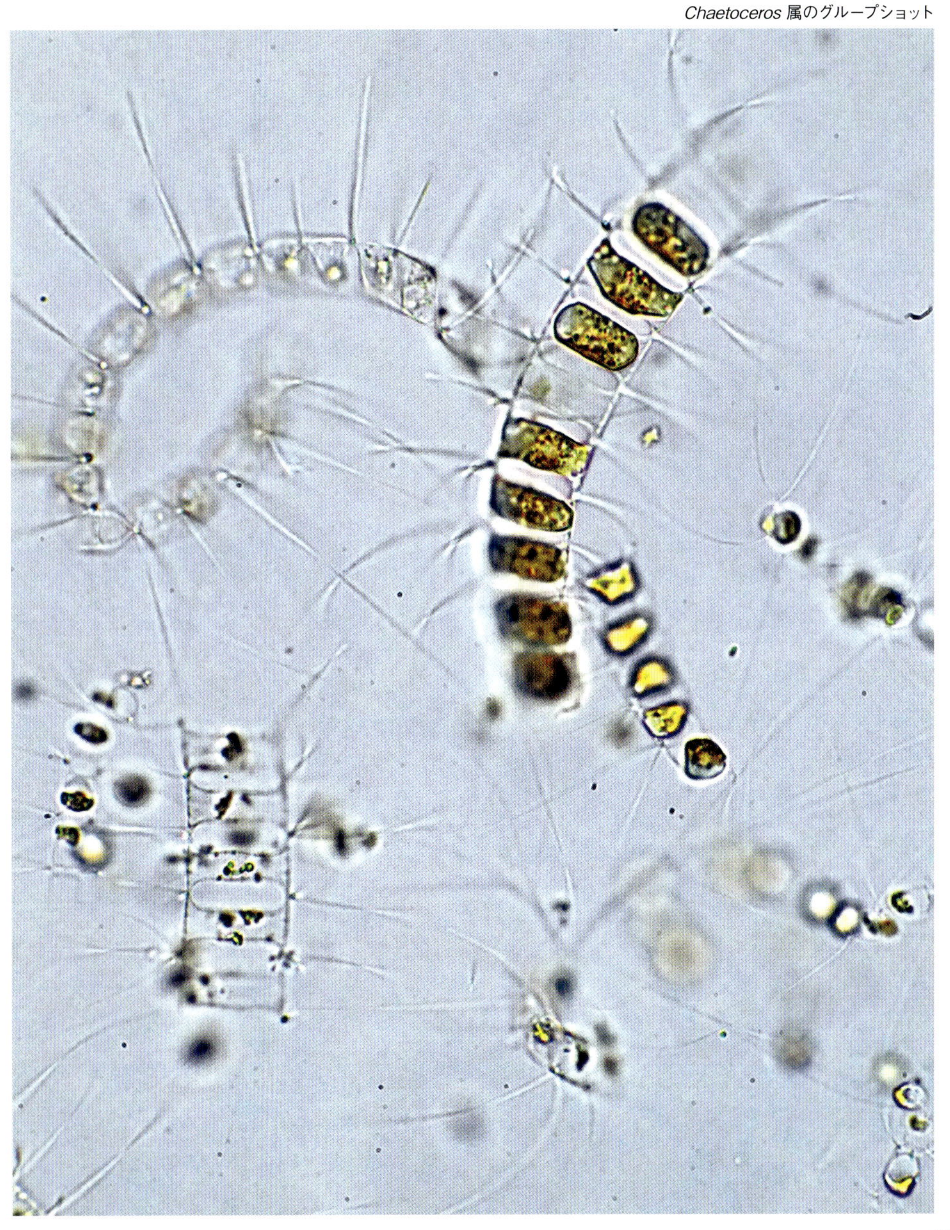

1. 緑藻シオグサに着生する *Arachnoidiscus ornatus* Ehr.
2&3. *Rhabdonema adriaticum* Kuetz.
（**2.** 緑藻シオグサに着生する様子　**3.** 帯面観）
4. *Talassiothrix frauenfeldii* (Grun,) Grun.
5. 叢生する *Climacosphenia moniligera* Ehr.

解説は p.140

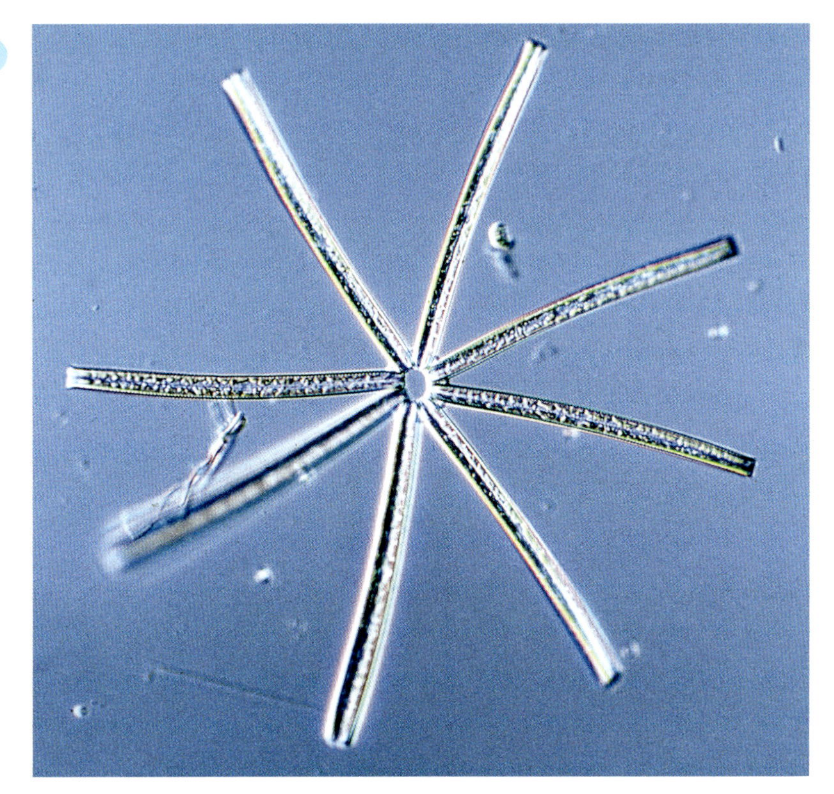

5

1. *Biddulphia pulchella* Gray
2. *Odontella rhombus* (Ehr.) Kuetz.
3. *Asteromphalus marylandica* Ehr.
4. *Ceartaulus turgidua* (Ehr.) Ehr.

解説は p.140

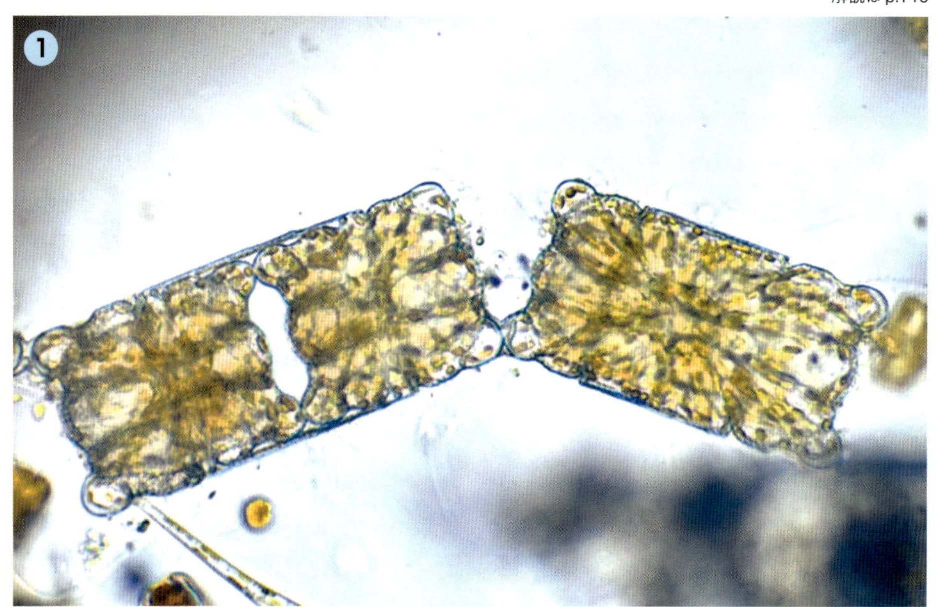

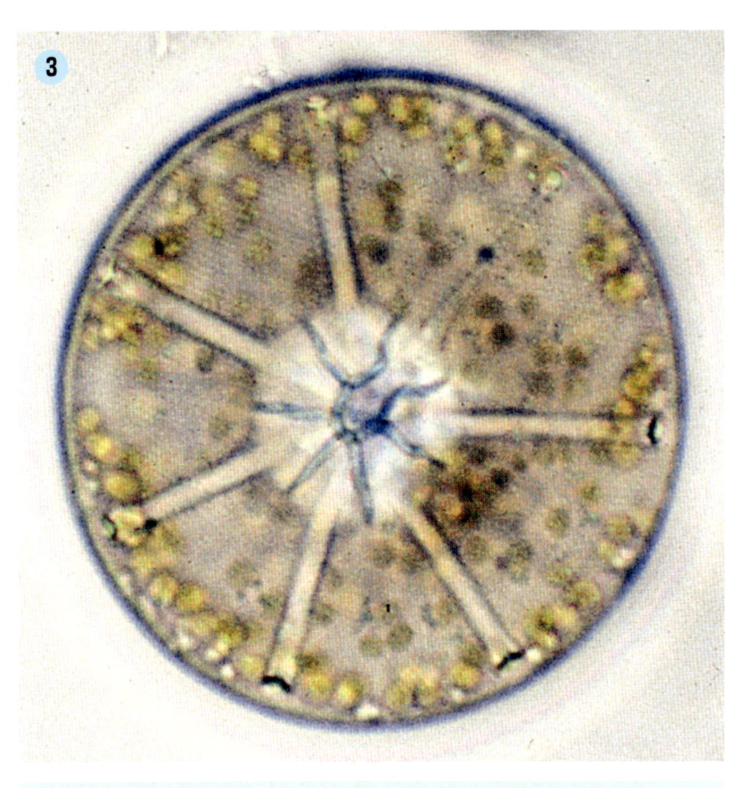
3

4

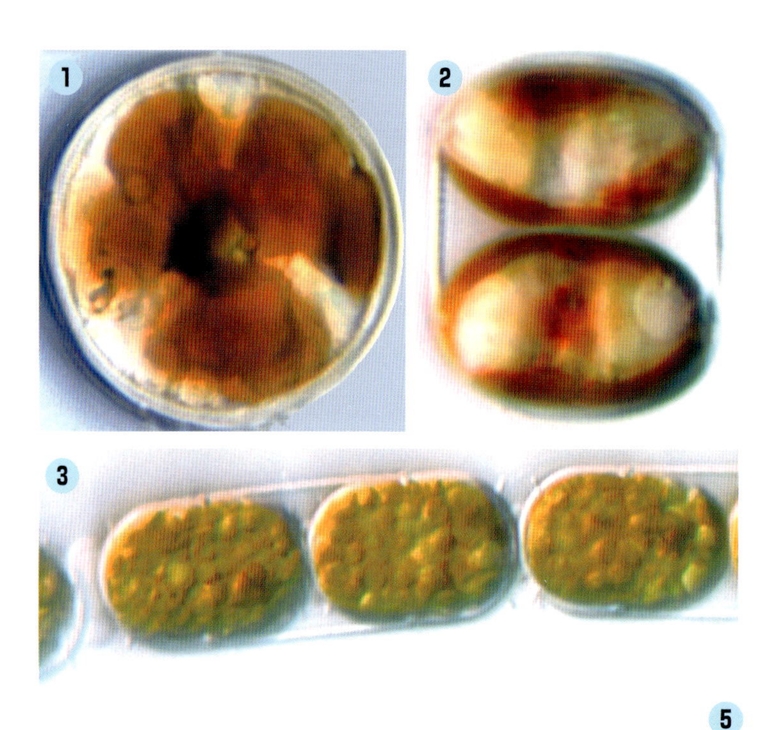

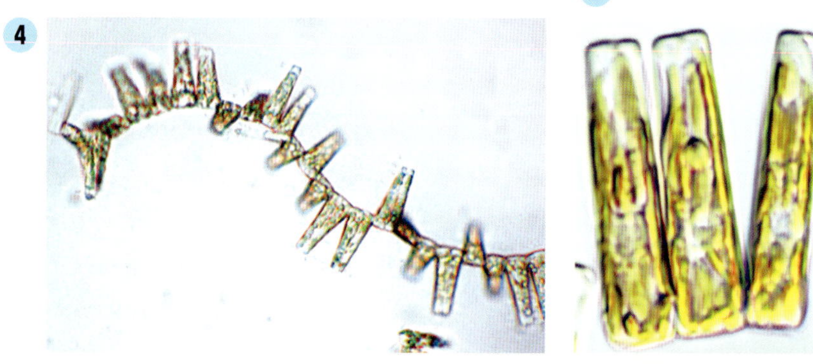

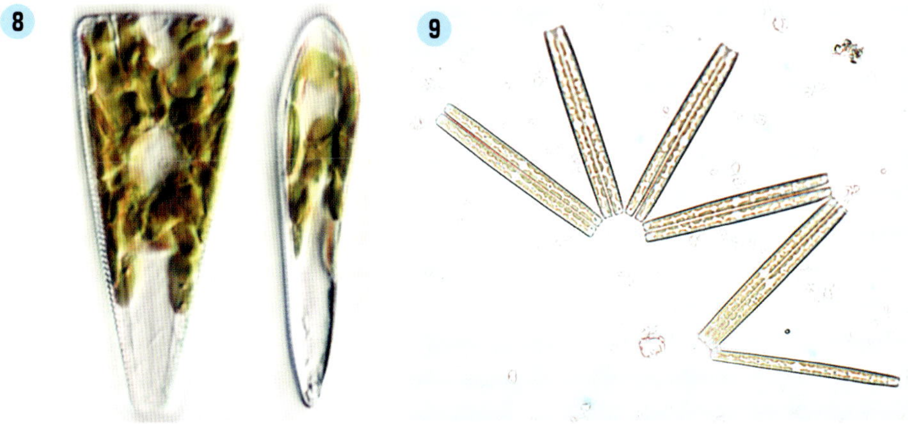

解説は p.140-141

1&2. *Hyalodiscus scoticus* (Kuetz.) Grun.
（**1.** 殻面観　**2.** 帯面観）
3. *Melosira moniliformis* (O. F. Müller) Ag. 帯面観
4～6. *Bleakeleya notata* (Grun.) F. E. Round
（**4.** らせん状の群体　**5.** 殻頭端で連結）
6. 紅藻ウスカワカニノテ（*Amphiroa zonata*）に絡まっている。
7. *Licmophora paradoxa* (Lyngbye) Ag. 群体
8. *L. abbreviata* Ag.
9. *Thalassionema nitzschioides* Grun.

p.134～135

1 ***Arachnoidiscus ornatus* Ehr.**

海産着生種。被殻は円盤状で、半被殻が異なった構造となる。中心部がスリット状の殻で基物に着生する。正四角形であり各片の中央部がわずかに凹む。被長 80～300 μ m。日本沿岸に分布し、高緯度地域では大きい個体が多い。テングサ(マクサ)の害藻として知られている。

2 3 ***Rhabdonema adriaticum* Kuetz.**

海産着生種。被殻は線状広皮針形で殻端は丸く、両殻端に眼域がある。被殻は内外半被殻の間に、多数の帯片を形成する。殻長 40～200 μ m 殻幅 15～30 μ m。細胞長 80～300 μ m 殻内面軸域に針状突起が数個みられる。ジグザグ群体を形成する。日本各地に分布する。

4 ***Talassiothrix frauenfeldii* (Grun.) Grun.**

海産プランクトン種。被殻は細長い棒状で、殻両縁に沿って短い条線がある。葉緑体は円盤状で多数。細胞の一端で互いに付着し放射状の群体を形成する。殻長 80～200 μ m 殻幅 1～4 μ m。

5 ***Climacosphenia moniligera* Ehr.**

海産着生種。被殻は線状広皮針形でヘラ状、頭端、足端と不相称。頭端は丸く、足端に向かって細くなる。被殻は内外半被殻の間に、多数の帯片を形成、接殻帯片は数本の特徴的な横走肋がある。殻長 100～500 μ m 殻幅 15～30 μ m。扇状群体を形成する。日本各地に分布する。

p.136～137

1 ***Biddulphia pulchella* Gray**

海産着生種、時に浮遊性。細胞は扁平で多数の帯片をもつ。被殻の両端突出部（眼域）連結したり、基物に着生する。被殻長 60～90 μ m 殻幅 60～90 μ m。日本沿岸に分布する。

2 ***Odontella rhombus* (Ehr.) Kuetz.**

海産着生種、時に浮遊性。細胞は扁平で多数の帯片をもつ。被殻の両端突出部（眼域）連結したり、基物に着生する。被殻長 50～120μm 殻幅 35～120μm。日本沿岸に分布する。

3 ***Asteromphalus marylandica* Ehr.**

海産プランクトン種。細胞は円盤状。透明にみえる殻内構造によって、殻面の胞紋域が7に区画される。透明にみえる部分は、空洞の袋のような構造となっている。被の 直径 40～60 μ m。日本沿岸に分布する。

4 ***Cerataulus turgidua* (Ehr.) Ehr.**

海産着生種。細胞は円盤状。殻面観は楕円形で比較全体は樽形。殻端に突起物（殻套眼域）と長く先端が扇状に広がった棘を持つ。この殻套眼域から粘液を出し、砂粒などに着生する。被の 直径 90～160μm。日本沿岸に分布する。

p.138～139

1 2 ***Hyalodiscus scoticus* (Kuetz.) Grun.**

海産着生、プランクトン種。被殻は円盤状。殻中心部は凹む。被の 直径 7～16 μ m。日本沿岸に分布する。

3 ***Melosira moniliformis* (O. F. Müller) Ag.**

海産着生、プランクトン種。被殻は殻肩が丸い円筒状。殻中心部で隣接細胞と緩く接合し糸状群体を形成する。被の 直径 25～70 μ m。殻套高 14～60 μ m。日本沿岸に分布する。

4 5 6 ***Bleakeleya notata* (Grun.) F. E. Round**

海産着生種。被殻は殻肩が丸い円筒状。殻は線状、頭殻端はへら状に広がる。条線は密で、殻全体では平行であるが、頭殻端部では放射状となる。粘液物質で隣接細胞と緩く接合し綿状群体を形成する。殻長 63～80 μ m。日本沿岸に分布する。近年まで *Asrerionella* 属（p.17）として扱われていた。

7 *Licmophora paradoxa* (Lyngbye) Ag.

海産着生種。殻は線状、頭殻端はへら状に広がる。殻の足端から粘液をだして樹状群体を形成する。殻全体では平行であるが、頭殻端部では放射状となる。殻長 30 ～ 60 μ m。日本沿岸に分布する。

8 *Licmophora abbreviata* Ag.

海産着生種。殻は線状、頭殻端はへら状に広がる。殻の足端から粘液をだして樹状群体を形成する。条線は殻全体では平行であるが、頭殻端部では放射状となる。殻長 55 ～ 80 μ m 条線 10 μ m に 11 ～ 12 μ m。日本沿岸に分布する。

9 *Thalassionema nitzschioides* Grun.

前出→ p.133（p.131- 5）

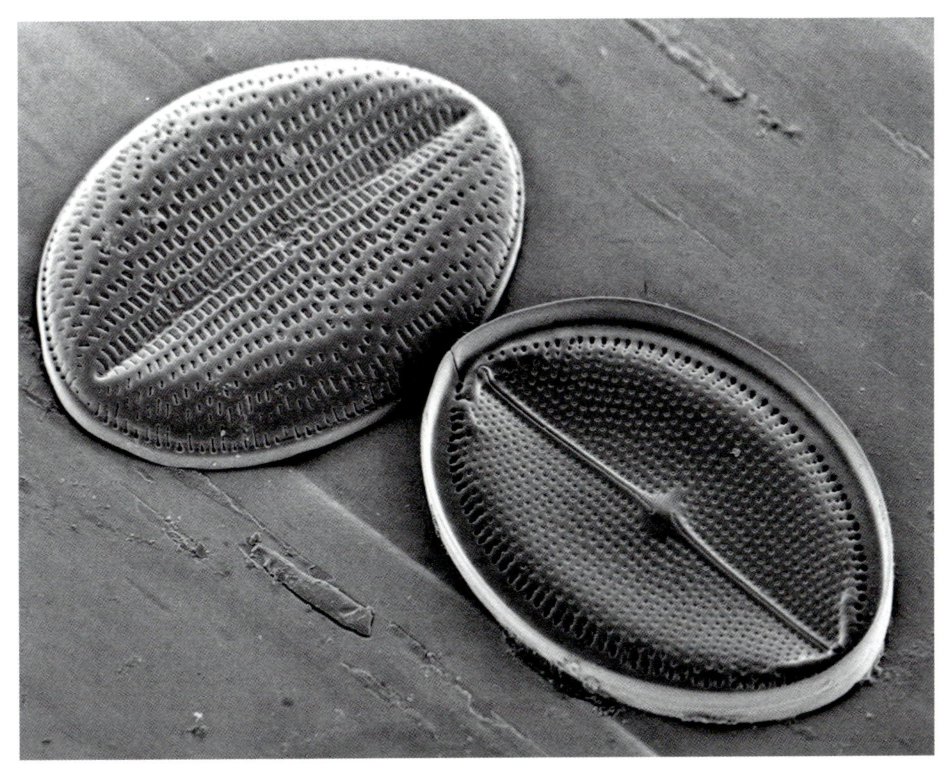

Cocconeis shikinensis Suzuki, Nagumo & J.Tanaka
一個体を半被殻ごとに分離した様子

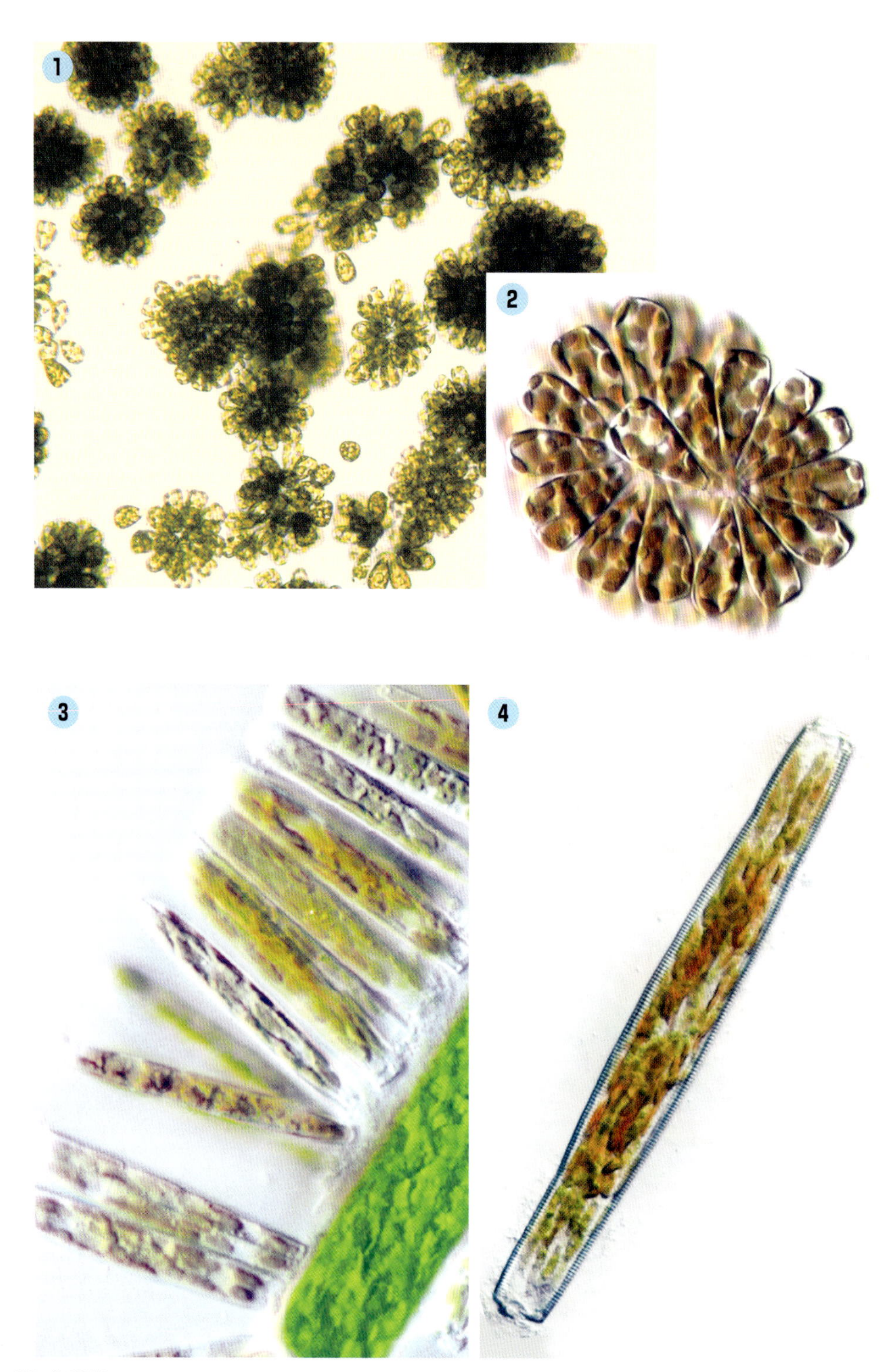
1
2
3
4

解説は p.148

1&2. *Licumophora hyaline* (Kuetz.) Kuetz.
3&4. *Tabularia fasciculata* (C. A. Ag.) Williams & Round
5&6. *Hydrosera triquetra* Wallich
7. *Opephora guenter-grassii* (Witkowski-L. Bert.) Sabbe & Vyverman

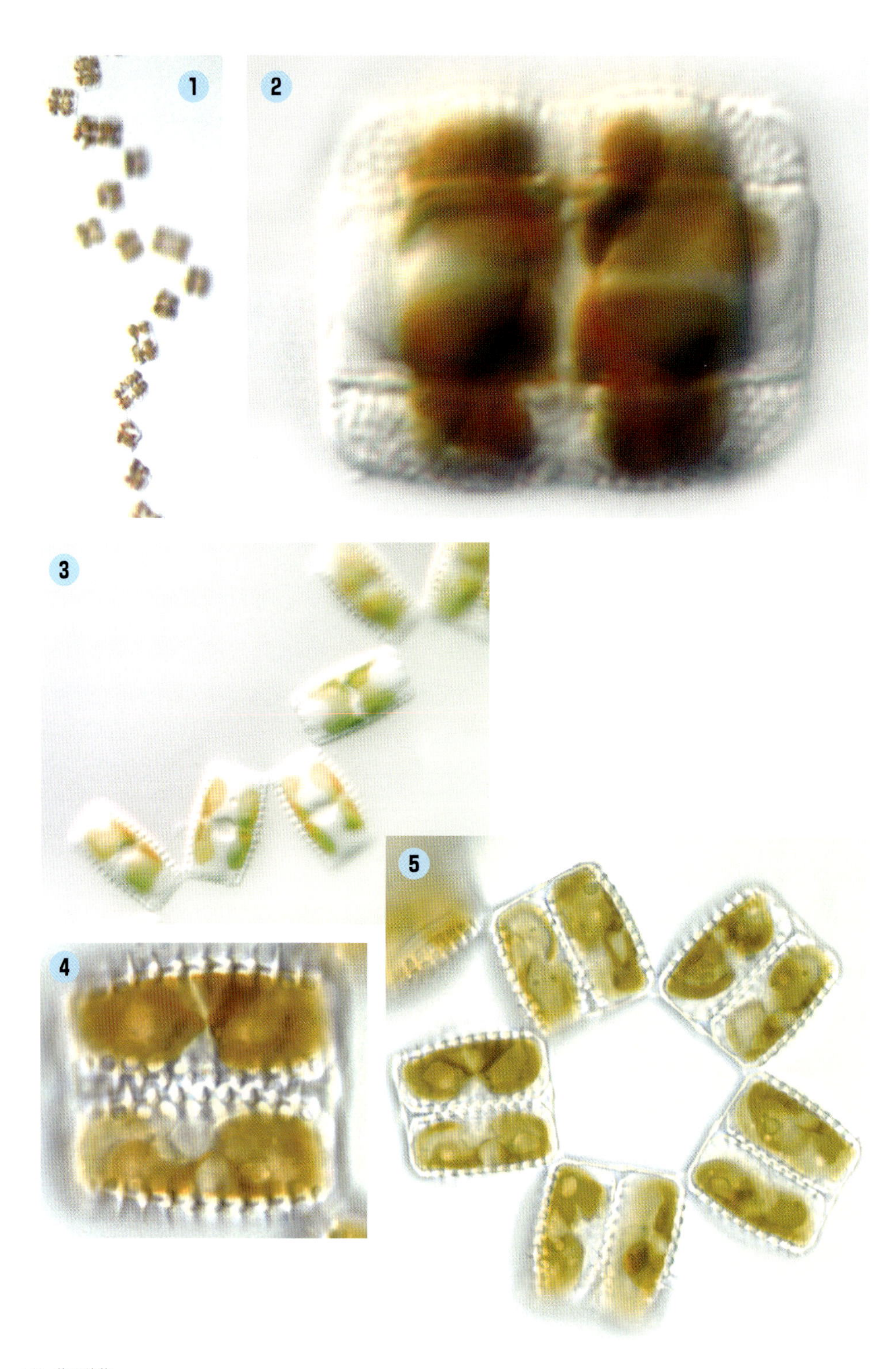
1
2
3
4
5

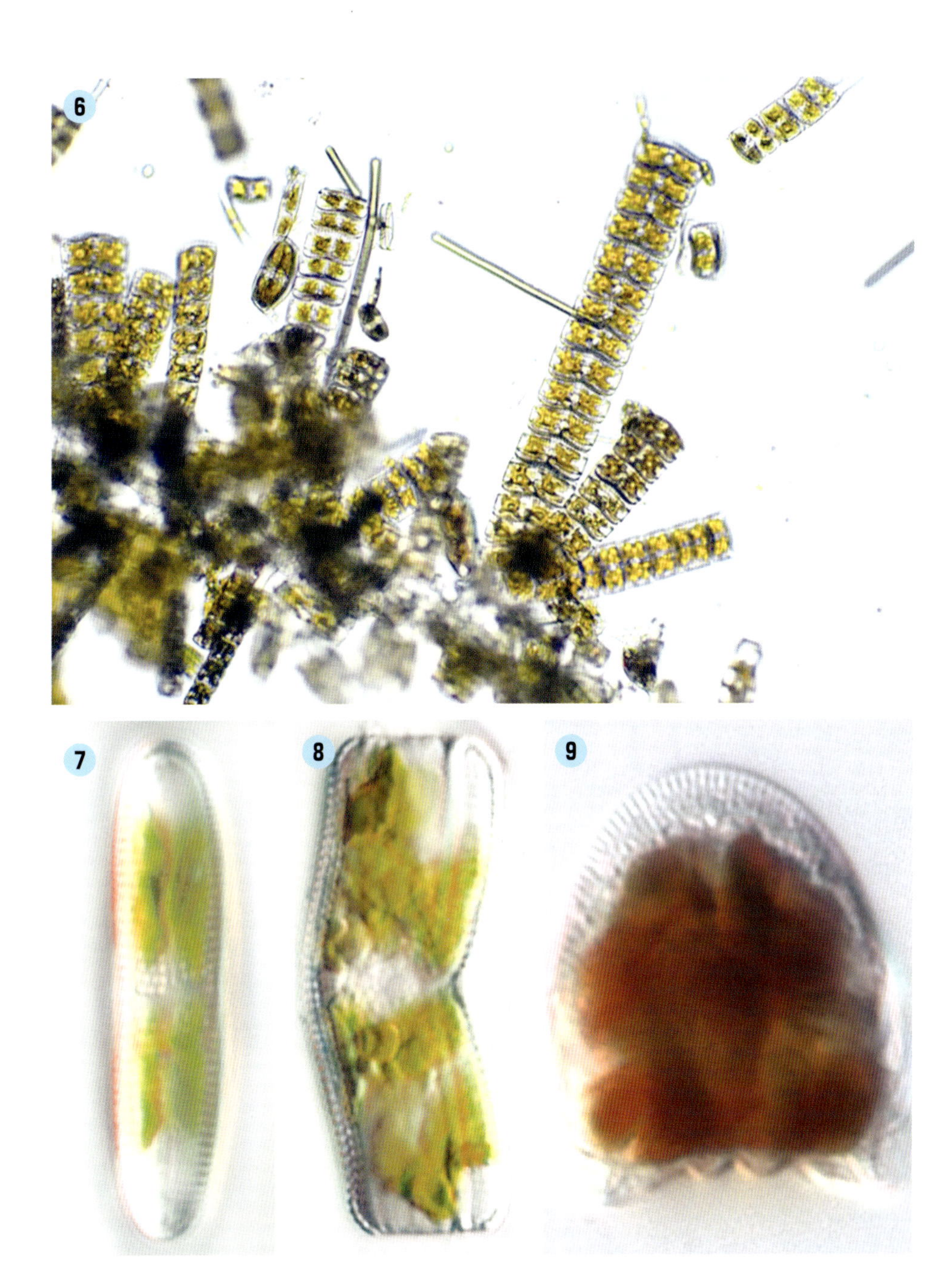

解説は p.148

1&2. *Plagiogramma atomus* Grev.
3～5. *Neofragilaria nicobarica* Desikachary, Prasad & Prema
6. *Achnanthes* sp. の群体。
7. *Achnanthes brevipes* var. *intermedia* (Kuetz.) Cl.
8. *Campylodiscus clypeus* Ehr.

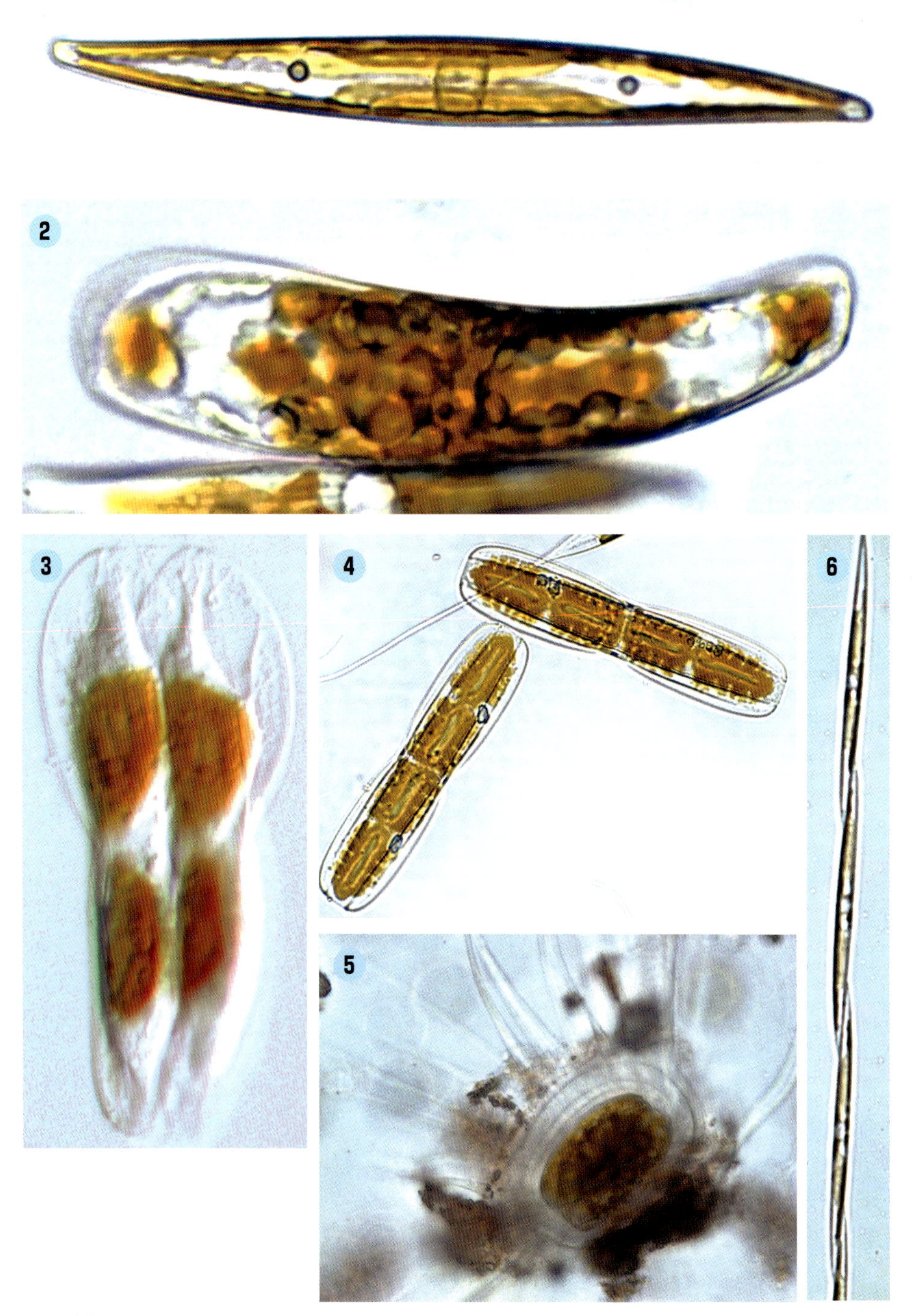
1
2
3
4
5
6

解説は p.148-149

1. *Pleurosigma* sp.
2. *Donkinia lata* Cox
3. *Entomoneis pseudoduplex* Osada & Kobayasi
4. *Plagiotropis lepidoptera* (Greg.) Kuntze
5. *Mastogroia* sp. 被殻から粘液が出ている。
6. *Pseudonitzschia multistriata* (Takano) Takano
7&8. *Actinocyclus subtilis* (Greg.) Ralfs
（**7.** 緑藻シオグサに着生する。）

p.142～143

1 2 ***Licmophora hyaline* (Kuetz.) Kuetz.**

海産着生種。殻は線状、頭殻端はへら状に広がる。殻の足端から粘液をだして樹状群体を形成する。条線は殻全体では平行であるが、頭殻端部では放射状となる。殻長 20～50μm 条線 10μmに20～25μm。日本沿岸に分布する。

3 4 ***Tabularia fasciculata* (C. A. Ag.) Williams & Round**

海産着生種。殻は長角柱形、両殻端は細くなる。殻の足端から粘液をだして基物に着生する。条線 殻全体では平行で殻縁にある。殻長 20～100μm 殻幅 3～7μm。日本沿岸に分布する。

5 6 ***Hydrosera triquetra* Wallich**

海産、汽水着生種。殻は三角形を合わせた六角形。殻の眼域から粘液をだして隣接す細胞と連結して群体を形成し基物に着生する。殻長 80～120μm。日本沿岸に分布する。

7 ***Opephora guenter-grassii* (Witkowski &L.-Bert.) Sabbe & Vyverman**

海産着生種。殻は長楕円形であるが一端は細くなる。殻の足端から粘液をだして基物に着生する。条線は殻全体では平行。殻長 4.5～7μm 殻幅 2～3μm 条線 10μmに9～12μm。日本沿岸に分布する。

p.144～145

1 2 ***Plagiogramma atomus* Grev.**

海産着生種。殻の足端から粘液をだしてジグザグ群体を形成し、基物に着生する。日本沿岸に分布する。

3 4 5 ***Neofragilaria nicobarica* Desikachary, Prasad & Prema**

海産着生種。殻は長楕円形で両殻端は丸い。殻端から粘液をだしてジグザグ群体を形成し、基物に着生する。殻縁に小針列を形成する。殻長 15～35μm 殻幅 8～10μm 条線 10μmに6～7μm。日本沿岸に分布する。

6 ***Achnanthes* sp. の群体**

殻面で連結して、帯状群体を形成する。

7 ***Achnanthes brevipes* var. *intermedia* (Kuetz.) Cl.**

海産着生種。殻は狭皮針形で両殻端は丸い。殻端粘液をだして基物に着生する。殻面で隣接する細胞と接合して、帯状群体を形成する。殻長 15～120μm 殻幅 10～40μm 条線 10μmに7～10μm。日本沿岸に分布する。

8 ***Campylodiscus clypeus* Ehr.**

海産着生種。被殻は円形で板状であるが、殻全体が鞍(くら)の様に湾曲する。さらに、それぞれの半被殻の中心節が90度ずれていることが、本属の特徴である。殻長 80～200μm。竜骨数は100μmに15個。日本各地に分布する。

p.146～147

1 ***Pleurosigma* sp.**

海産着生種。被殻は皮針形で殻端は突出する。本属は縦溝がS字状となることが特徴とされる。殻長 80～180μm 殻幅 13～15μm。日本各地の沿岸に分布する。

2 ***Donkinia* sp.**

海産着生種。被殻は皮針形で殻端は突出する。本属は縦溝が翼の上にあり、S字状となることが特徴とされる。さらに被殻全体がねじれた形態となる。殻長 100～180μm 殻幅 15～18μm 条線 10μmに19～20本。日本各地の沿岸に分布する。

3 ***Entomoneis pseudoduplex* Osada & Kobayasi**

海産着生種。被殻は皮針形で殻端は突出する。本属は管状縦溝が翼の上にあることが特徴とされる。この管状縦溝は伸張したS字状となる。殻長 18 ～ 99μm 殻幅 10 ～ 19μm 条線 10μmに34 ～ 36個。日本各地に分布する。

4 *Plagiotropis lepidoptera* (Greg.) Kuntze

海産底生種。殻長 70 ～ 86μm 殻幅 約13μm 条線 明瞭な点紋で、10μmに18 ～ 20本ある。日本沿岸に広く分布する。

5 *Mastgroia* sp.

海産底生種。被殻から粘液を出し基物に着生する。日本沿岸に広く分布する。

6 *Pseudonitzschia multistriata* (Takano) Takano

海産プランクトン種。被殻は細長い針状皮針形で、数個の細胞が殻端で連結して、細長い群体を形成する。殻長 55 ～ 65μm 殻幅 3.1 ～ 3.6μm。竜骨は10μmに23 ～ 26個。日本沿岸に広く分布する。

7 8 *Actinocyclus subtilis* (Greg.) Ralfs

海産プランクトン種、着生種。細胞は円盤状、直径 100 ～ 350μm。殻の一カ所に眼域と呼ばれる構造があり(p.154-4)、粘液柄で基物に着生するが、付着が弱いためすぐに離れて浮遊する。日本沿岸に広く分布する

コラム

珪藻の光合成

砂の上で珪藻の光合成によって気泡が多数発生している。

珪藻が光合成をして気泡が発生している。

砂浜

1
2

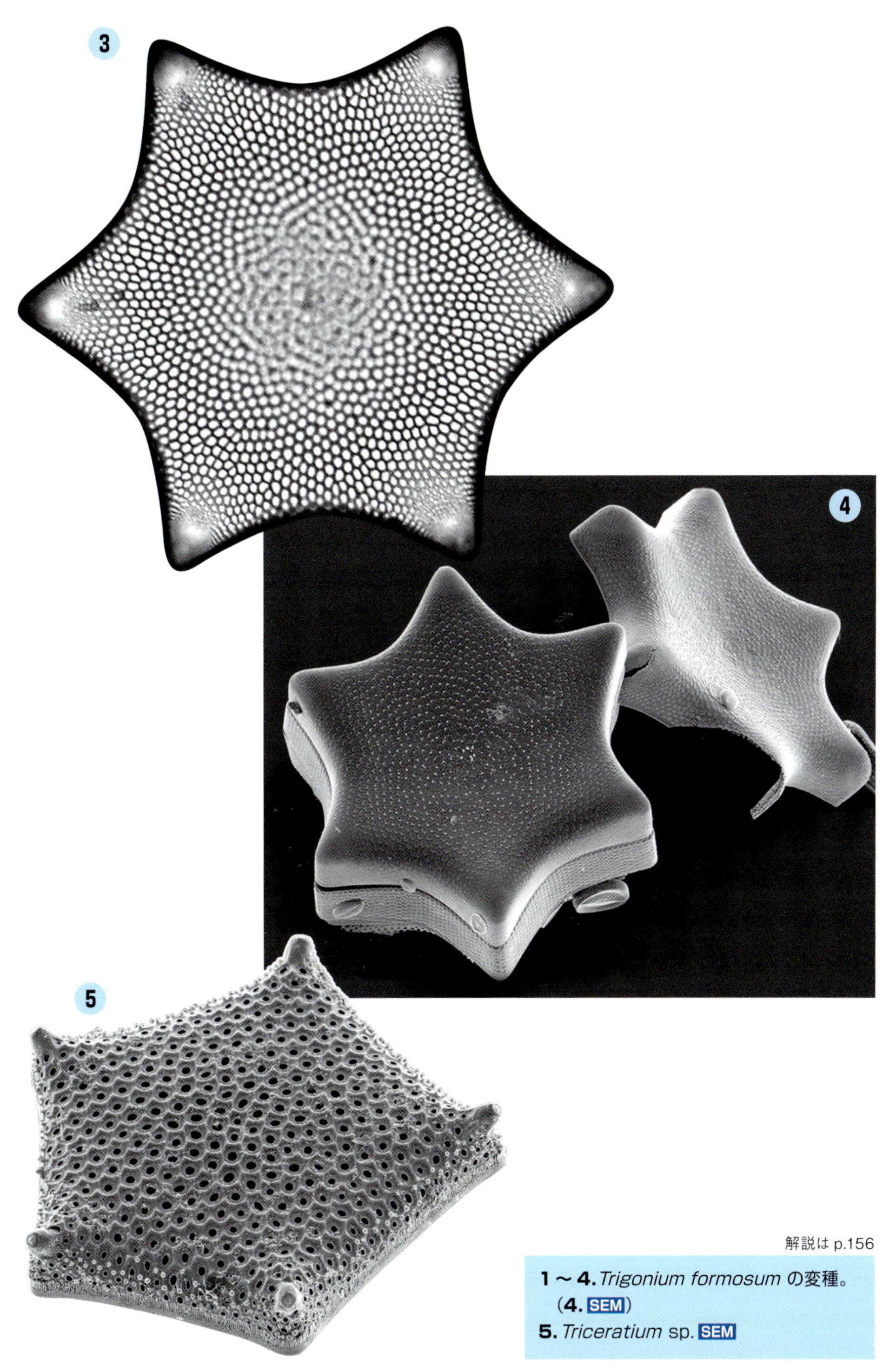

解説は p.156

1～4. *Trigonium formosum* の変種。
（**4.** SEM）
5. *Triceratium* sp. SEM

海の珪藻
光学顕微鏡と電子顕微鏡（SEM）写真

1&2. *Triceratium favus* Ehr.
（**2.** SEM）
3. *Trigonium formosum* の変種 SEM
4. *Triceratium scitulum* f. *quadrata* A.S. SEM
5～8. *Arachnoidiscus ornatus* Ehr.
（**7&8.** SEM）

解説は p.156

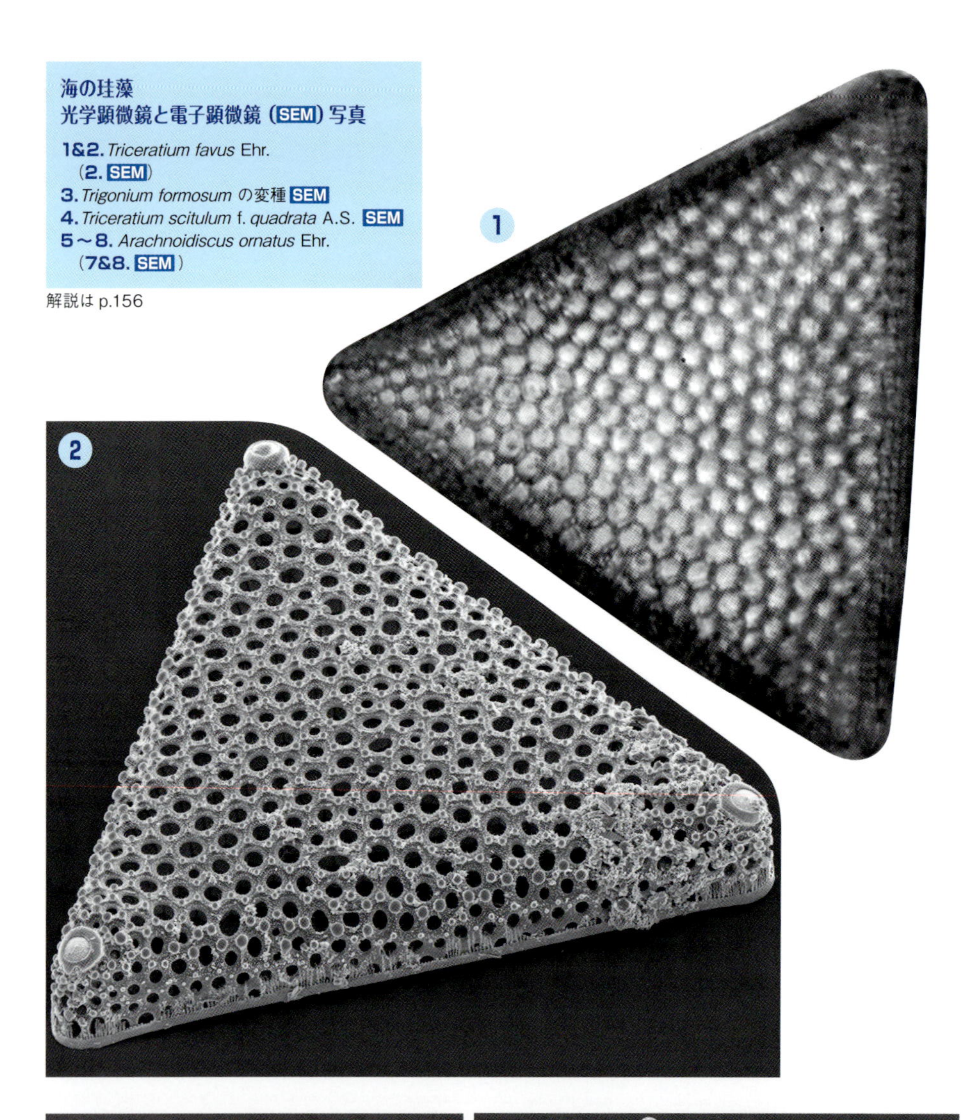

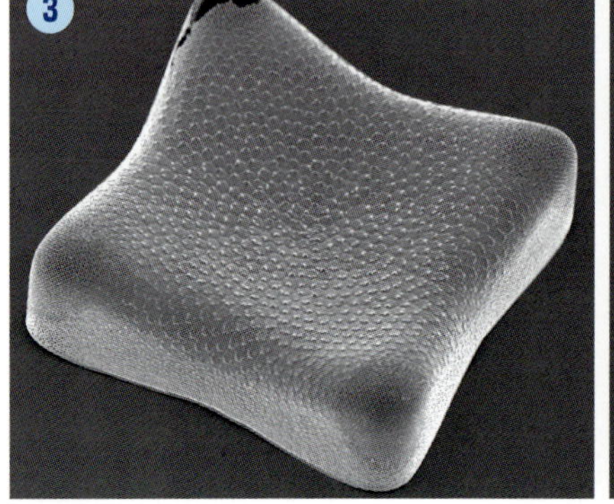

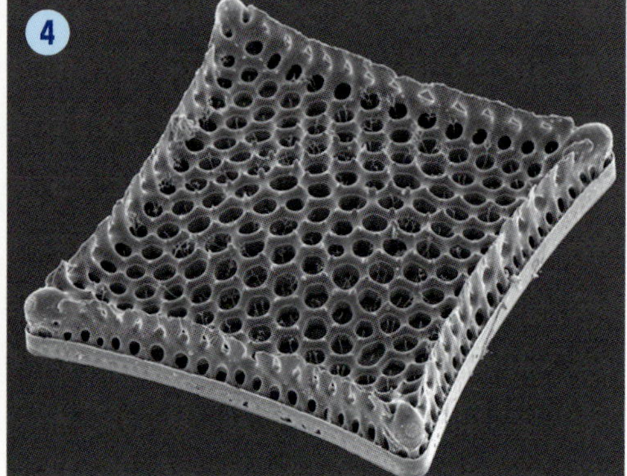

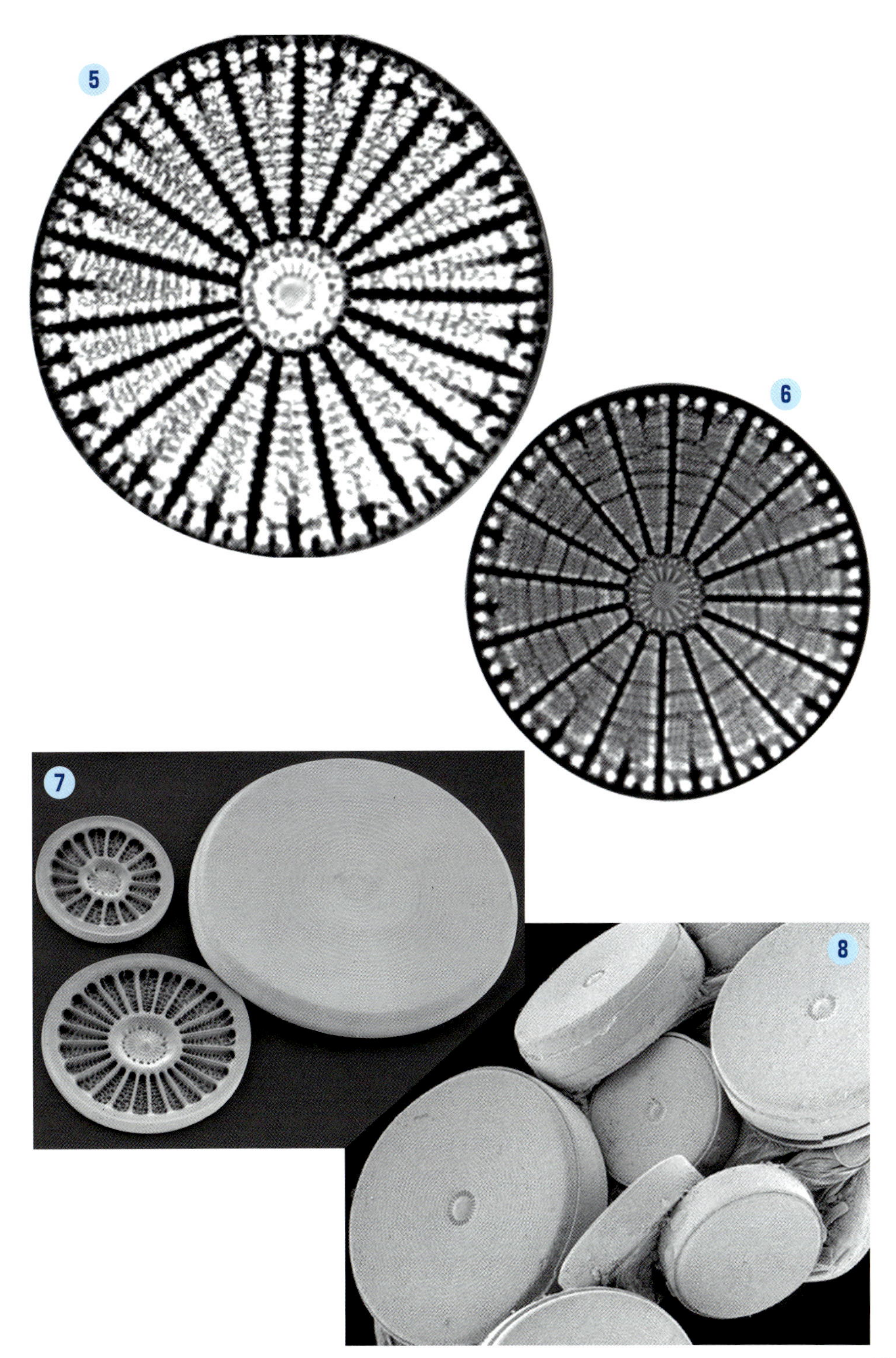
5
6
7
8

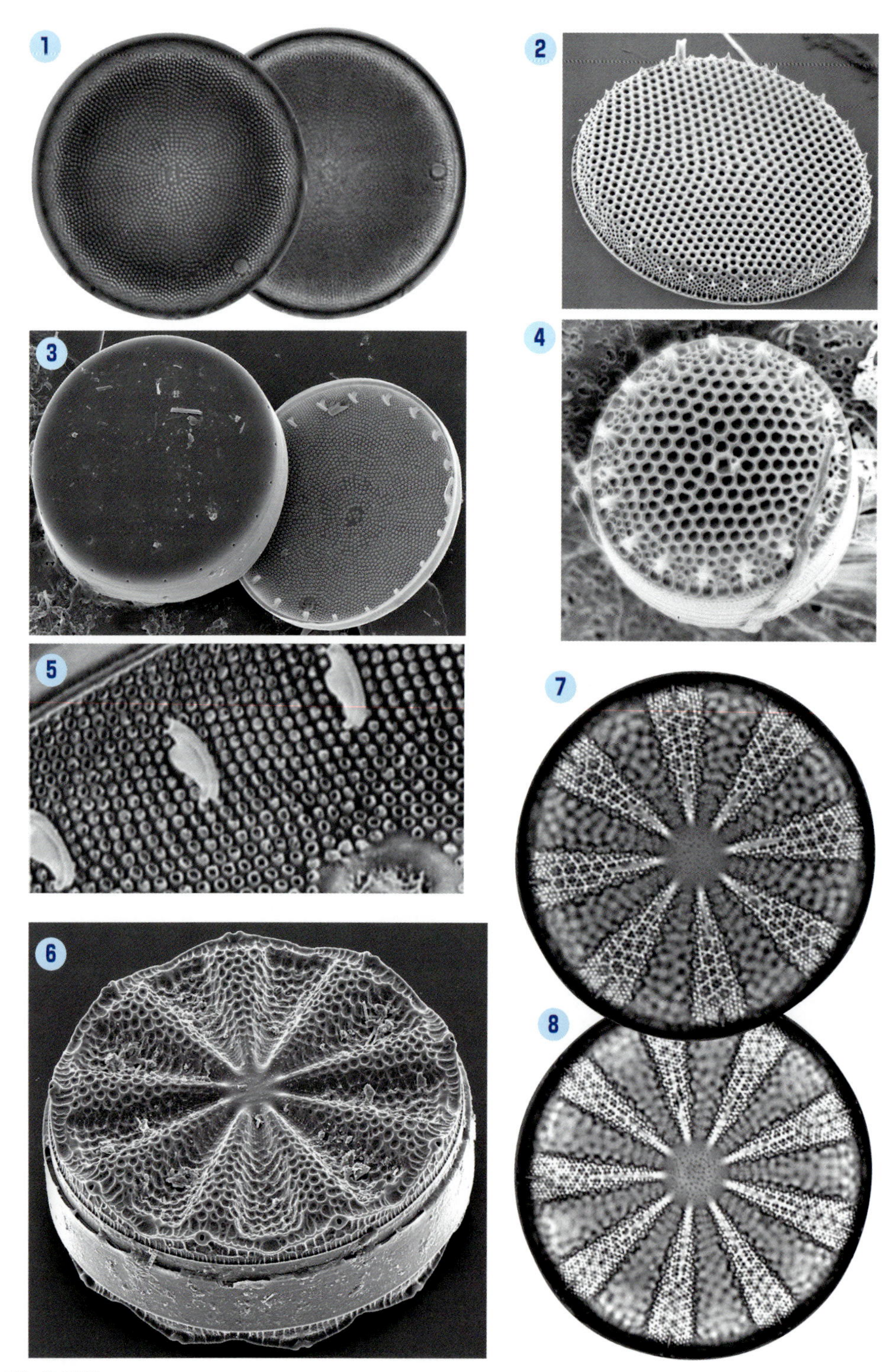
1
2
3
4
5
6
7
8

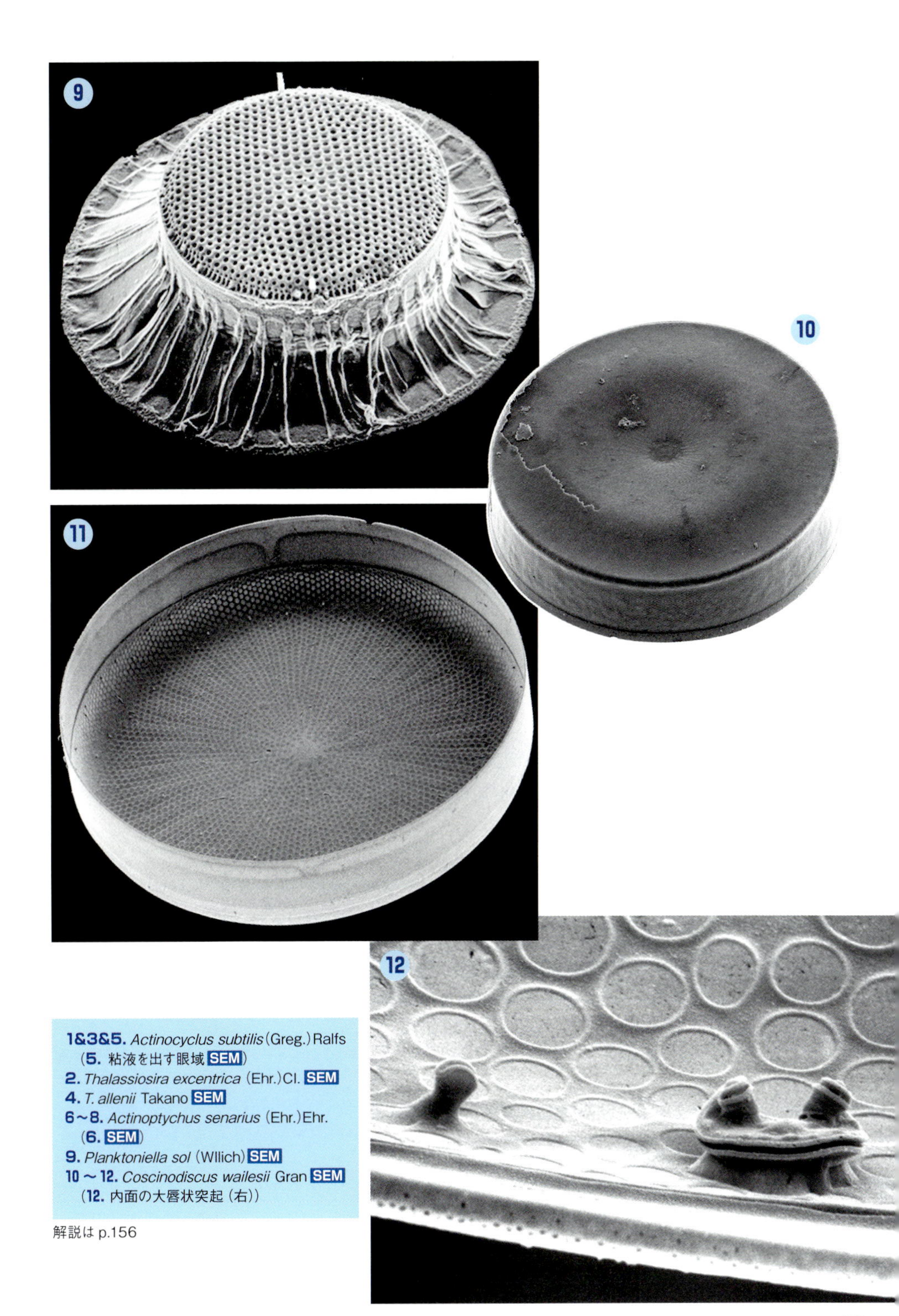

1&3&5. *Actinocyclus subtilis*（Greg.）Ralfs（**5.** 粘液を出す眼域 **SEM**）
2. *Thalassiosira excentrica*（Ehr.）Cl. **SEM**
4. *T. allenii* Takano **SEM**
6～8. *Actinoptychus senarius*（Ehr.）Ehr.（**6.** **SEM**）
9. *Planktoniella sol*（Wllich）**SEM**
10～12. *Coscinodiscus wailesii* Gran **SEM**（**12.** 内面の大唇状突起（右））

解説は p.156

p.150 ～ 151

1 *Trigonium formosum* の変種

2 3 4 海産プランクトン種。本種の自動名種は正三角形であるが、本個体は六角形であり、変種とすべきものか考慮中である。被長 70 ～ 80 μ m。日本沿岸に分布する。

5 *Triceratium* sp.

海産プランクトン種。被殻面は五角形、各殻端には眼域がある。被長 86 ～ 100 μ m。日本沿岸に分布する。

p.152 ～ 153

1 *Triceratium favus* Ehr.

2 海産プランクトン種。被殻面は正三角形、各殻端には眼域がある。被長 86 ～ 100 μ m。日本沿岸に分布する。

3 *Trigonium formosum* の変種

海産プランクトン種。本種の自動名種は正三角形であるが、本個体は四角形であり、変種とすべきものか考慮中である。被長 70 ～ 80 μ m。日本沿岸に分布する。

4 *Triceratium scitulum* f. *quadrata* A. S.

海産プランクトン種。正四角形であり各片の中央部がわずかに凹む。被長 60 ～ 80 μ m。日本沿岸に分布する。

5 *Arachnoidiscus ornatus* Ehr.

6 7 8 海産着生種。被殻は円盤状で、半被殻が異なった構造となる。中心部がスリット状の殻で基物に着生する。正四角形であり各片の中央部がわずかに凹む。被長 80 ～ 300 μ m。日本沿岸に分布し、高緯度地域では大きい個体が多い。テングサ（マクサ）の害藻として知られている。

p.154 ～ 155

1 *Actinocyclus subtilis* (Greg.) Ralfs

3 5 前出→ p.149（p.147- 7 8）

2 *Thalassiosira excentrica* (Ehr.) Cl.

海産プランクトン種。細胞は円盤状、殻の直径 80 ～ 250 μ m。殻中央に有基突起構造があり、粘液糸で連結して浮遊する。日本沿岸に広く分布する。

4 *Thalassiosira allenii* Takano

海産プランクトン種。細胞は円盤状。殻縁に殻縁有基突起列がある。殻の直径 8 ～ 20 μ m。殻中央に有基突起構造があり、粘液糸で 4 細胞くらいが連結で連結して浮遊する。日本沿岸に広く分布する。

6 *Actinoptychus senarius* (Ehr.) Ehr.

7 8 海産プランクトン種。細胞は円盤状。殻面観では、放射条線が 8 ～ 18 に区画されてみえる。これはそれぞれが凸凹になっているためである。殻の直径 60 ～ 200 μ m。日本沿岸に広く分布する。

9 *Planktoniella sol* (Wllich)

海産プランクトン種。細胞は円盤形で、縁辺やや硬質性の翼を形成し、綺麗な様相となる。殻の直径 100 ～ 250 μ m。日本沿岸に広く分布する。

10 *Coscinodiscus wailesii* Gran

11 12 海産プランクトン種。細胞は殻中央部がやや凹んだ円筒形。殻の直径 160 ～ 350 μ m。殻内面には、殻縁にそって唇状突起列があり、1 つの大型唇状突起がみられる。日本沿岸に広く分布する。

海産プランクトン種。*Corethron criophilum* Castracane　SEM
被殻外面に多数の棘がみられる。

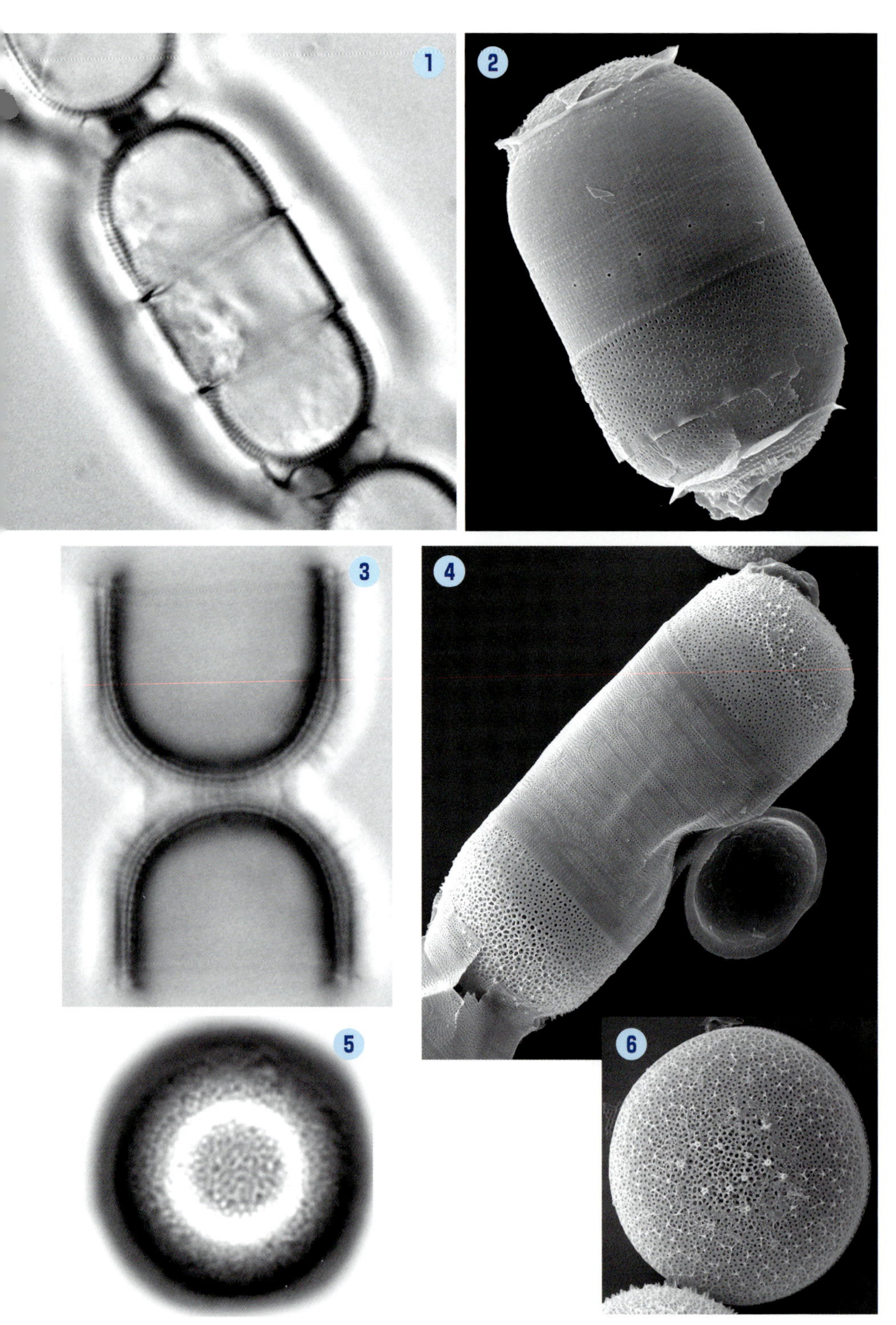
1
2
3
4
5
6

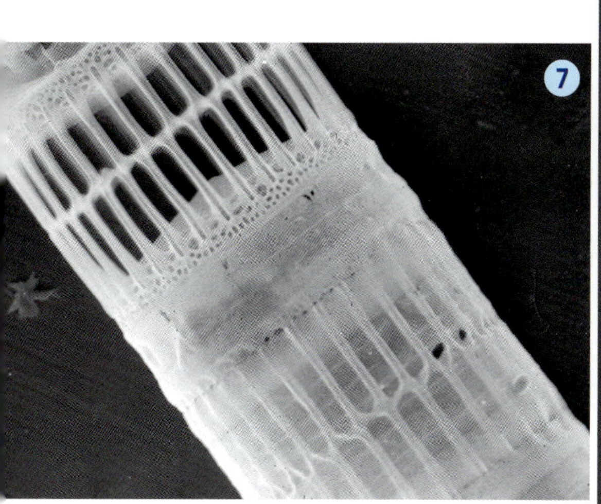

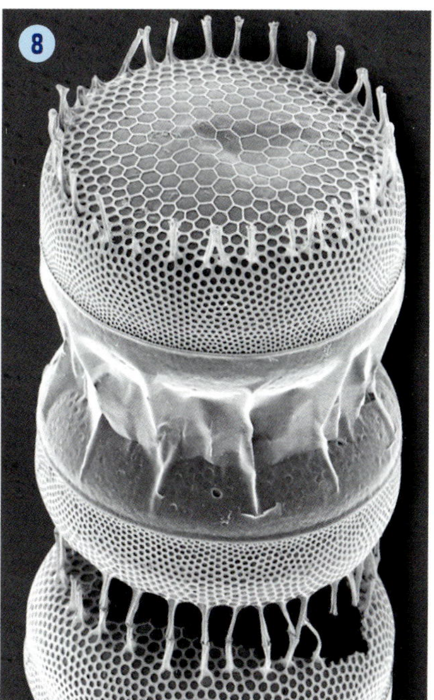

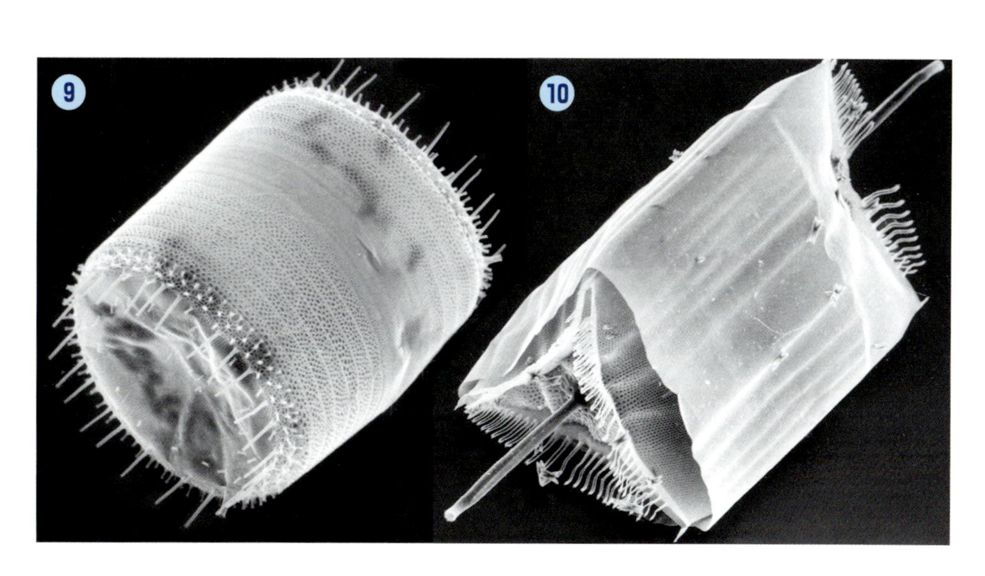

解説は p.166

1～6. *Melosira nummuloides* C. Ag.
（**1.** 被殻全体　**3.** 殻接合部　**5.** 殻面観）
（SEM **2.** 被殻外観　**4.** 被殻が伸張している　**6.** 殻面）
7. *Skeletonema costatum* (Grev.) Cl. SEM
8. *Stephanopyxis palmeriana* (Grev.) Grun. SEM
9. *Lauderia ammulata* Cl. SEM
10. *Ditylum brightwelli* (West) Grun. SEM

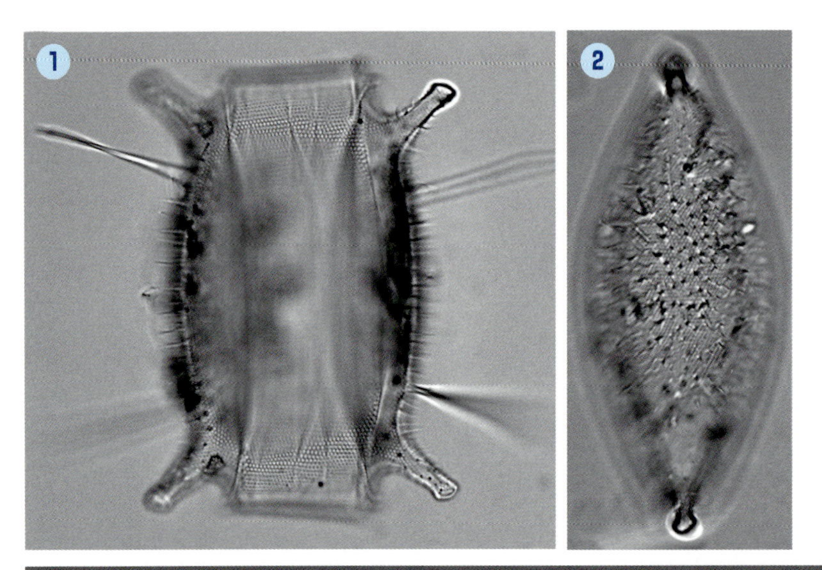

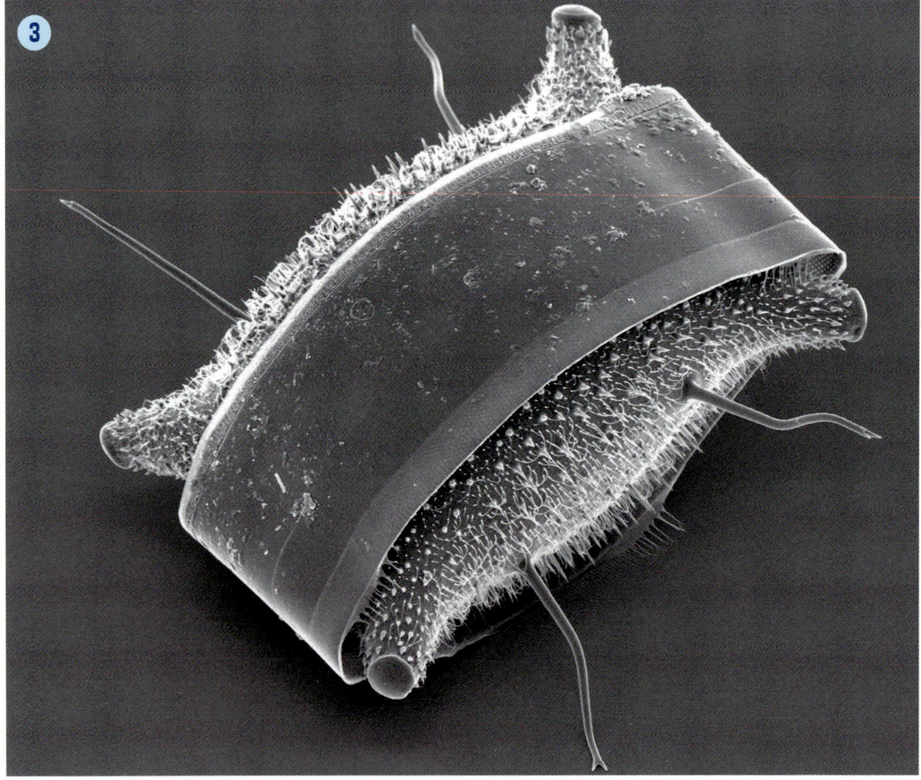

解説は p.166

1〜3. *Odontella granulata* (Roper) R.Ross
(**3.** 被殻全体像 SEM)

4〜9. *Actinocyclus octonarius* Ehr.
(**5&7&9.** SEM)

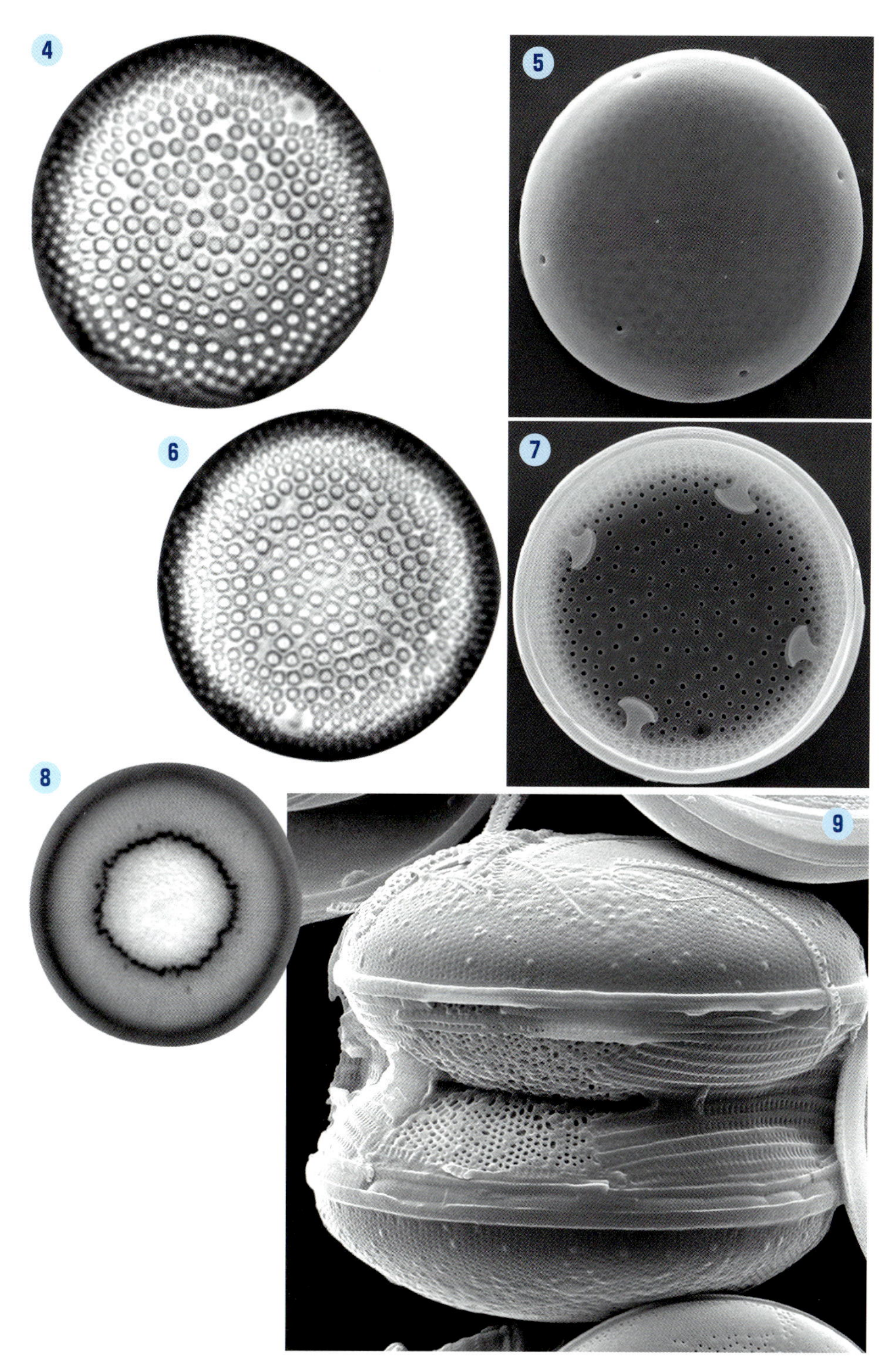
4
5
6
7
8
9

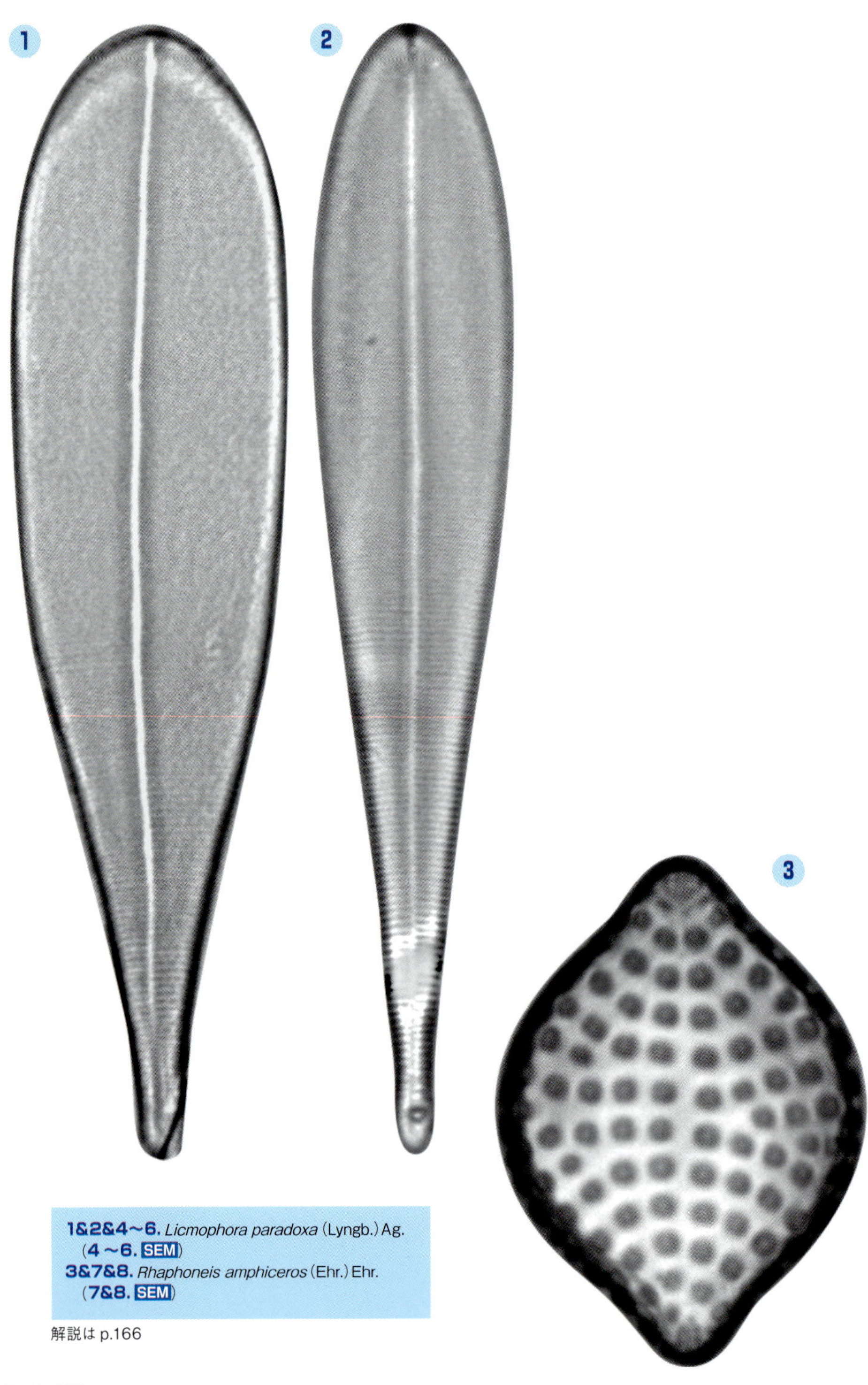

1&2&4〜6. *Licmophora paradoxa* (Lyngb.) Ag.
(4〜6. SEM)
3&7&8. *Rhaphoneis amphiceros* (Ehr.) Ehr.
(7&8. SEM)

解説は p.166

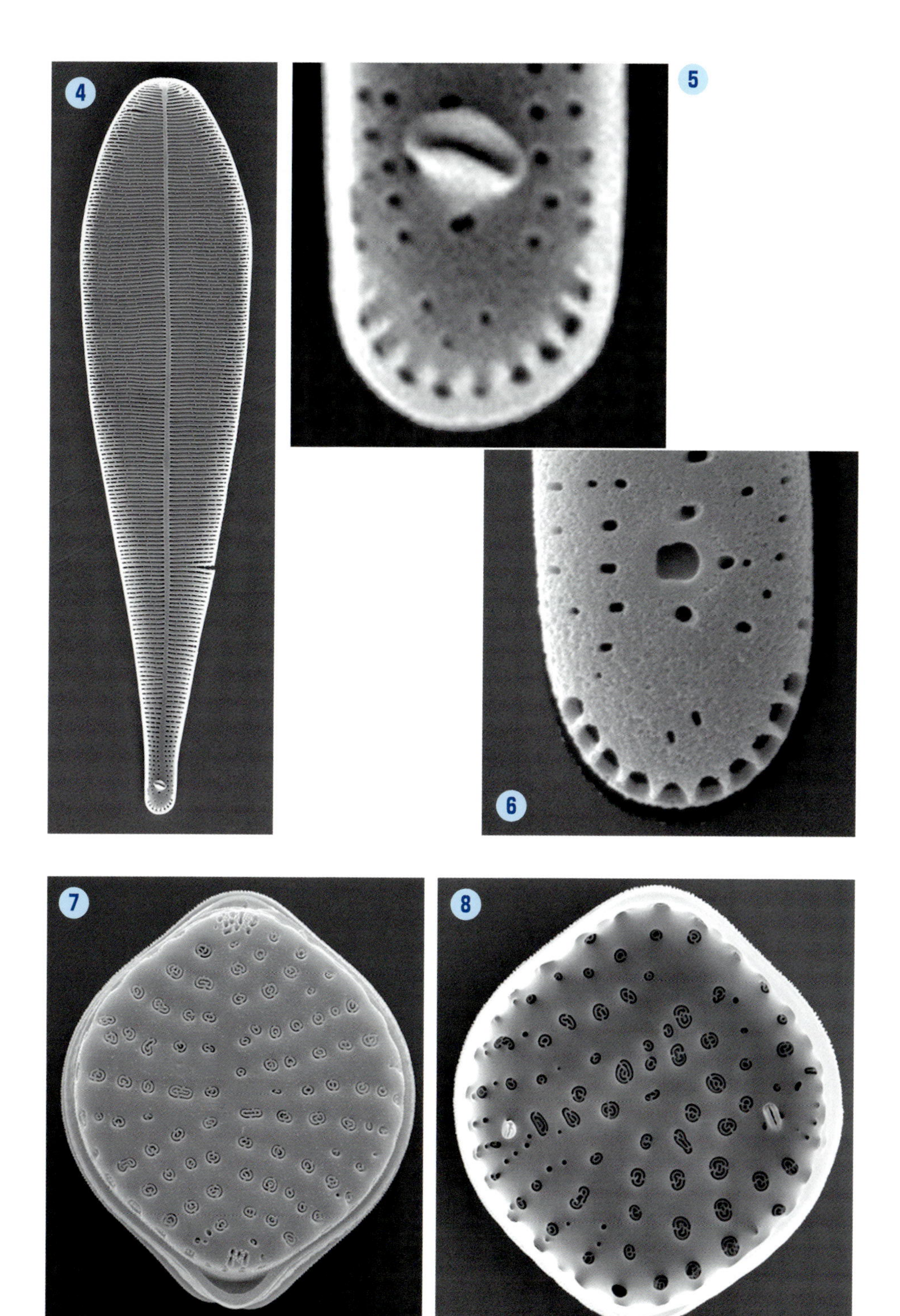
4
5
6
7
8

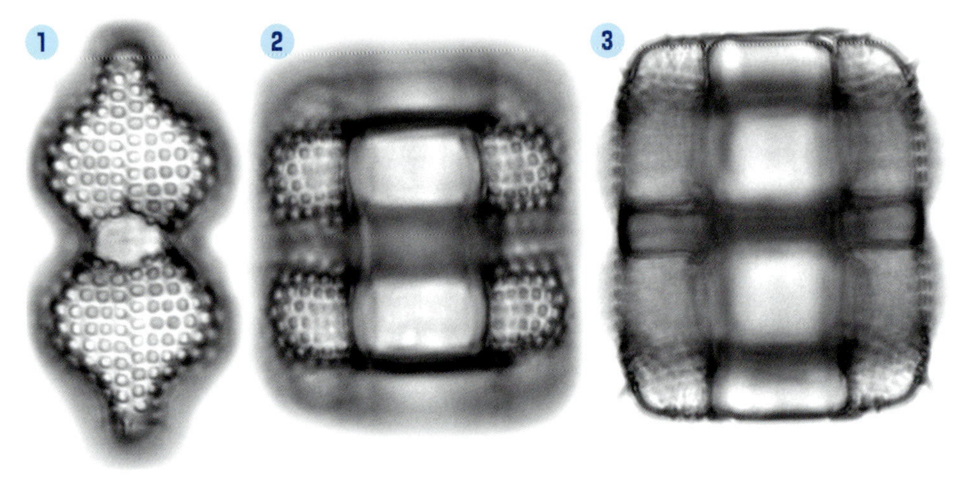
1
2
3

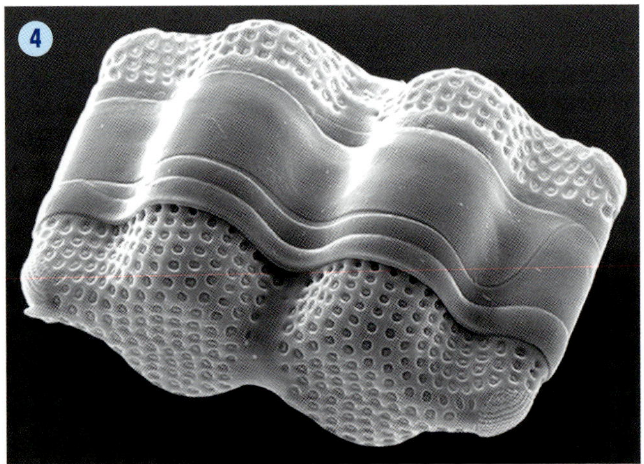
4

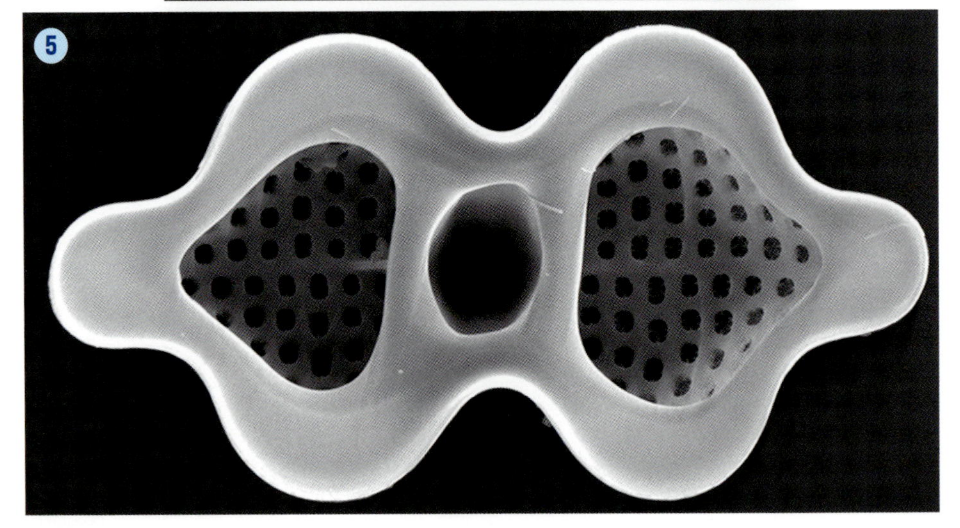
5

1～5. *Plagiogramma atomus* Grev.
（**4&5.** **SEM**）
6～8. *Perissonoe cruciata*（Janisch & Rabh.）Andrews & Stoelzel
（**7&8.** **SEM**）

解説は p.166

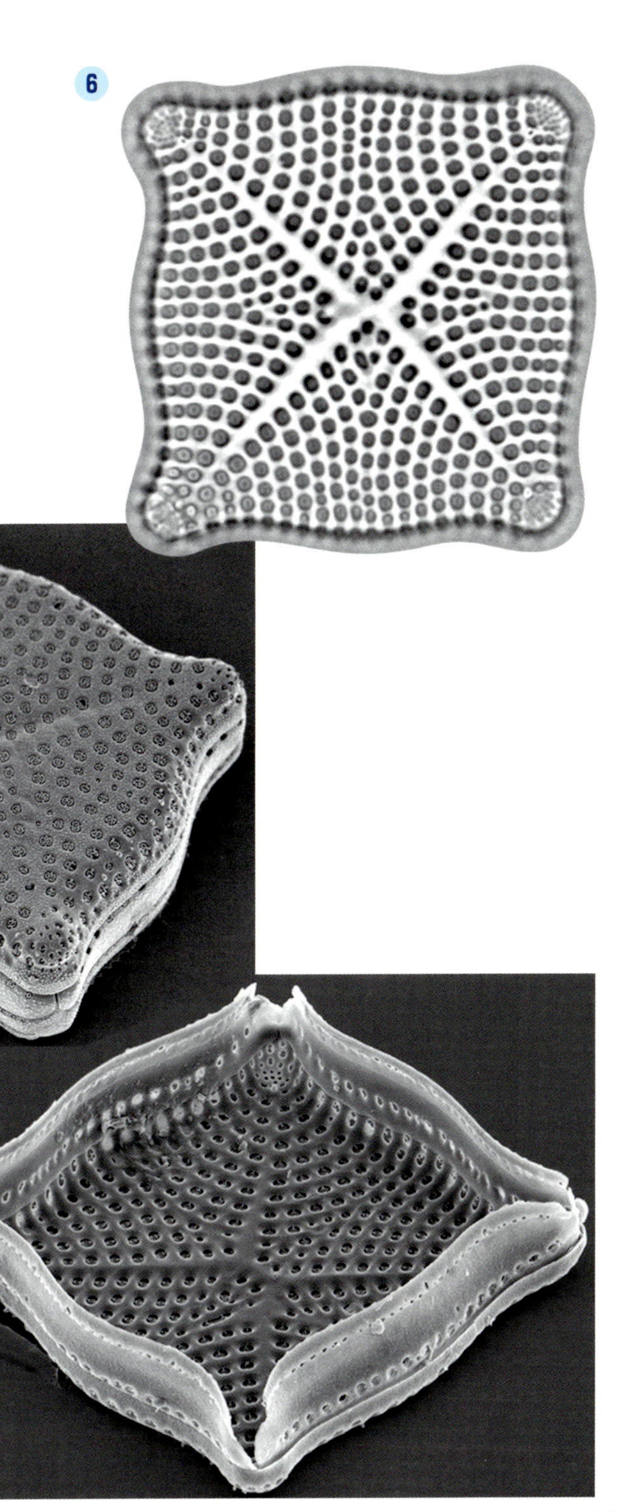

p.158～159

1-6 ***Melosira nummuloides* C. Ag.**

海産着生時にプランクトン種として出現。細胞は俵形で殻縁に刺列の縁飾りを形成する。殻中央部でゆるく接合し長い糸状群体を形成する。殻面には小顆粒が多数存在する。直径 9～43μm。殻套高 10～14μm。日本沿岸、汽水域にも広く分布する。

7 ***Skeletonema costatum* (Grev.) Cl.**

海産プランクトン種。細胞は円筒形で殻縁に刺を形成し、この刺で結合し、糸状群体を形成する。目立った形態をしている。帯片は多数の鱗片で構成される。直径 6～22μm、殻套高10～14μm。日本沿岸に広く分布する。

8 ***Stephanopyxis palmeriana* (Grev.) Grun.**

海産プランクトン種。細胞は殻中央部がやや凹んだ円筒形、殻中央部で連なっている。殻の直径 50～150μm。殻外面には、殻縁にそって小針列があり、その先端部で互いに連結する。日本沿岸に広く分布する。

9 ***Lauderia ammulata* Cl.**

海産プランクトン種。細胞は殻中央部がやや凹んだ円筒形、殻中央部で連なっている。殻の直径 50～150μm。殻外面には、殻縁にそって長短の小針列がある。日本沿岸に広く分布する。

10 ***Ditylum brightwelli* (West) Grun.**

前出→ p.124（p.123- 3）

p.160～161

1 2 3 ***Odontella granulata* (Roper) R. Ross**

海産着生、時にプランクトン種として出現。細胞の側面観は四角形にみえるが、殻面は紡錘板状形。殻の両端から先端が若干膨れた眼域があり、目立った形態をしている。殻長（長軸）63～190μm 短径 40～80μm。日本沿岸に広く分布する。

4-9 ***Actinocyclus octonarius* Ehr.**

海産プランクトン種。細胞は楕円形。殻の 直径 50～200μm。殻内面には、殻縁にそって4個の唇状突起がある。日本沿岸に広く分布する。

p.162～163

1 2 4-6 ***Licmophora paradoxa* (Lyngb.) Ag.**

前出→ p.141（p.139- 7）

3 7 8 ***Rhaphoneis amphiceros* (Ehr.) Ehr.**

海産着生種。被殻は広皮針形。殻長 30～100μm 殻幅 18～25μm。殻端部内面には、唇状突起がある。沿岸の砂粒などに着生する。日本沿岸に広く分布する。

p.164～165

1-5 ***Plagiogramma atomus* Grev.**

海産着生種。被殻は広皮針形、殻中央部がくびれる。幅広の帯片をもつ。殻長 10～22μm 殻幅 9～10μm。日本沿岸に広く分布する。

6 7 8 ***Perissonoe cruciata* (Janisch & Rabh.) Andrews & Stoelzel**

海産着生種。被殻は正方形で、四角は頭状に突出する。4つの片はそれぞれが帯片となっている。殻辺長 20～32μm。日本沿岸特に温帯域に分布する。

海産プランクトン珪藻
Chaetoceros compressum Lauder
群体を形成し、群体両端に太い棘を形成する。

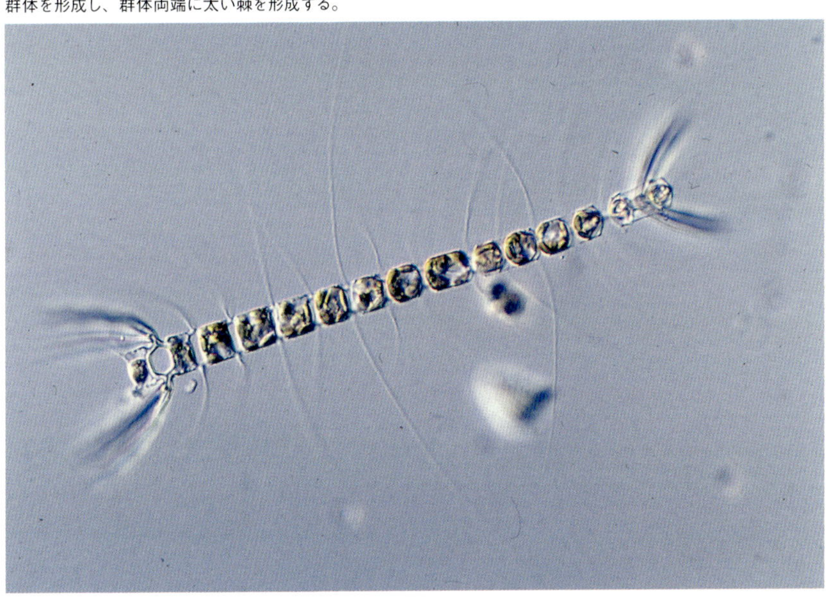

Rhizosolenia robusta

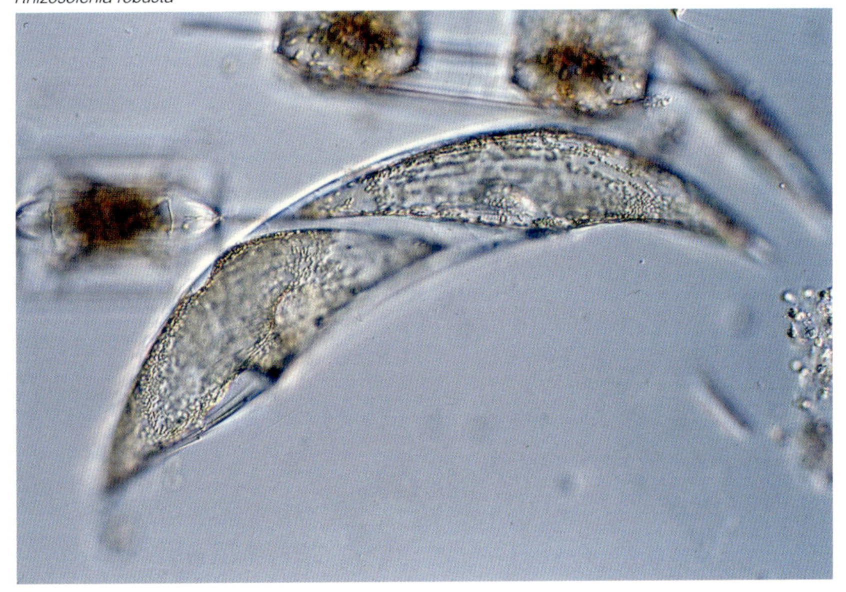

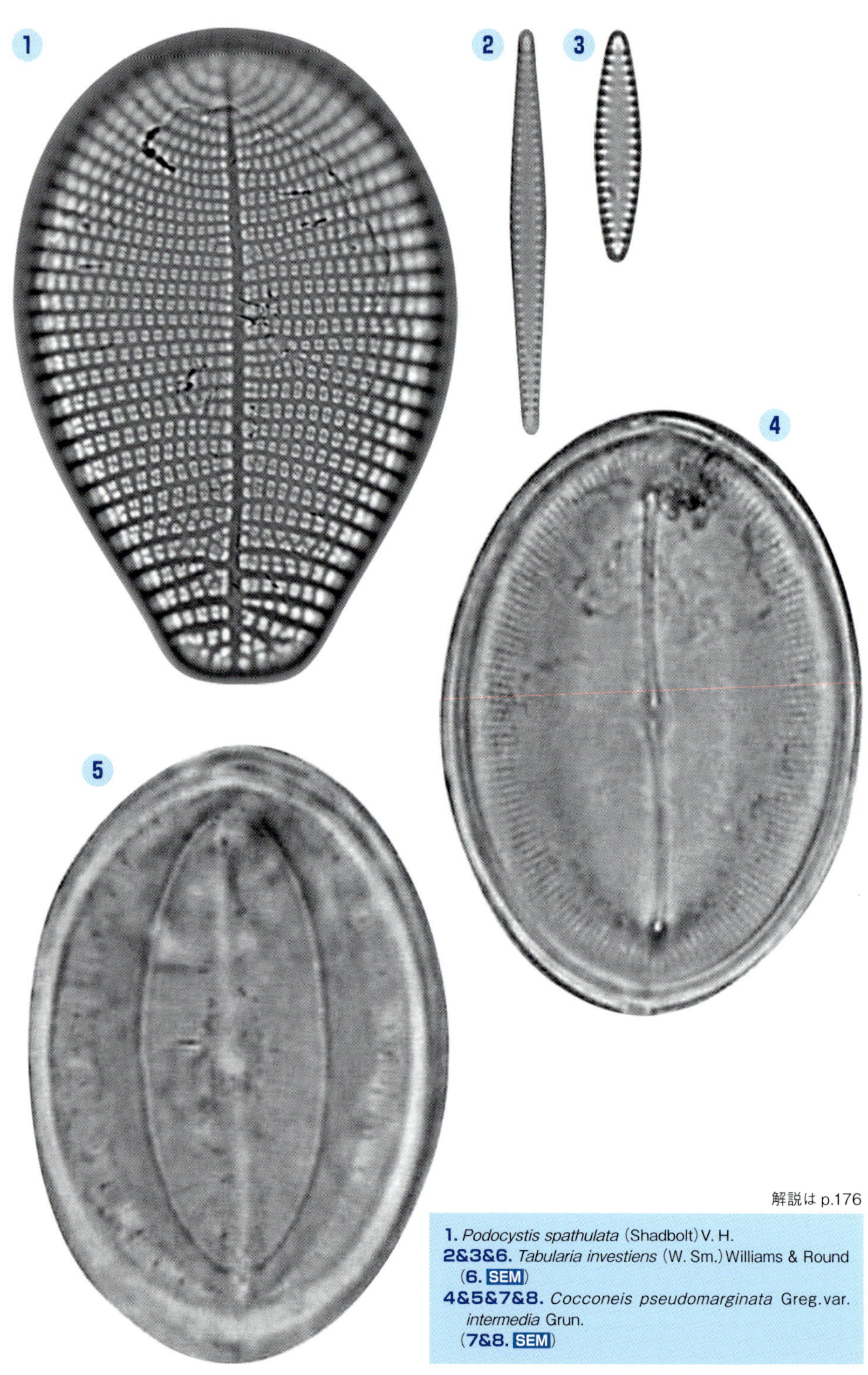

解説は p.176

1. *Podocystis spathulata* (Shadbolt) V. H.
2&3&6. *Tabularia investiens* (W. Sm.) Williams & Round (**6.** **SEM**)
4&5&7&8. *Cocconeis pseudomarginata* Greg. var. *intermedia* Grun.
(**7&8.** **SEM**)

6

7

8

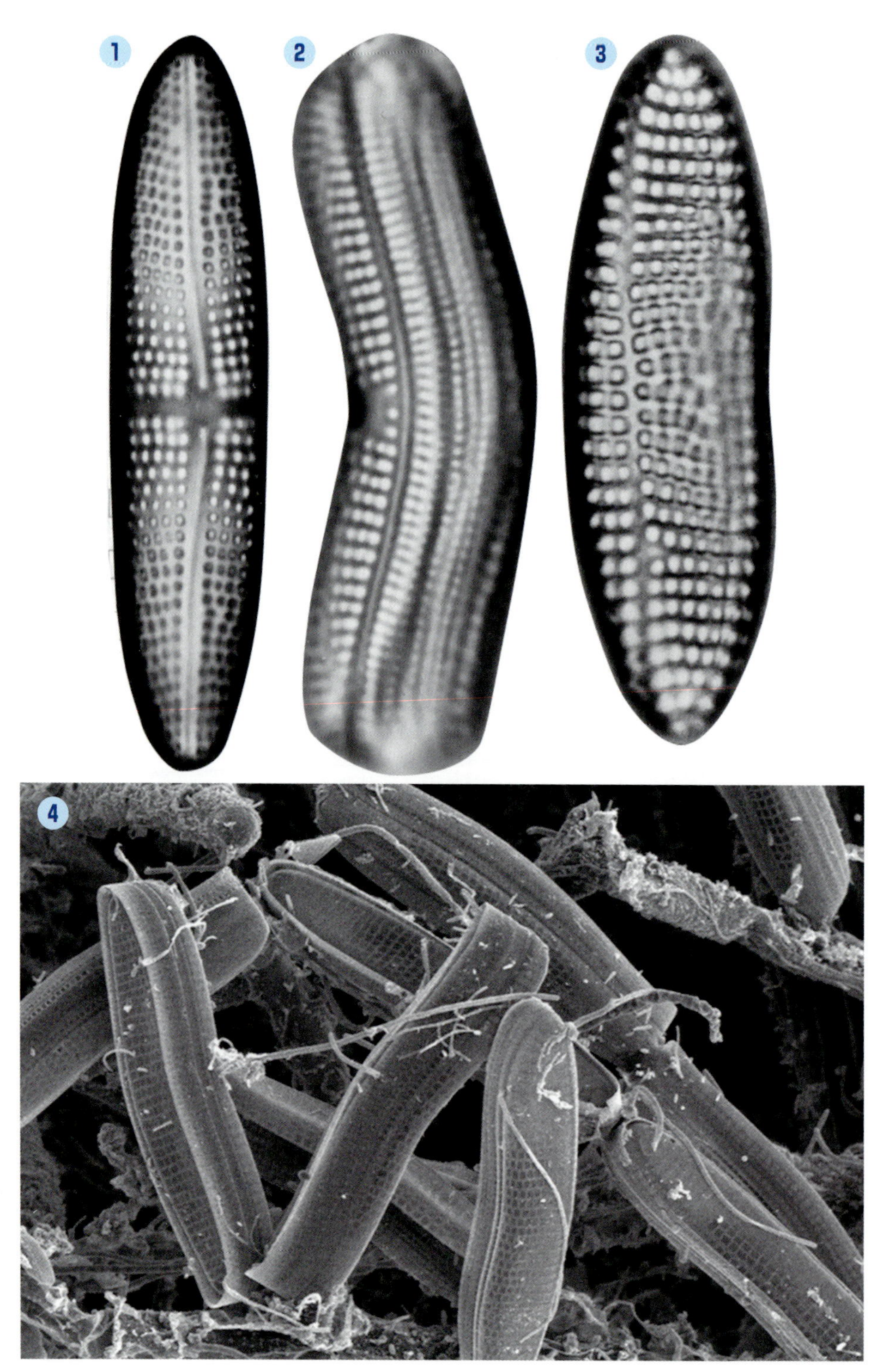
1
2
3
4

5

6

1～4. *Achnanthes brevipes* C. Ag. var. *intermedia* (Kuetz.) Cl.
(**4.** **SEM**)
5～7b. *Grammatophora marina* (Lyngb.) Kuetz.
7a. *Licmophora paradoxa* (Lyngb.) Ag.
(**7.** **SEM**)

解説は p.176

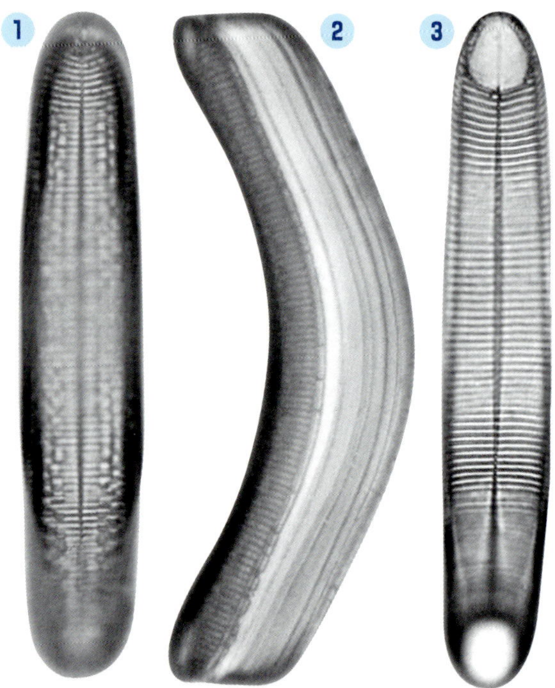

1～4. *Gephyria media* Arnott
(**4.** **SEM**)
5～8. *Rhabdonema arcuatum* Kuetz.
(**7&8.** **SEM**)

解説は p.176

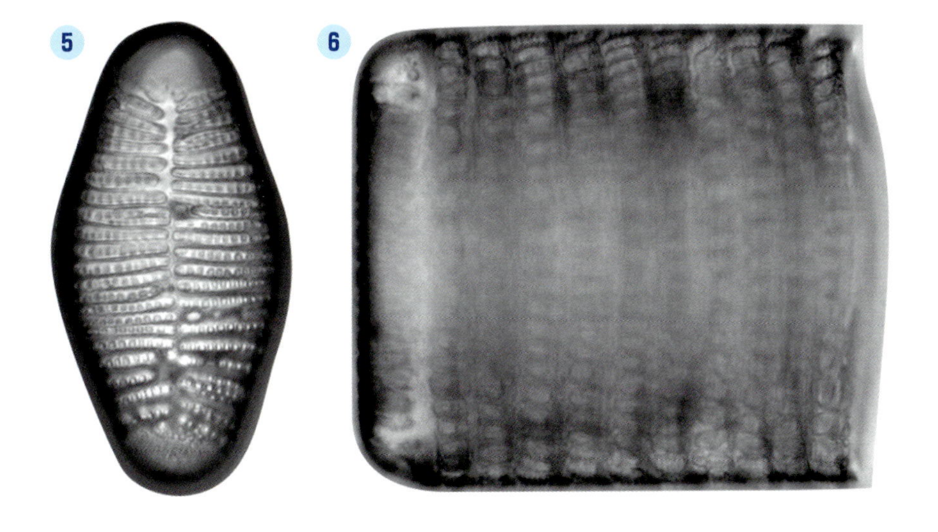
5
6

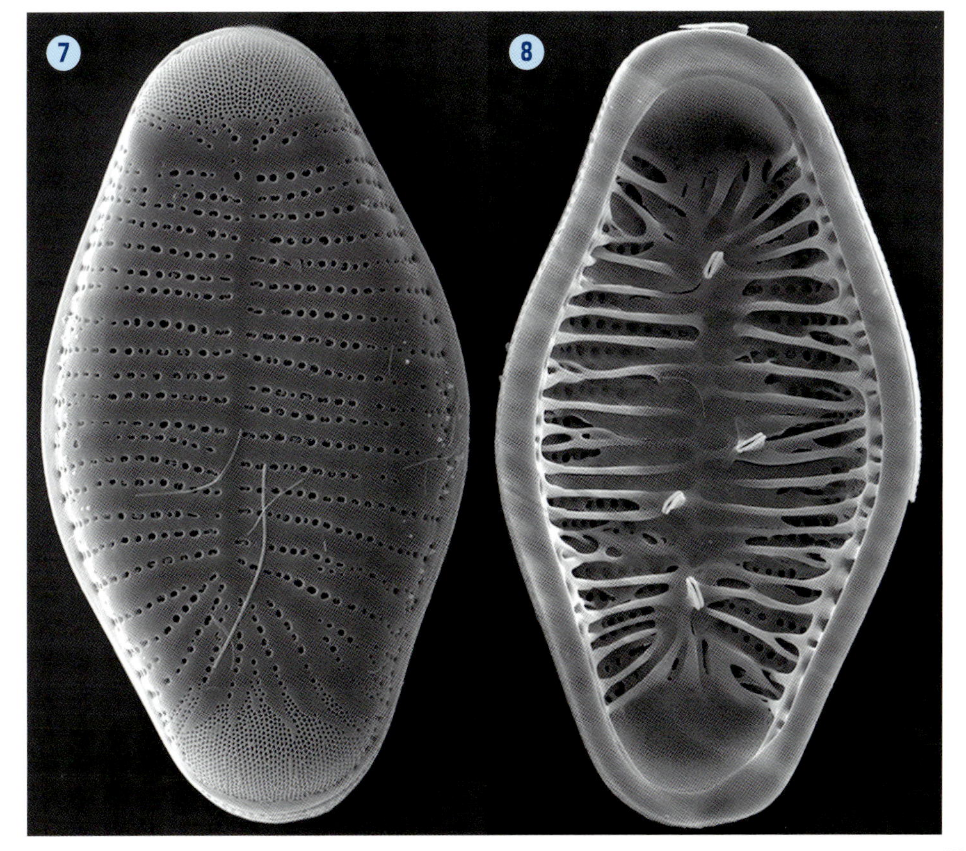
7
8

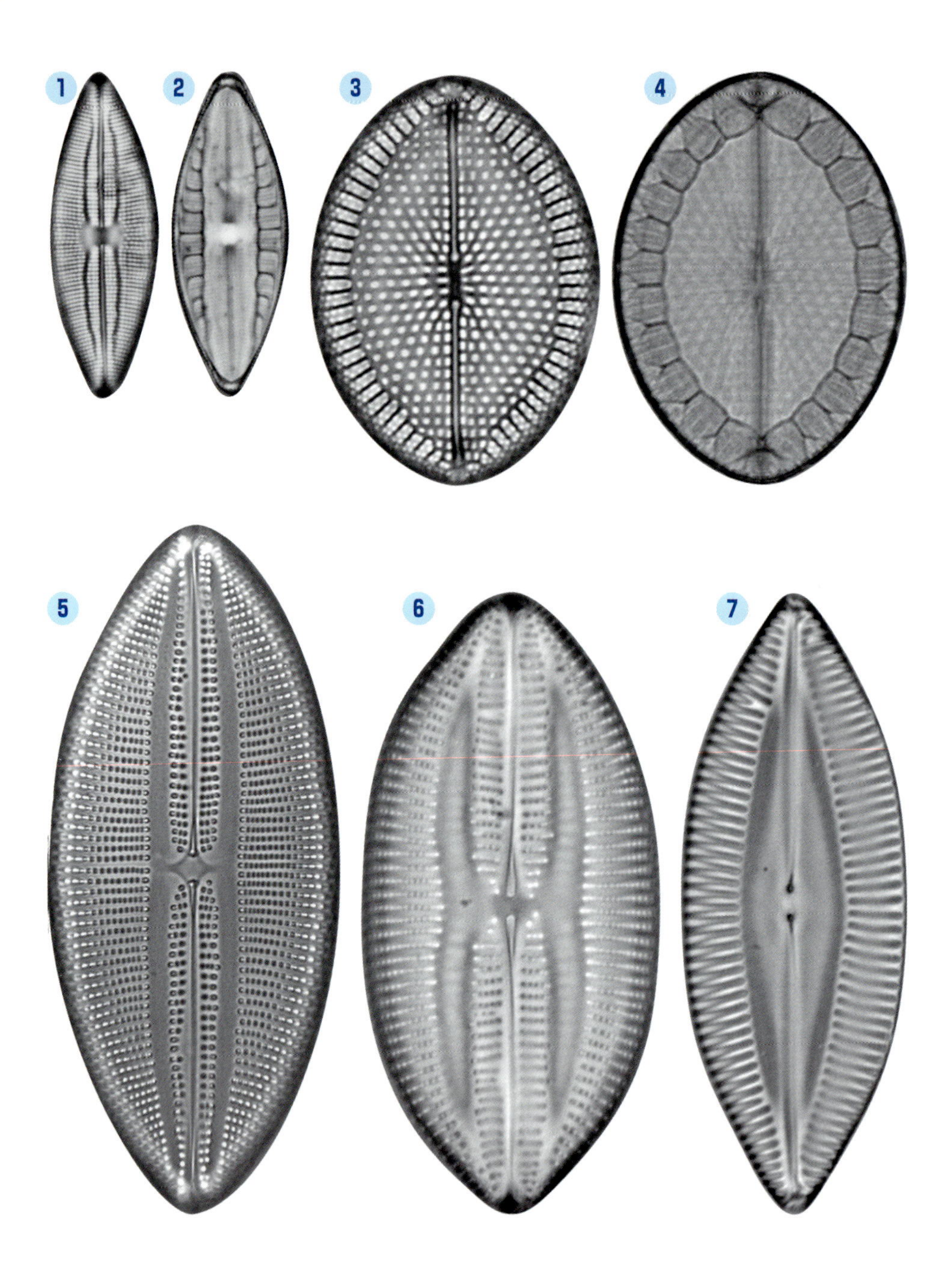

1&2&8. *Mastogloia vasta* Histedt
(**8.** **SEM**)
3&4. *Mastogloia fimbriata* (Brightwell) Cl.
5. *Lyrella lyroides* (Hendey) D. G. Mann
6. *Lyrella spectabilis* (Greg.) D. G. Mann
7. *Navicula palpebralis* Breb. ex W. Sm.
9～11. *Campylodiscus fastuosus* Ehr.
(**10&11.** **SEM**)

解説は p.176-177

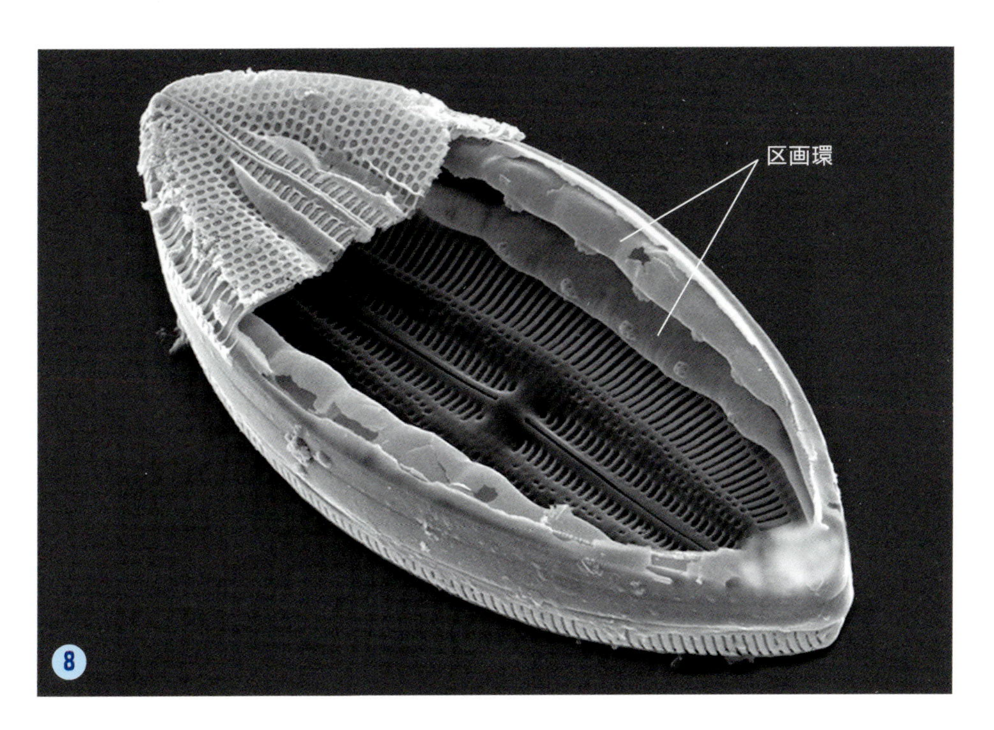
区画環
8

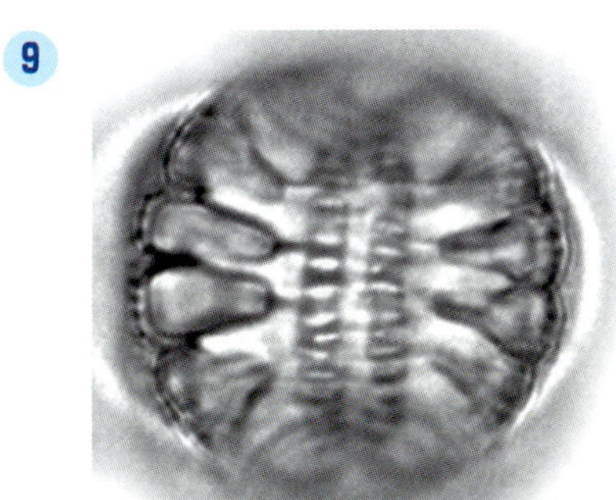
9

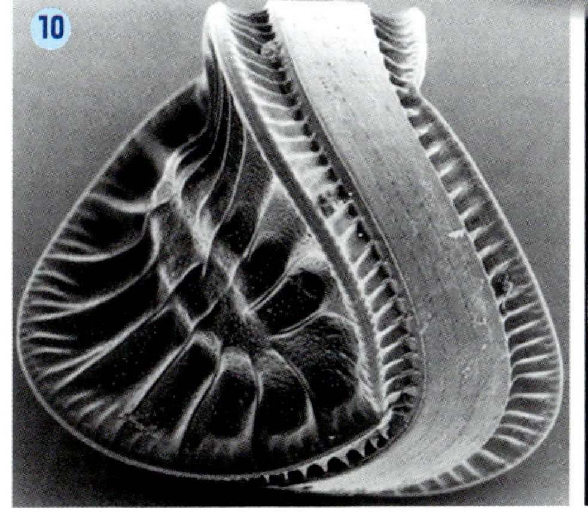
10

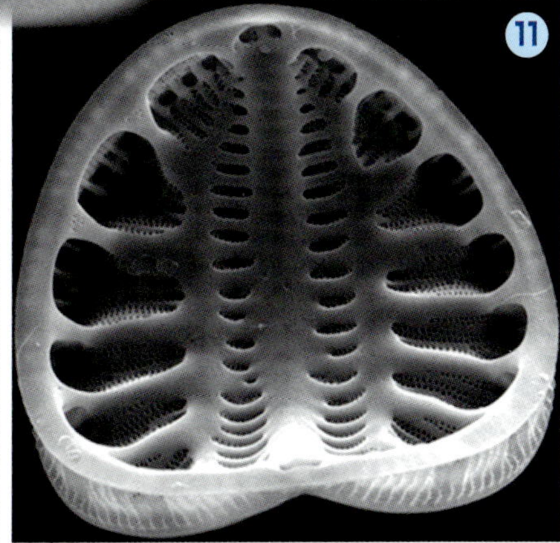
11

p.168～169

1 ***Podocystis spathulata* (Shadbolt) V.H.**

海産着生種。被殻は広ヘラ状、頭端は丸。条線 2、3 列となる。殻長 100 ～ 300 μ m。日本沿岸特に潮流れがあるところに分布する。

2 3 6 ***Tabularia investiens* (W. Sm.) Williams & Round**

海産着生種。狭皮針形で先端は丸みをおびる。殻長 3 ～ 30 μ m 殻幅 3 ～ 4 μ m。日本各地に分布する。

4 5 7 8 ***Cocconeis pseudomarginata* Greg. var. *intermedia* Grun.**

海産着生種。殻は先の広がった柿円形。殻長 20 ～ 42μm 殻幅 13 ～ 32μm。縦溝はやや S 字状になる。紅藻テングサ上に多く着生していた。日本各地に分布する。

p.170～171

1 2 3 4 ***Achnanthes brevipes* C. Ag. var. *intermedia* (Kuetz.) Cl.**

海産着生種。狭皮針形で中央部は凹み、先端は丸みをおびる。帯面観では「く」の字に縦溝側に屈曲する。殻長 30 ～ 150 μ m 殻幅 5 ～ 6 μ m。日本各地に分布する。

5 6 7b ***Grammatophora marina* (Lyngb.) Kuetz.**

海産着生種。板状で帯面観では、帯片の隔壁が目立つ。殻端から出る粘液によって、隣接する個体と接合し、ジグザグ群体を形成する。殻長 30 ～ 150μm 殻幅 5 ～ 6μm。日本各地に分布する。

7a ***Licmophora paradoxa* (Lyngb.) Ag.**

前出→ p.141 (p.139- 7)

p.172～173

1 2 3 4 ***Gephyria media* Arnott**

海産着生種。被殻は線状皮針形で殻端は丸い。被殻は半被殻が異なる構造である。帯面観では「く」の字に湾曲するが、腹側殻の両端に大きな眼域をもつが、背側は無い。殻長 90 ～ 400μm 殻幅 7 ～ 10μm。紅藻のマクサ（テングサ）などに多く着生する。日本各地に分布する。

5 6 7 8 ***Rhabdonema arcuatum* Kuetz.**

海産着生種。被殻は線状広皮針形で殻端は丸く、両殻端に眼域がある。被殻は内外半被殻の間に、多数の帯片を形成する。殻長 40 ～ 150 μm 殻幅 12 ～ 30μm。殻内面軸域に針状突起が数個みられる。直線的な群体を形成する。日本各地に分布する。

p.174～175

1 2 8 ***Mastogloia vasta* Hust.**

海産着生種。被殻は線状広皮針形で殻端はくちばし状。殻面条線は H 文字状の無紋域がみられる。殻長 20 ～ 40μm 殻幅 9 ～ 16μm 条線 10 μ m に 20 ～ 24 本。*Mastogloia* 属（p.22）の特徴は接殻帯片に区画をもつことで、この形態が同定の決め手とされる（p.175- 8）。日本各地に分布する。

3 4 ***Mastogloia fimbriata* (Brightwell) Cl.**

海産着生種。被殻は広皮針形で殻端は丸い。殻面条線は殻中心から放射状に配列する。殻長 20 ～ 70 μ m 殻幅 17 ～ 45μ m 条線 10 μ m に 7 ～ 9 本。日本各地に分布する。

5 ***Lyrella lyroides* (Hendey) D. G. Mann**

海産着生種。被殻は広皮針形で殻端は丸い。殻面条線は殻中心から放射状に配列する。殻長 20 ～ 70 μ m 殻幅 17 ～ 45 μ m 条線 10 μ m に 7 ～ 9 本。日本各地に分布する。

6 *Lyrella spectabilis* (Greg.) D. G. Mann

海産着生種。被殻は広皮針形で殻端は丸い。殻面条線は殻中心から放射状に配列する。**殻長** 22 ～ 134 μm **殻幅** 12 ～ 35 μm **条線** 10 μm に 10 ～ 11 本。日本各地に分布する。

7 *Navicula palpebralis* Breb. ex W. Sm.

海産着生種。被殻は広皮針形で殻端はくちばし状。条線は軸域を挟んで広く開く。**殻長** 22 ～ 134 μm **殻幅** 12 ～ 35 μm **条線** 10 μm に 10 ～ 11 本。日本各地に分布する。

9 10 11 *Campylodiscus fastuosus* Ehr.

海産着生種。被殻は円形で板状であるが、殻全体が鞍(くら)の様に湾曲する。さらに、それぞれの半被殻の中心節が 90 度ずれていることが、本属の特徴である。**殻長** 60 ～ 300 μm **殻幅** 24 ～ 50 μm **条線** 10 μm に 6 ～ 8 本。日本各地に分布する。

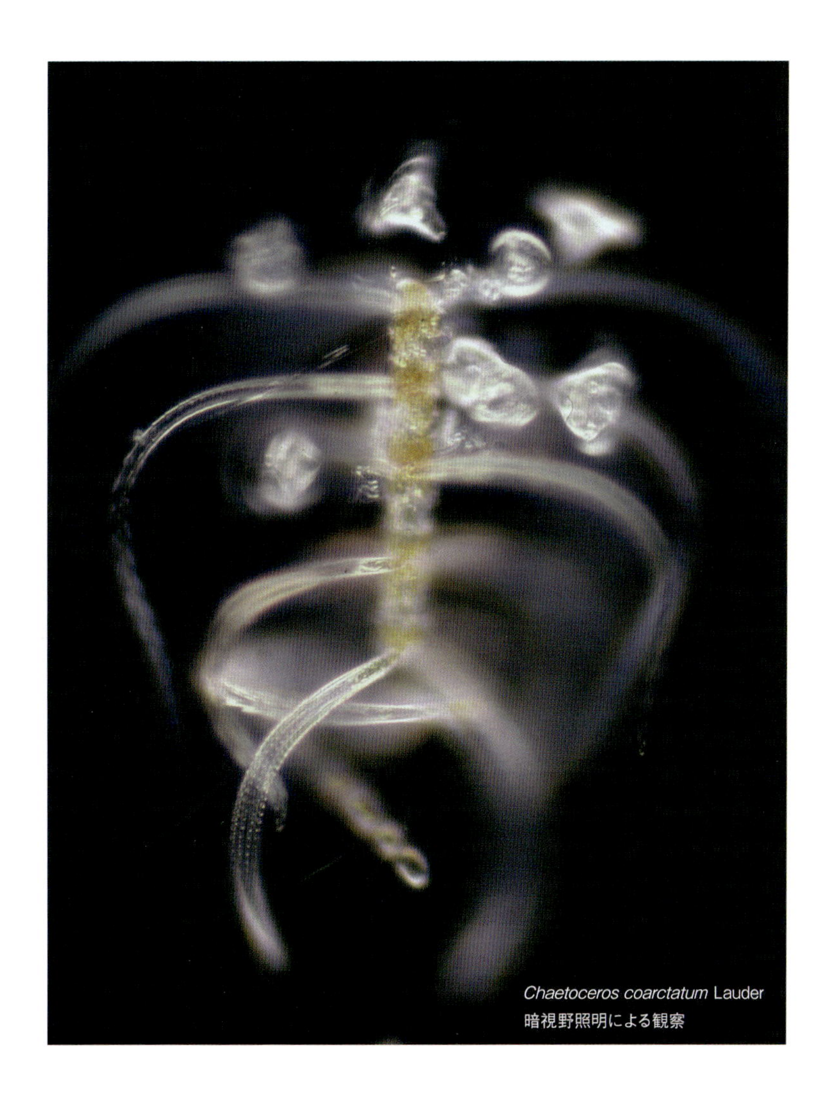

Chaetoceros coarctatum Lauder
暗視野照明による観察

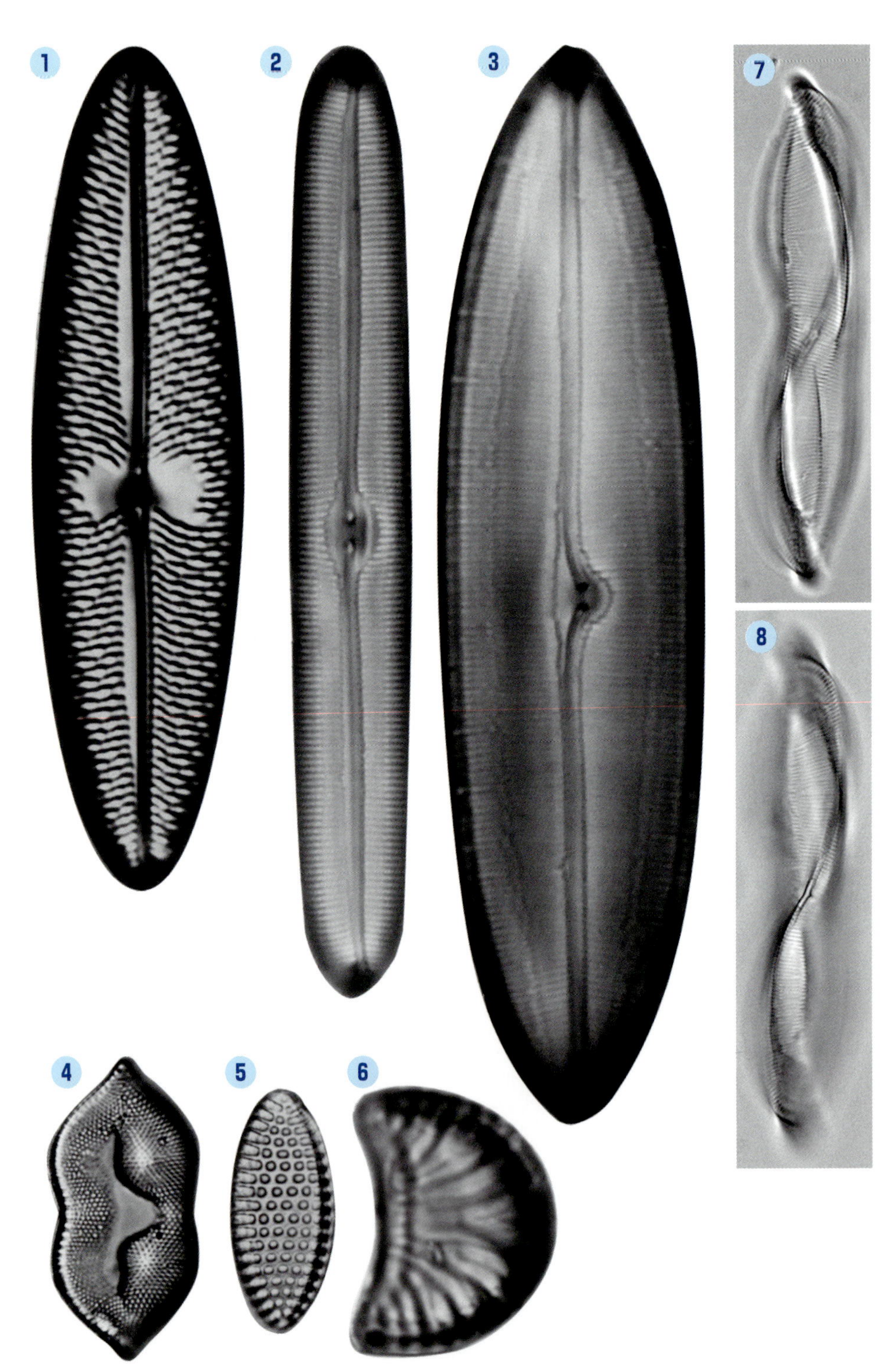
1
2
3
4
5
6
7
8

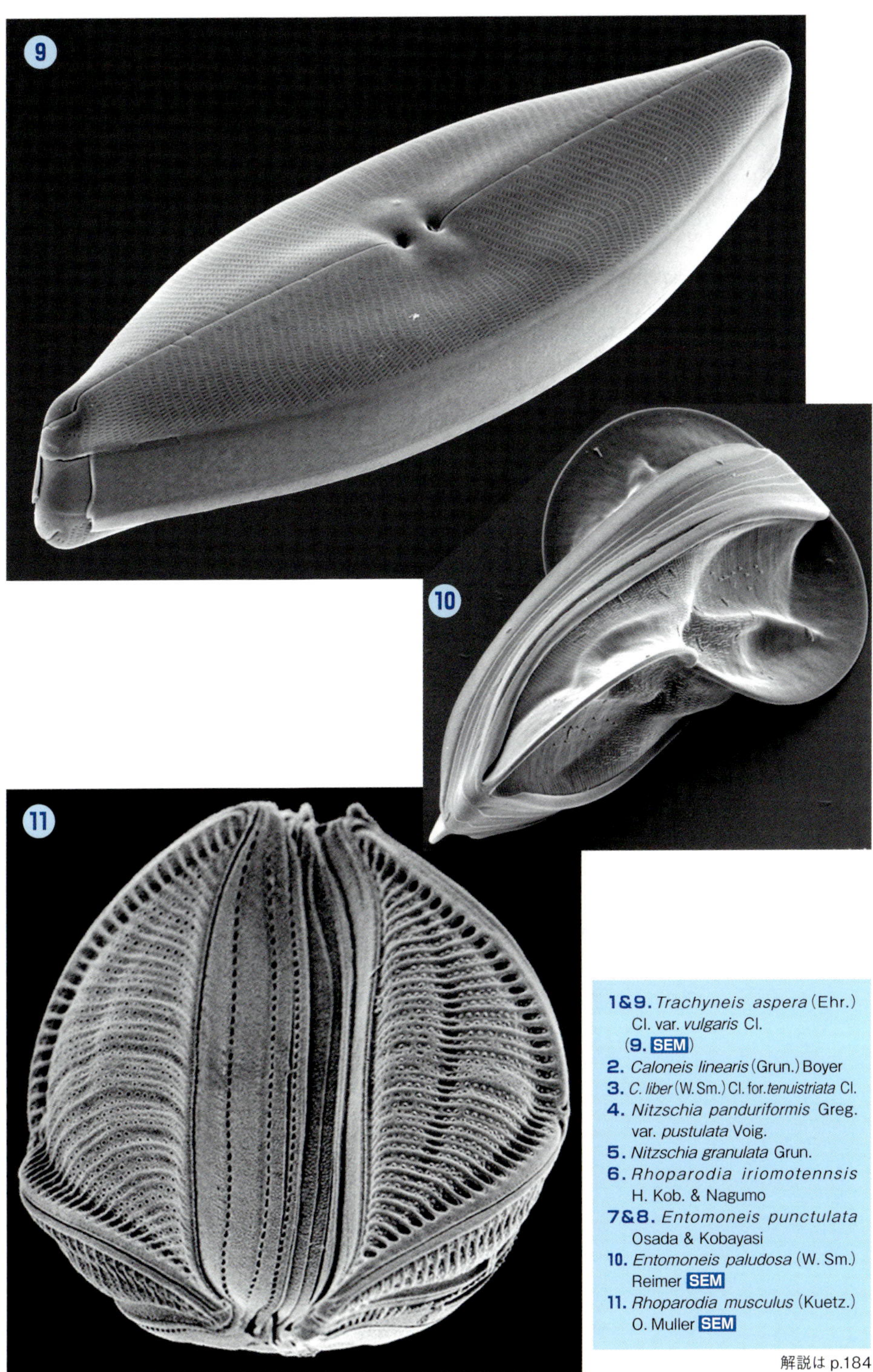

1&9. *Trachyneis aspera* (Ehr.) Cl. var. *vulgaris* Cl. (**9.** SEM)
2. *Caloneis linearis* (Grun.) Boyer
3. *C. liber* (W. Sm.) Cl. for. *tenuistriata* Cl.
4. *Nitzschia panduriformis* Greg. var. *pustulata* Voig.
5. *Nitzschia granulata* Grun.
6. *Rhoparodia iriomotennsis* H. Kob. & Nagumo
7&8. *Entomoneis punctulata* Osada & Kobayasi
10. *Entomoneis paludosa* (W. Sm.) Reimer SEM
11. *Rhoparodia musculus* (Kuetz.) O. Muller SEM

解説は p.184

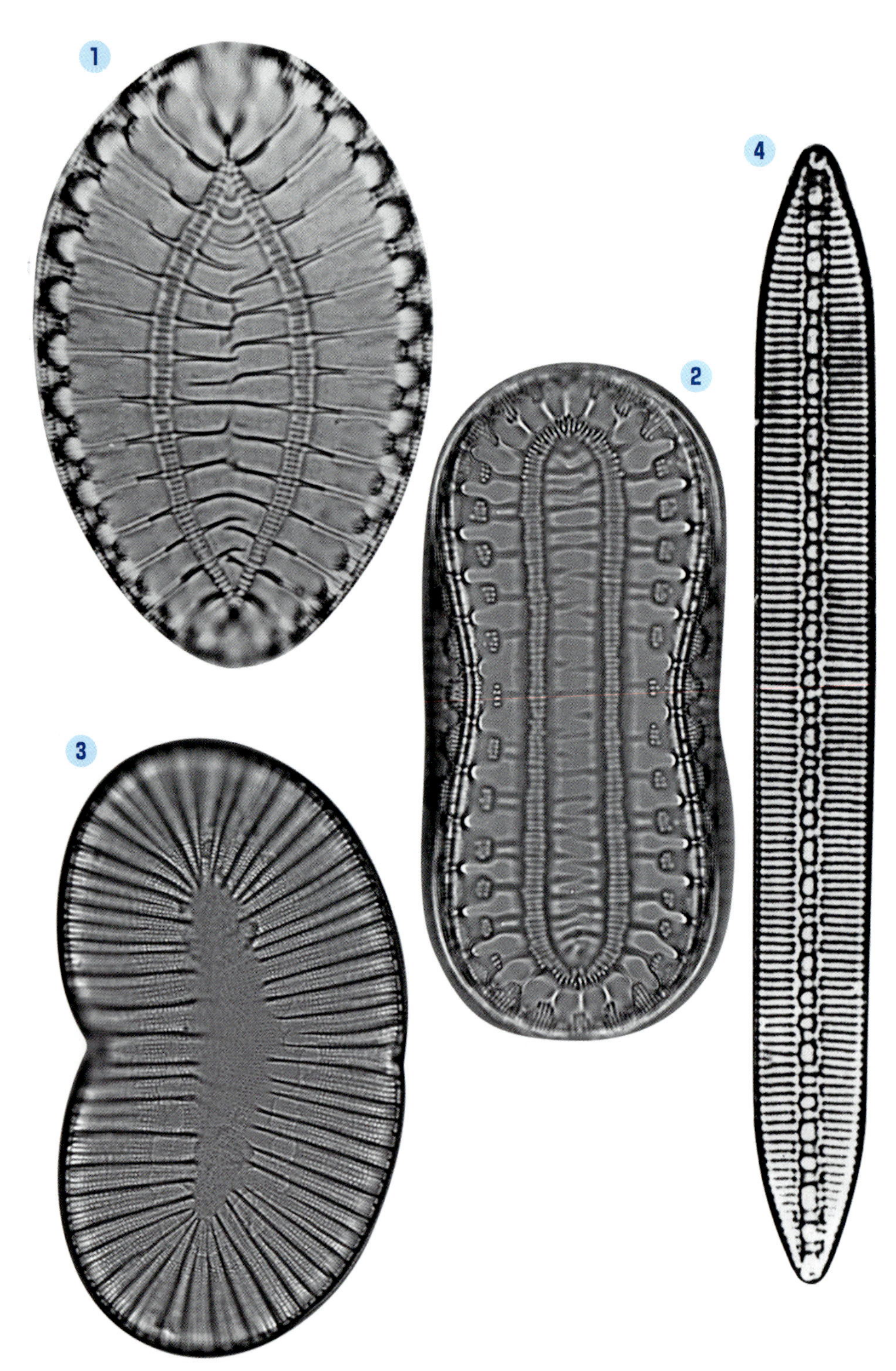
1
2
3
4

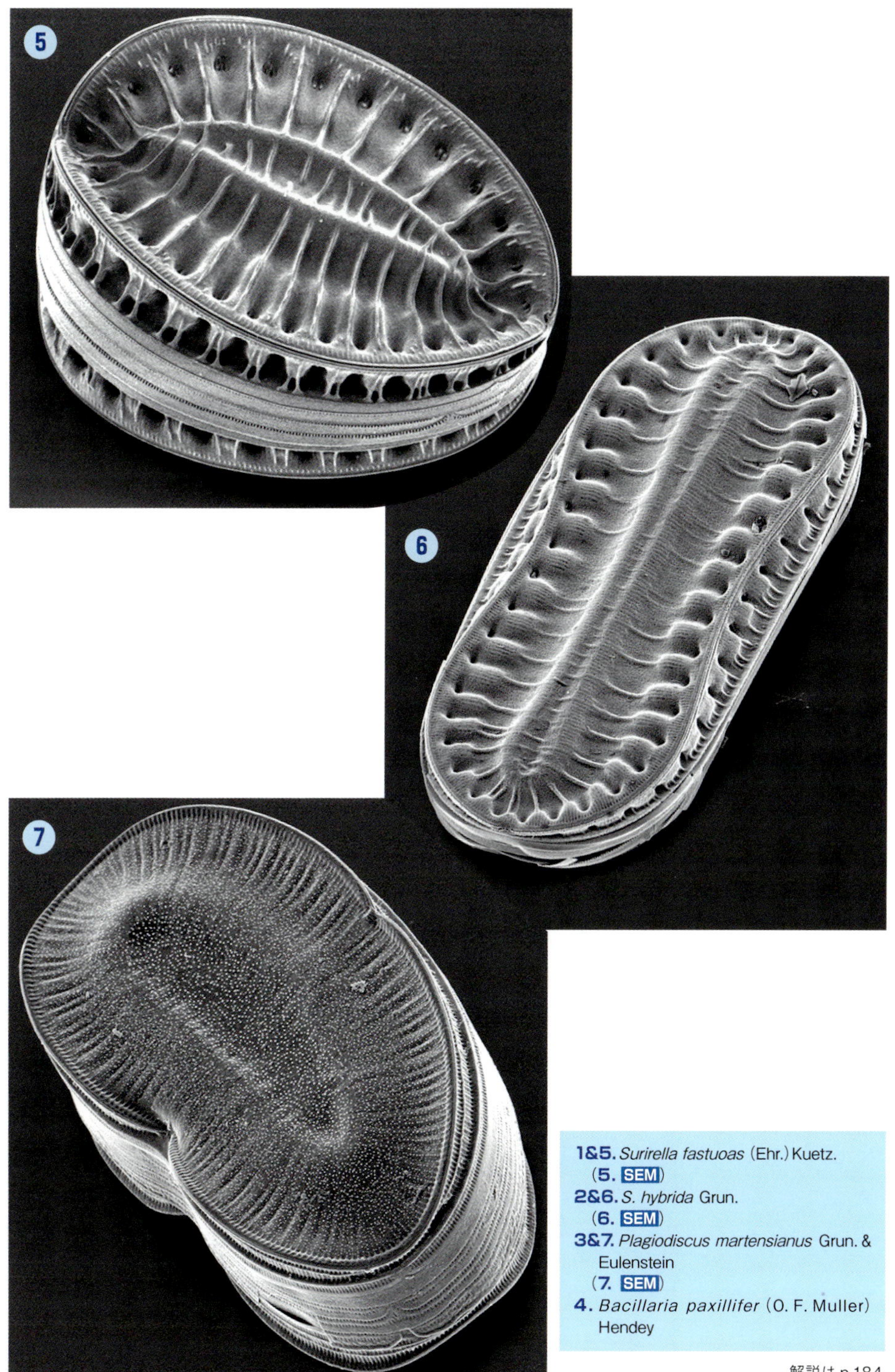

1&5. *Surirella fastuoas* (Ehr.) Kuetz.
(**5.** **SEM**)
2&6. *S. hybrida* Grun.
(**6.** **SEM**)
3&7. *Plagiodiscus martensianus* Grun. & Eulenstein
(**7.** **SEM**)
4. *Bacillaria paxillifer* (O. F. Muller) Hendey

解説は p.184

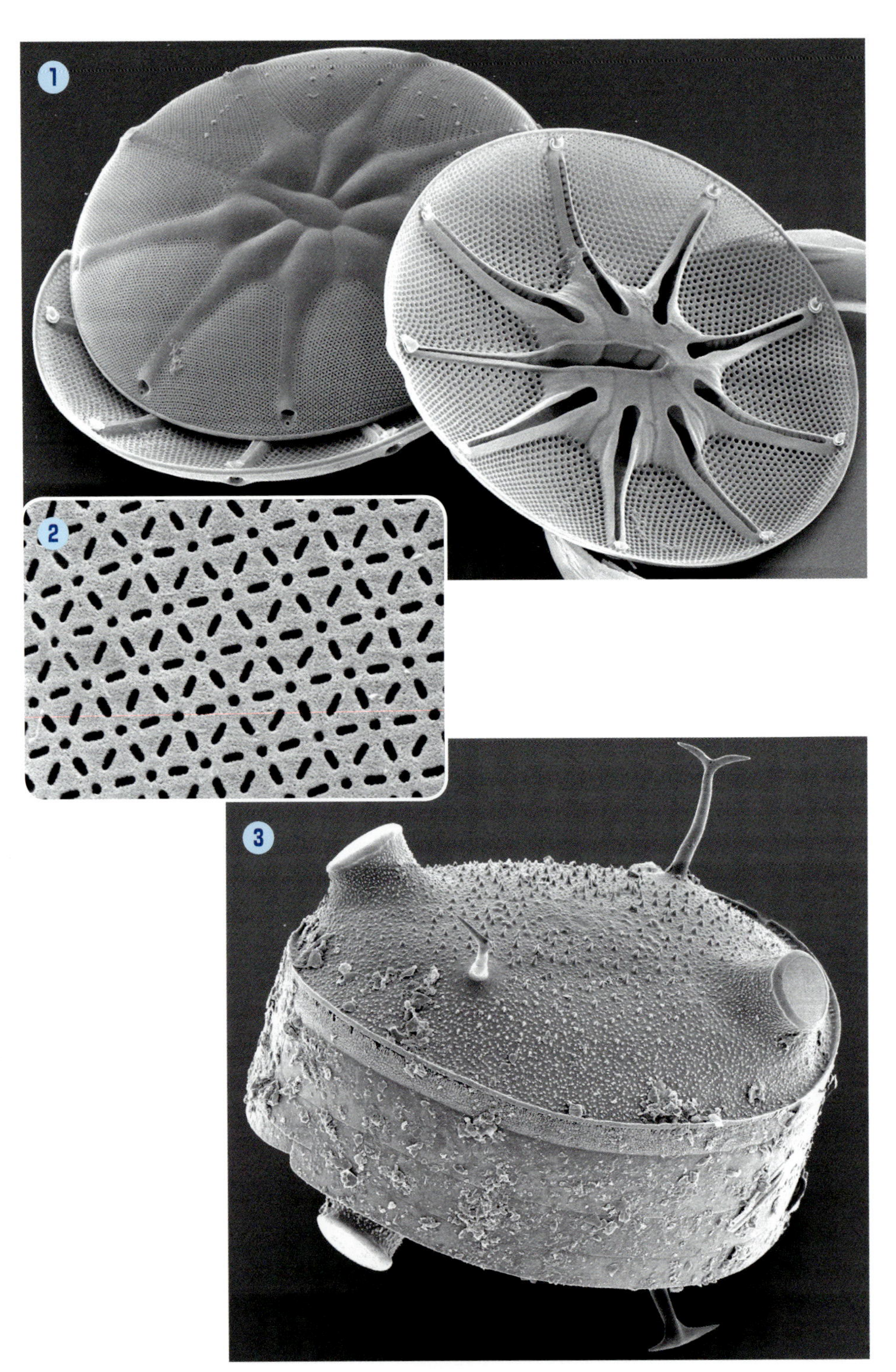
1
2
3

1&2. *Asteromphalus marylandica* Ehr. **SEM**
3. *Cerataulus turgidua* (Ehr.)Ehr. **SEM**
4&5. *Triceratium pantacrinus* (Ehr.)Wallich (**5. SEM**)
6. *Nitzschia panduriformis* Greg.

解説は p.184-185

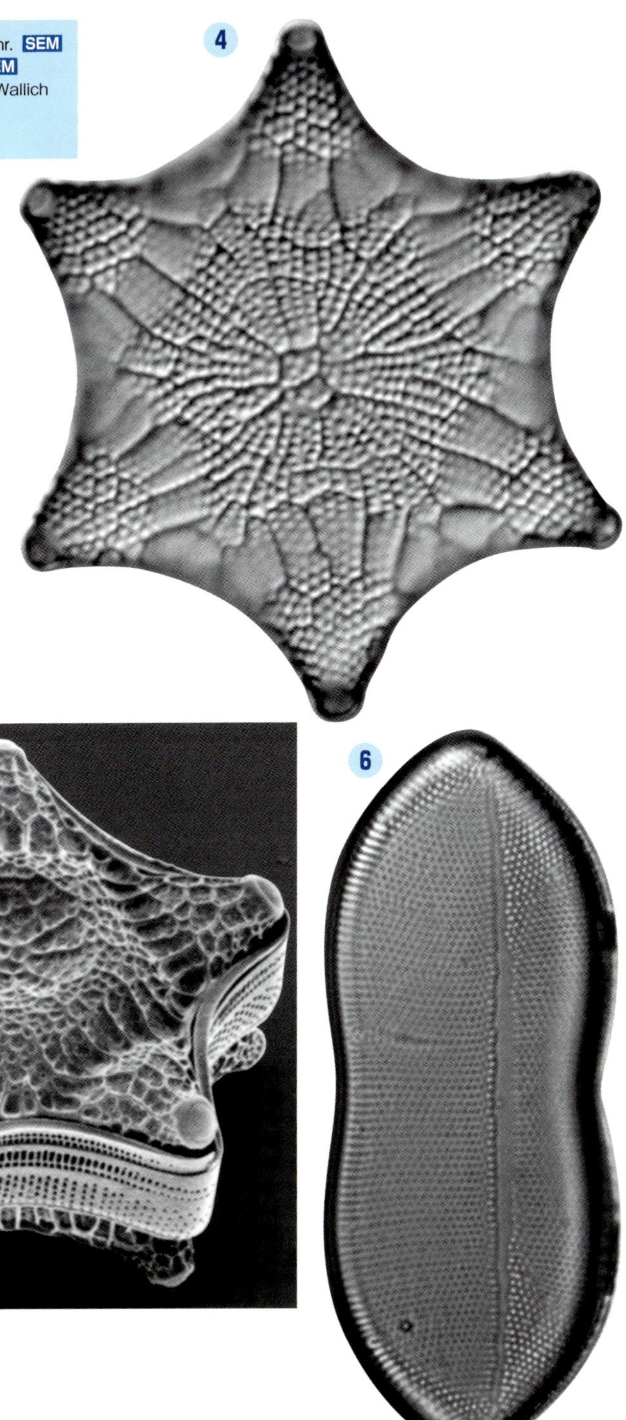

p.178～179

1 9 ***Trachyneis aspera* (Ehr.) Cl. var. *vulgaris* Cl**

海産着生種。被殻は広皮針形で殻端は丸く終わる。殻長 60～300μm 殻幅 24～50μm 条線 10μmに6～8本。1本が3～5に区切られてみえる。これらは条線構造が長胞構造で、その長胞が区切られているからである。殻外面は中心部がわずかに凹む。日本各地に分布する。

2 ***Caloneis linearis* (Grun.) Boyer**

海産着生種。被殻は皮針形で殻端は丸く終わる。殻長 54～120μm 殻幅 8～11μm 条線 10μmに20～22本。日本各地に分布する。

3 ***Caloneis liber* (W. Sm.) Cl. for. *tenuistriata* Cl.**

海産着生種。被殻は広皮針形で殻端は丸く終わる。殻長 50～90μm 殻幅 9～11μm 条線 10μmに18本。日本各地に分布する。

4 ***Nitzschia panduriformis* Greg. var. *pustulata* Voig.**

海産着生種。殻は中央部がくびれる皮針形。殻長 80～120m 殻幅 20～35m。殻中央から両殻端に向かって、「く」の字状に凹みができるため、条線 空域にみえる。条線数は10μm中に14～19本。沿岸底泥などにみられる。

5 ***Nitzschia granulata* Grun.**

海産着生種。被殻は広皮針形で殻端は丸く終わる。殻長 26～44μm 殻幅 12～20μm 条線 10μmに6～7個。日本各地に分布する。

6 ***Rhoparodia iriomotennsis* H. Kob. & Nagumo**

気水産着生種。被殻は広皮針形で殻端は丸く終わる。殻長 10～26μm 殻幅 5.5～11μm 条線 10μmに11～12個。日本各地、特に温帯域に分布する。

7 8 ***Entomoneis punctulata* Osada & Kobayasi**

海産着生種。被殻は皮針形で殻端は突出する。本属は管状縦溝が翼の上にあることが特徴とされる。この管状縦溝は伸張したS字状となる。殻長 18～99μm 殻幅 10～19μm 条線 10μmに34～36個。日本各地に分布する。

10 ***Entomoneis paludosa* (W. Sm.) Reimer**

海産着生種。被殻は皮針形で殻端は突出する。殻長 40～130μm 殻幅 20～50μm 条線 10μmに19～23個。日本各地に分布する。

11 ***Rhoparodia musculus* (Kuetz.) O. Muller**

海産着生種。被殻の全体像はミカンの果肉数個の外見のようである。殻長 12～80μm 殻幅 10～40μm 条線 10μmに15～20個。日本各地に分布する。

p.180～181

1 5 ***Surirella fastuoas* (Ehr.) Kuetz.**

海産着生種。被殻は上下不相称の広皮針形、ミカンの果肉数個の外見のようである。殻長 12～80μm 殻幅 10～40μm、翼は殻縁に発達し、翼管は10μmに7～12本ある。日本各地に分布する。

2 6 ***Surirella hybrida* Grun.**

海産着生種。被殻は相称の小判形。殻長 100～200μm 殻幅 50～60μm、翼は中心域に向かってわずかに凹んだ殻縁に発達し、翼管は10μmに7～12本ある。日本各地に分布する。

3 7 ***Plagiodiscus martensianus* Grun. & Eulenstein**

海産着生種。被殻は腎臓形で特徴的、いわゆる中心節は凹みの強い箇所となる。殻長 12～80μm 殻幅 10～40μm、翼は殻縁に発達し、翼管は10μmに7～12本ある。殻は軸域がわずかに凹み、腹側と背側で殻套の幅が異なっている。日本各地に分布する。

4 *Bacillaria paxillifer* (O. F. Muller) Hendey

海産着生種。被殻は線状皮針形。殻長 60 ～ 150 μ m 殻幅 4 ～ 8 μ m 条線 10 μ m に 20 ～ 25 本ある。管状縦溝は殻中央を真っすぐに位置する。小骨は 10 μ m に 5 ～ 9 本ある。日本各地に分布する。

p.182 ～ 183

1 2 *Asteromphalus marylandica* Ehr.

海産プランクトン種。被殻は円盤状。殻長 60 ～ 150 μ m 殻幅 4 ～ 8 μ m 条線 10 μ m に 20 ～ 25 本ある。管状縦溝は殻中央を真っすぐに位置する。小骨は 10 μ m に 5 ～ 9 本ある。日本各地に分布する。

3 *Cerataulus turgidua* (Ehr.) Ehr.

海産着生種。殻面は楕円形。殻長 91 ～ 162 μ m。外殻と内殻はねじれた位置にある。殻面には先端が扇状に広がった長い棘が 2 本ある。殻套眼域は突出する。殻套の先端は隆起し、殻縁にかけて小針や顆粒状突起が発達する。砂粒に眼域から放出される粘液で着生する。日本各地に分布する。

4 5 *Triceratium pentacrinus* (Ehr.) Wallich

海産着生種。殻面は 5、6 角形。殻径 20 ～ 100 μ m。殻套眼域は突出する。殻套の先端は隆起し、殻縁にかけて小針や顆粒状突起が発達する。日本各地に分布する。

6 *Nitzschia panduriformis* Greg.

海産着生種。殻は広皮針形で殻中央部が凹む。殻長 80 ～ 120 μ m 殻幅 20 ～ 34 μ m。縦溝は偏在し、小骨は 10 μ m に 6 ～ 10 本ある。日本各地に分布する。

海産珪藻 *Thalassiophysa hyalina* (Grev.) Paddoch & Sims

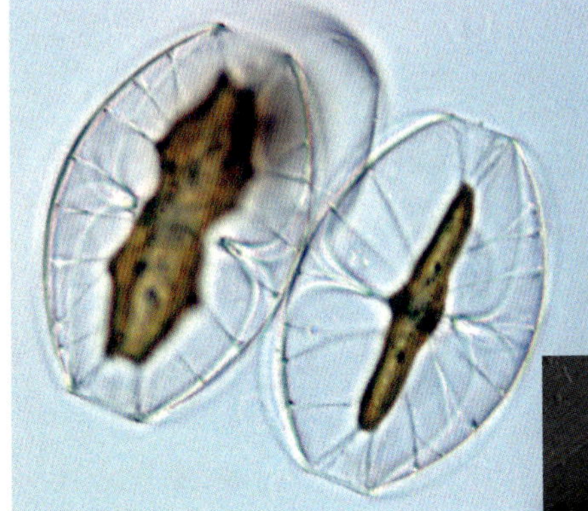

殻が薄く翼状に広がっている。

凍結乾燥によって撮影した（SEM）。

様々な
珪藻の話題

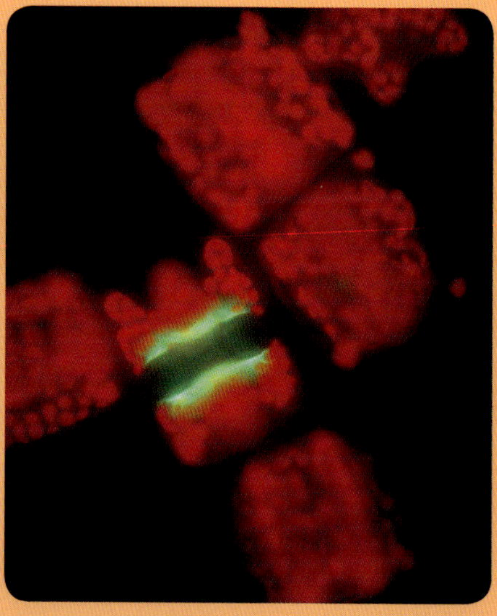

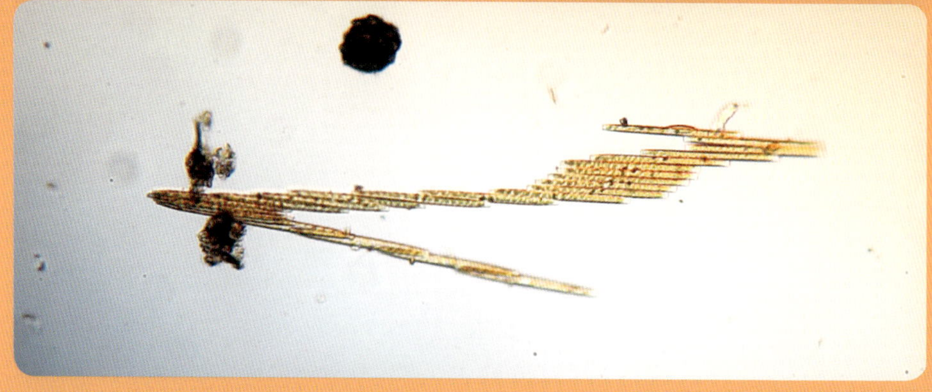

透過電子顕微鏡　胞紋構造

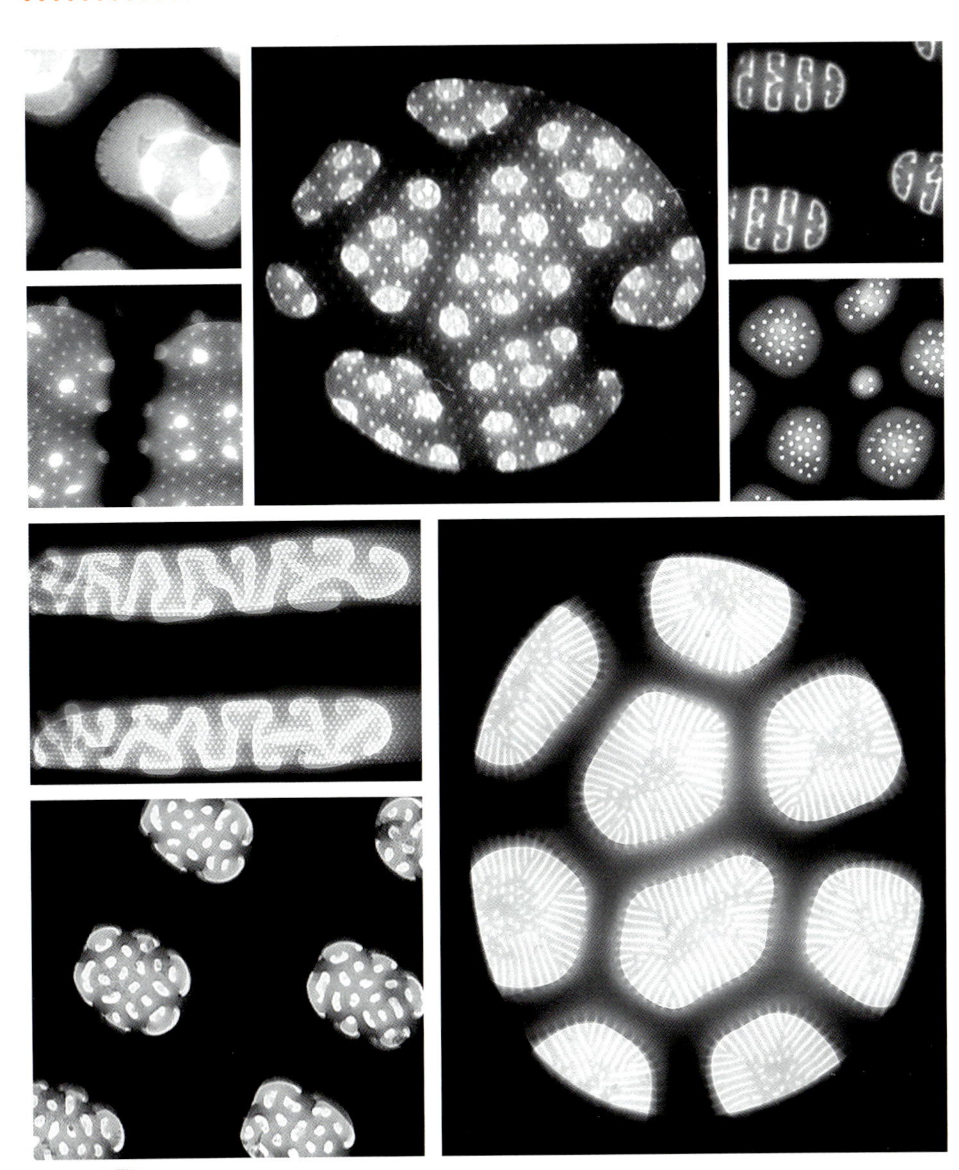

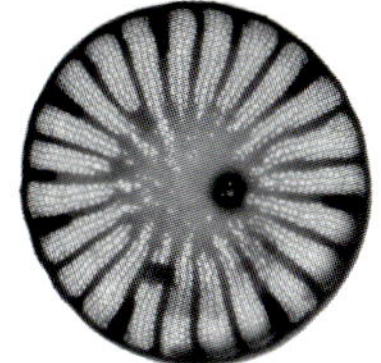

透過電子顕微鏡を使うと、珪藻の殻にある胞紋構造の超微細な構造が観察される。

これらの構造は、属あるいは種のレベルで共通した構造となっているのだ。単細胞の珪藻がガラスで構築する究極の美学である。

蛍光を観察する

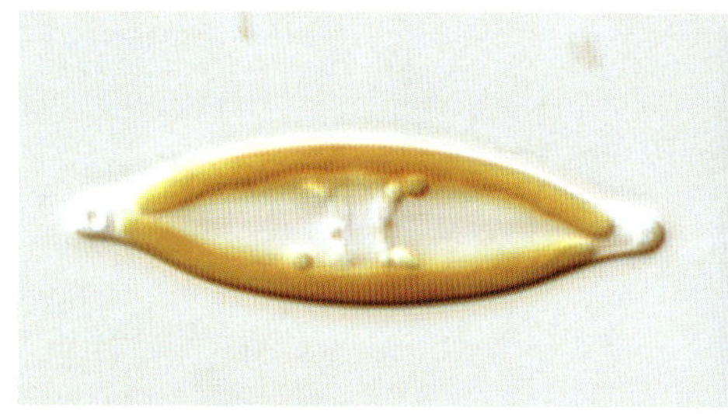
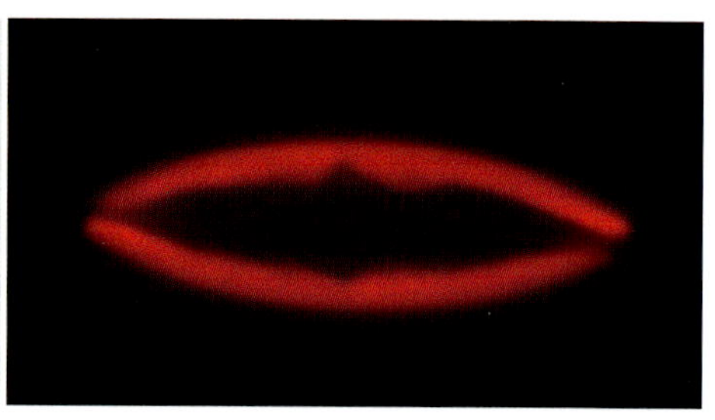

1. 葉緑体の自家蛍光

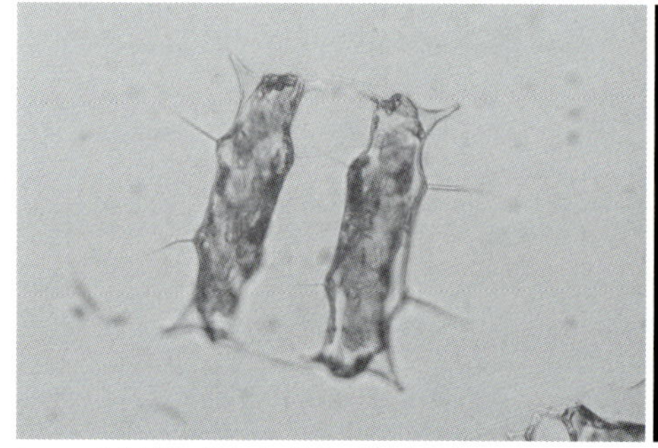
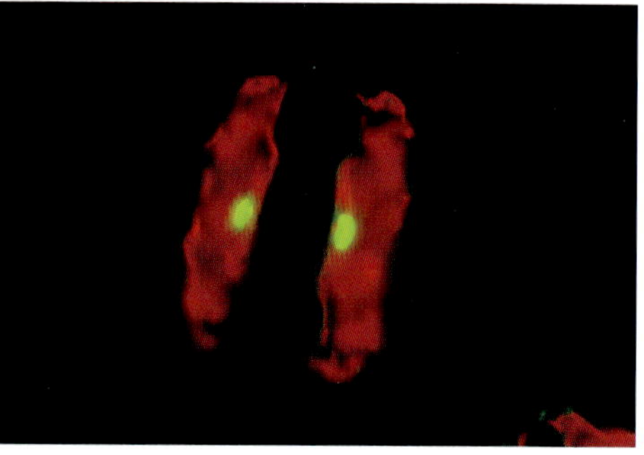

2.DNA を特異的に染色する試薬で核を黄緑色に可視化

光学顕微鏡では可視光による通常の明視野観察だけでなく、紫外線ランプにより蛍光を発生させるという特殊な手法で観察することもできる。

珪藻に紫外線を当てることで葉緑体がもつ光合成色素が蛍光を放つため(1：自家蛍光という)、これにより葉緑体の形状を観察しやすくなる。また、ある器官や物質に特異的に結合し紫外線をうけて特定の色の蛍光を放つ染色試薬を用いることで、狙った器官や物質の細胞内の位置を明らかにすることができる[2～5]。さらに複数の染色試薬を同時に用いることにより、細胞内の様々な箇所を異なる色に染め分けることもできる[6]。

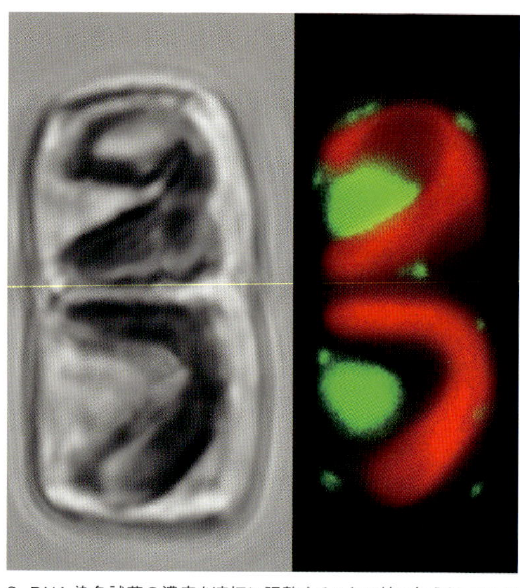

3. DNA 染色試薬の濃度を適切に調整することで核に加えミトコンドリアに存在するDNAも染色できる（緑色の小さな点がミトコンドリア、大きな点が核）。写真提供：中村憲章（福井県立大）

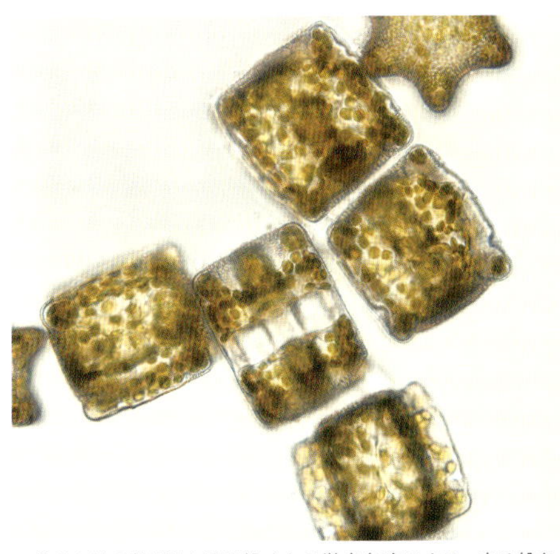

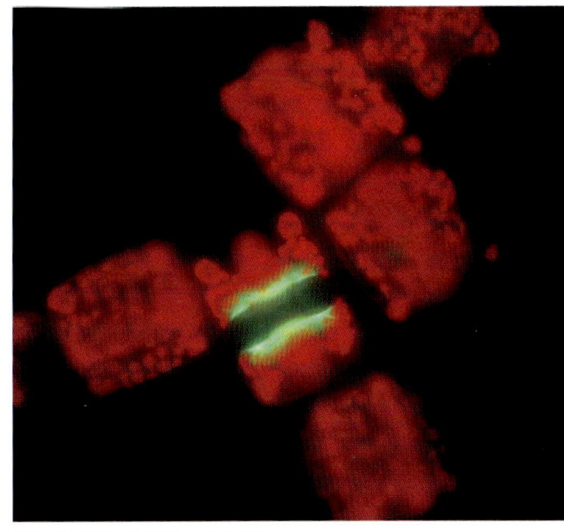

4. 作りかけの殻だけに取り込まれる蛍光色素により、光る殻をつくる。黄緑色が形成途中の殻。

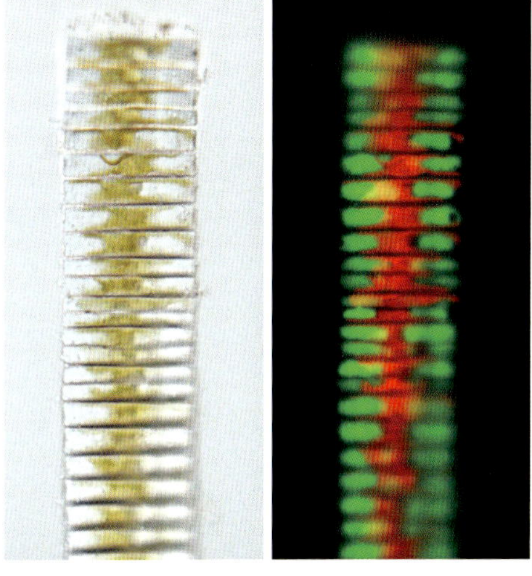

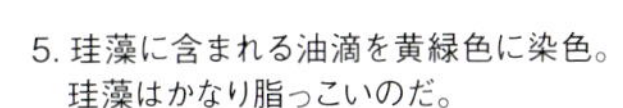

5. 珪藻に含まれる油滴を黄緑色に染色。
珪藻はかなり脂っこいのだ。

6. *Pseudostaurosira trainorii* が形成する配偶子は鞭毛のような特殊な構造をもつ。この構造を黄緑色に染色。赤は葉緑体自家蛍光、青は核。

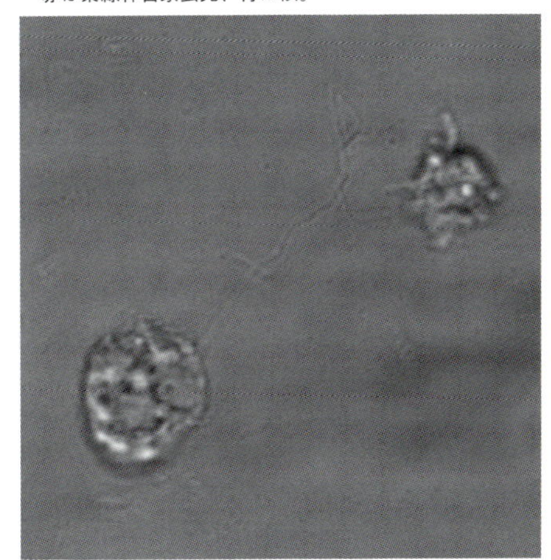

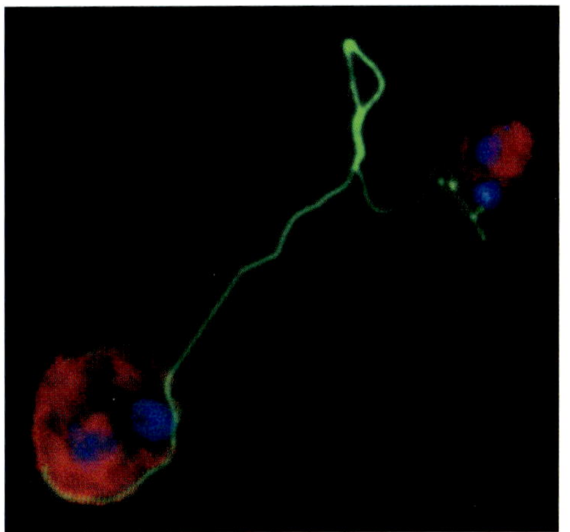

珪藻アート

これらは珪藻の殻でできた「珪藻アート」の顕微鏡写真である。手先の器用な職人が顕微鏡をのぞきながら様々な種類の殻や帯辺を綺麗に配置したもので、その技術の高さに驚かされる。

それぞれの部位にどんな珪藻が置かれているのか分かるだろうか？　じっくりみてみよう。

【ここに含まれている主な珪藻】
アラクノイディスカス（*Arachnoidiscus*）
プレウロシグマ（*Pleurosigma*）
スタウロネイス（*Stauroneis*）
ライレラ（*Lyrella*）
アクチノキクルス（*Actinocyclus*）
トリケラチウム（*Triceratium*）

p.190-191 写真：ミクロワールドサービス

【ここに含まれている主な珪藻】
アクチノキクルス（*Actinocyclus*）
キンベラ（*Cymbella*）
アラクノイディスカス（*Arachnoidiscus*）
トリゴニウム（*Trigonium*）

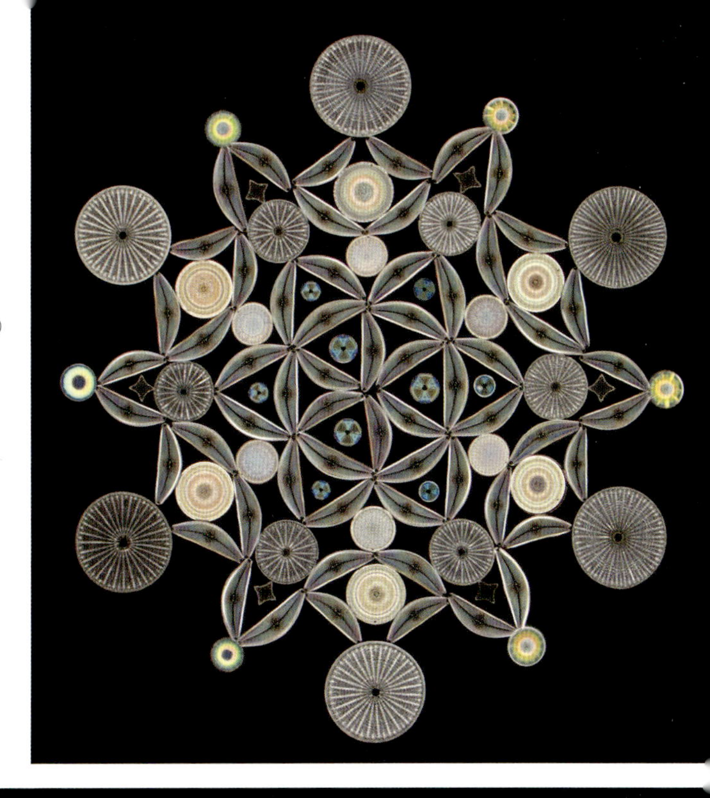

【ここに含まれている主な珪藻】
ラブドネマ（*Rhabdonema*）
クリマコスフェニア（*Climacosphenia*）
ユーノチア（*Eunotia*）
キンベラ（*Cymbella*）
ディディモスフェニア（*Didymosphenia*）
エピテニア（*Epithemia*）
トリゴニウム（*Trigonium*）
トリケラチウム（*Triceratium*）
ギロシグマ（*Gyrosigma*）
アクナンテス（*Achnanthes*）
ニッチア（*Nitzschia*）
アーリスカス（*Auliscus*）
シリカフゲムシの骨格

底生珪藻

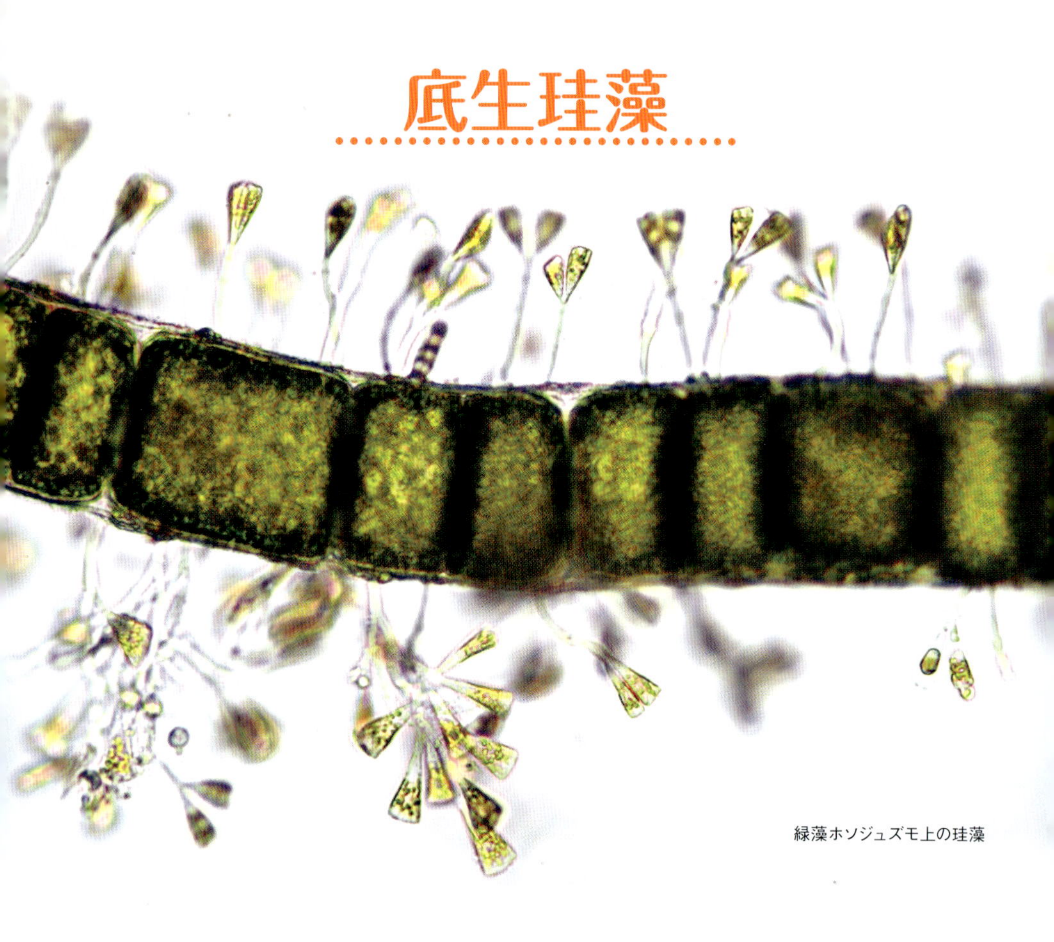

緑藻ホソジュズモ上の珪藻

底生珪藻は水と適当な基質のある所ならばどこでも生育している。波が打ち付ける岩礁域やタイドプール（潮だまり）内の岩上、藻場を構成する褐藻ホンダワラや海草（うみくさ）アマモの葉上、干潟の砂や泥の上、南氷洋に浮かぶ海氷中、大洋を回遊するクジラ類の体表やウミガメ類の甲羅上など、珪藻は多様な環境に適応している。さらに河口汽水域のマングローブの気根上には、塩分や乾湿の大きな変化に適応した種類も観察される。

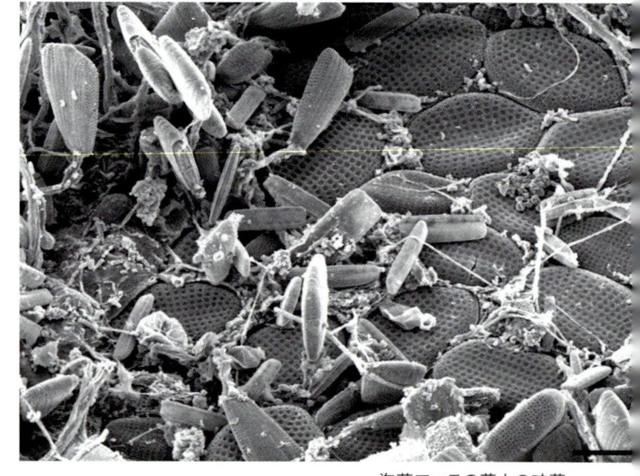

海草アマモの葉上の珪藻

小石表面に付着する珪藻類

左の写真のクローズアップ

付着性種を採集するには、基物表面の「ぬめり」のある部分を歯ブラシ、スプーン、メラニン樹脂製スポンジ（スーパーなどで販売されている食器洗い用のスポンジを適当な大きさにカットして使用する）などで擦り落とし、ピペットで採集する。海藻や小石など、水中から採取できる適当な大きさの基物があるときは、基物をそのまま標本瓶やビニール袋に入れて持ち帰るか、または基物をバットの中に拾い上げ、「ぬめり」のある部分を歯ブラシで擦り落とし試料とする。一方、砂や泥といった比較的不安定な基質に生育する種類を採集するには、岸の近くでは大形のピペットを用い、深い所では採泥器（エックマンバージ採泥器など）を使用して、砂や泥ごと採集する。珪藻の現存量の少ない場合は、採集試料を実験室に持ち帰った後、適当な培養液中に入れ、数日間粗培養後、試料を得る方法もある。

海底の岩盤や砂上に繁茂する珪藻群落

珪藻類の生育型には、浮遊性(planktonic)と底生性(benthic)があり、この情報は珪藻を知る上できわめて重要である。底生珪藻の付着戦略は、基質にしっかり付着する「恒久的な付着」と、基質に緩やかに付着し、時には基質上を活発に運動(滑走運動 gliding movement)する「運動性のある付着」に特徴づけられる。恒久的な付着性種の付着様式と群体構造には、これまで次のi)〜v)のようなパターンがあることが知られている。これらはすべて無性的分裂によってできた娘細胞が、離れることなくそのまま連なった群体である。

i) 細胞が数珠状に連なった群体を形成するタイプで、殻形が円柱状の種類にみられる(*Melosira* 属)。

ii) 細胞がリボン状あるいはジグザグ状に連なった群体を形成するタイプで、殻面の殻幅が狭く帯面が四角形の種類にみられる(*Bleakeleya* 属、*Odontella* 属、*Cyclophora* 属)。

iii) 殻端から粘液をパット状に出して付着し、叢状に広がる群体を形成するタイプで、殻形が細長い種類にみられる(*Tabularia* 属)。

iv) 殻端から粘液柄を出して、その先に積木状や扇状に連なった群体を形成するタイプ(*Achnanthes* 属、*Licmophora* 属)。

v) 粘液質のチューブをつくり、その中で盛んに分裂を繰り返し、全体として樹枝状の管棲群体を形成するタイプ(*Berkeleya* 属、*Parlibellus* 属)。

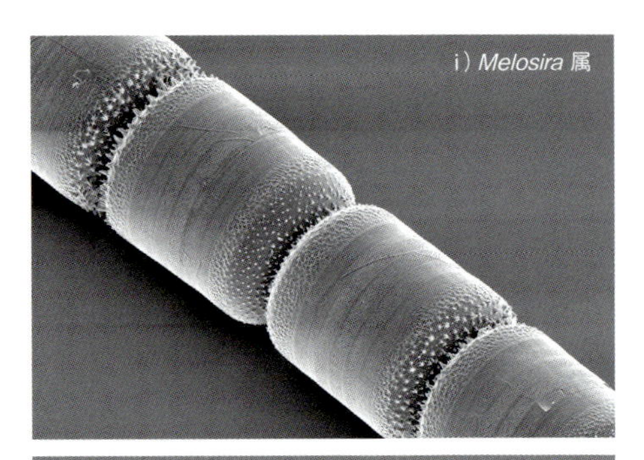
i) *Melosira* 属

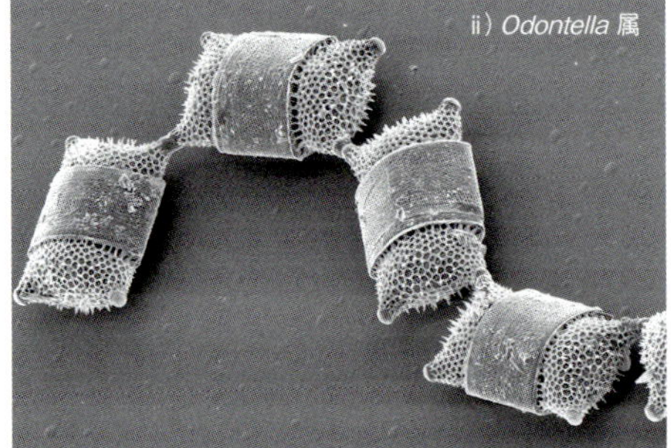
ii) *Odontella* 属

iv) *Achnanthes* 属

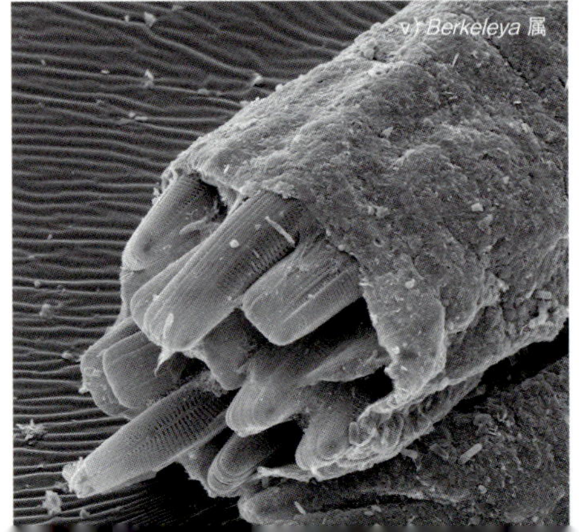
v) *Berkeleya* 属

これらはどれも発達すると基質上に三次元的なミクロの森をつくりあげ、微小動物の良好な成育場所を提供している。もちろん群体をつくらず、単体で基質に強固に付着するタイプもある（*Cocconeis* 属）。これらはミクロの森の下草的ニッチをもつ。

一方、「何に付着しているか」という基質の種類も重要で、その差異による生態学的分類がある。例えば、岩盤や石に付着する種類（epilithic）、海藻や海草、水草、水ゴケなどの植物に付着する種類（epiphytic）、砂粒に付着する種類（epipsammic）、さらにはクジラなど動物の体表に付着する種類（epizoic）など、ユニークなカテゴリーである。それぞれの珪藻相（フロラ）研究からは、これまで各々の基質に特異的な種類が見出されているが、未だ珪藻と基質との確固たる相互関係の解明には至っておらず、生成物や排出物のやり取りなど、精密な生化学的な研究が待たれる。

粘液質のチューブの中に生育する *Parlibellus*

オオカナダモの葉上の *Cocconeis placentula*

南極海生態系の基礎生産者

海氷の採取の様子

南極海は冷たい海の代表である。水温の低さゆえ限られた生物種が生息するが、その生産量は高く、ナンキョクオキアミやペンギン類、ヒゲクジラ類を構成員とする独特な生態系をつくりあげている。

極海には海氷が存在することが大きな特徴の1つである。海氷の中や表面にはアイスアルジーとは呼ばれるたくさんの微細藻類が生育している。とりわけ珪藻類は海氷のとける春に爆発的に増殖して、大型の植物の乏しい極海域の生態系を支える重要な基礎生産者となる。

東京海洋大学の練習船・海鷹丸による南極海の調査

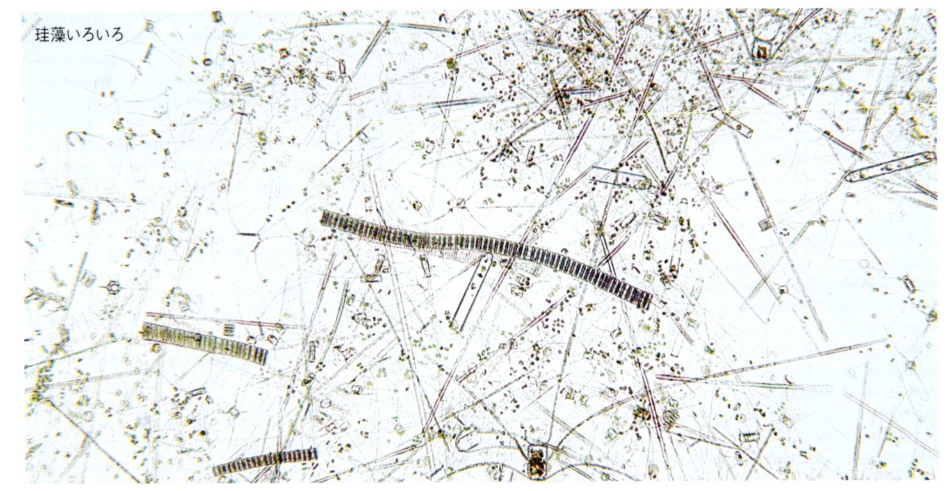
珪藻いろいろ

極海域や日本沿岸の親潮域などには冷水性の珪藻類が分布している。その代表がオビササノハケイソウ属 *Fragilariopsis* である。オビササノハケイソウ属は管状縦溝（canal raphe）をもつことで、ササノハケイソウ属 *Nitzschia* と近縁とされている。細胞は帯面観において四角形、殻面の全体で連結したリボン状の群体を形成する。殻面の外形は楕円形から皮針形、あるいはやや円形や直線状。長軸方向に異極性をもつ種類もある。葉緑体は板状で２枚。この他にもユニークな形態をもつ種類が出現する（次ページ参照）。

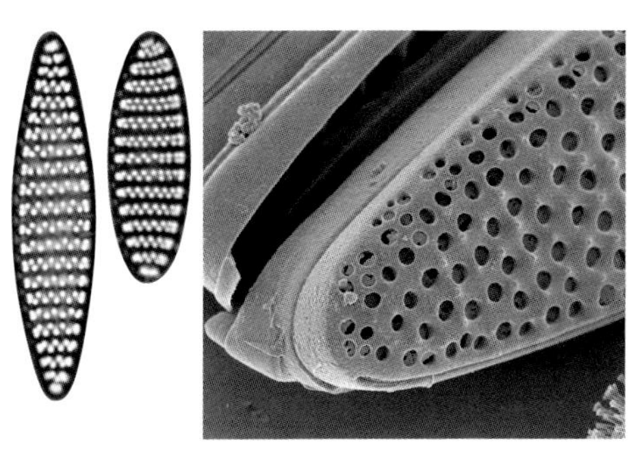

Fragilariopsis kerguelensis

大きい細胞（約 40 ～ 70μm）では、殻面は幅の狭い楕円形で、長軸方向に極性ある。条線は２列の胞紋列からなり、光学顕微鏡でも容易に確認される。殻面全体で平行、殻端近くでわずかに湾曲する。

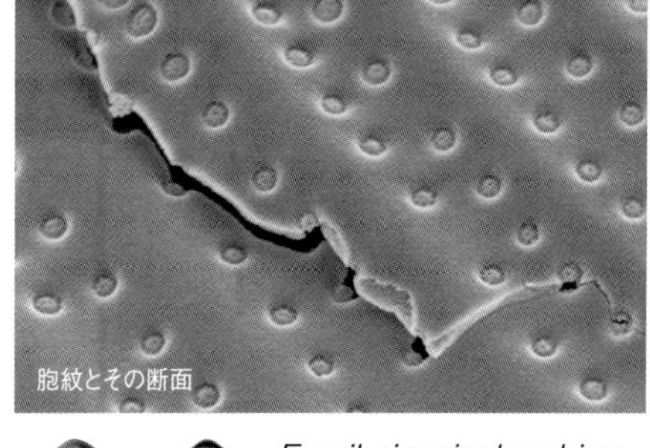

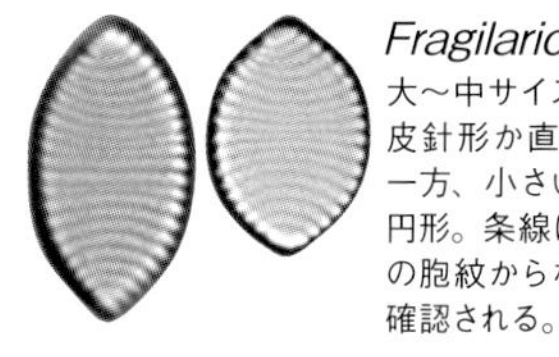

Fragilariopsis rhombica

大～中サイズの細胞では、殻面は皮針形か直線形で、殻縁は平行。一方、小さい細胞では、ほとんど円形。条線は互い違いに並ぶ２列の胞紋からなり、光学顕微鏡でも確認される。

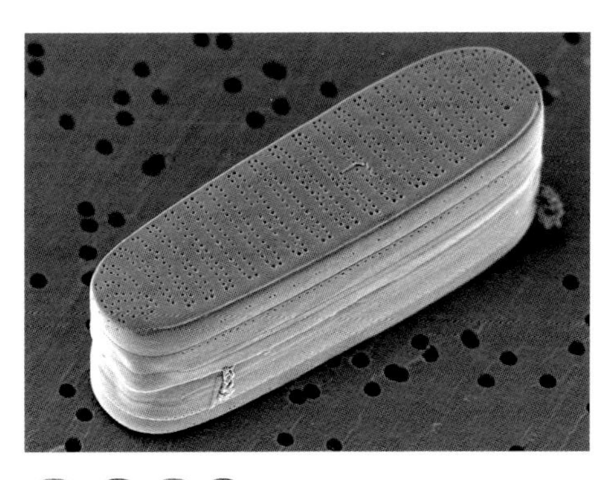

Fragilariopsis curta

殻面は長軸方向に異極。両殻端は幅の広い円形。条線は、殻の中央部で平行、殻端に近づくにつれ湾曲する。殻端部にも扇状に広がる条線が観察される。

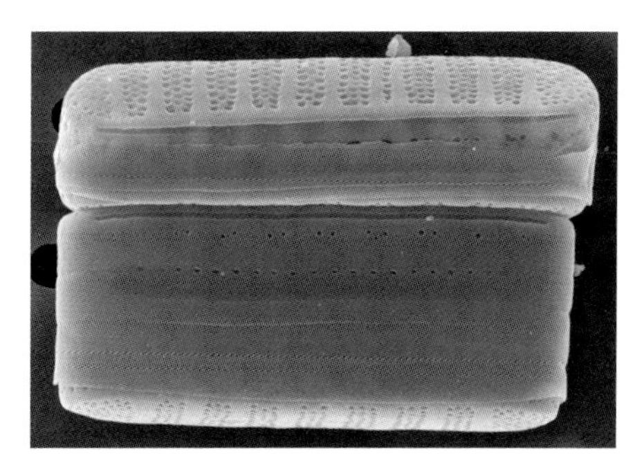

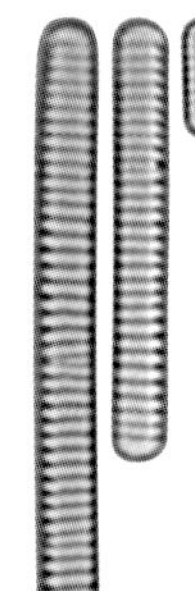

Fragilariopsis cylindrus

外形は前種に似るが、殻面が直線形で殻縁が平行、長軸方向に極性がない点で区別できる。殻端は半円形。

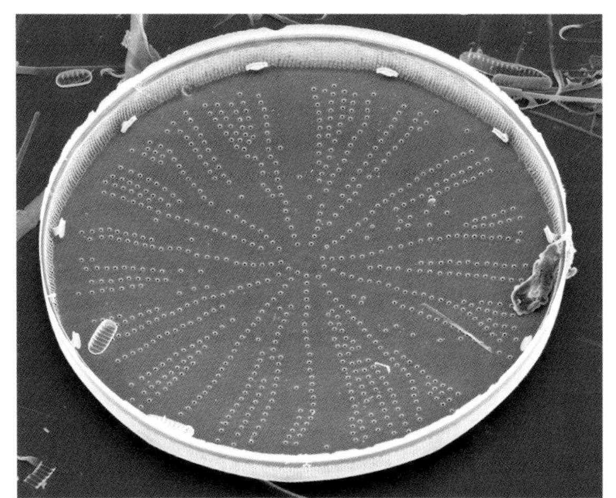

Actinocyclus actinochilus

Stellarima microtrias

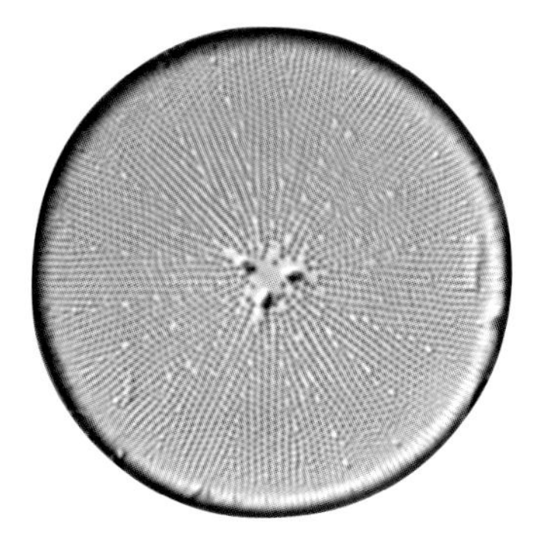

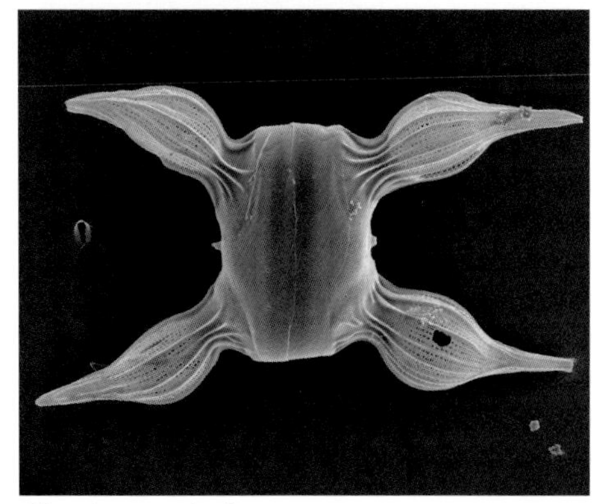

Chaetoceros bulbosus

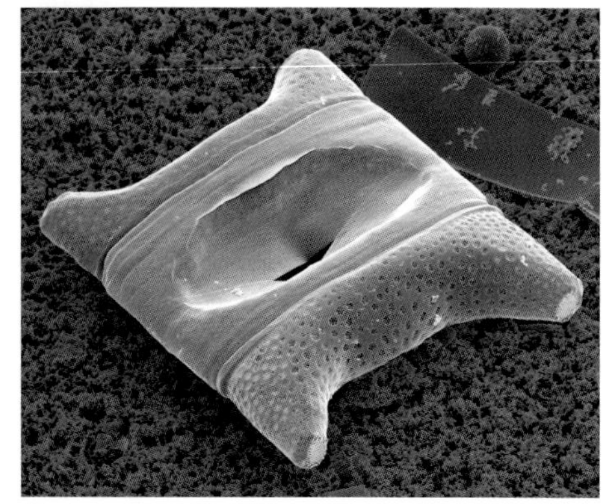

Eucampia antarctica

動く珪藻・動かない珪藻

採集して来た飼料を顕微鏡で観察すると、活発に動く珪藻がみられるときがある。珪藻は「植物」、それがどうやって動くのだろうか?

珪藻の種類のなかで、羽状類、縦溝をもつグループが動く。珪藻のこの運動は、滑走運動と呼ばれ基物(付着物)の表面を滑るように動くのだ。動きの速さは種類によっても、その時の環境や細胞の状況によって異なるようだが、一般的に1秒間に1～25μmほどである。この動きは前進あるいは後退と思いもよらない動きなのだ。また不思議なことに、珪藻の細胞が基物に接していない時は動かない。光が良く当たっている時は動きも活発で、滑走する。

珪藻の動く仕組みについてはいろいろな説と観察がされてきた。イギリスの研究者エドガー(1984)は、電子顕微鏡と蛍光顕微鏡観察によって、縦溝から放出されるアクチンフィラメントと粘液繊維物質によって、滑走していると報告している。近年でもこの説が指示されている。

クサリケイソウ(*Bacillaria*)の場合は、「南京玉すだれ」のごとく殻が互いに活発に動くことが知られている。この種類は、互いの縦溝に沿ってあたかもカーテンレールのようにかみ合っているため、スムーズに動けるようだ。

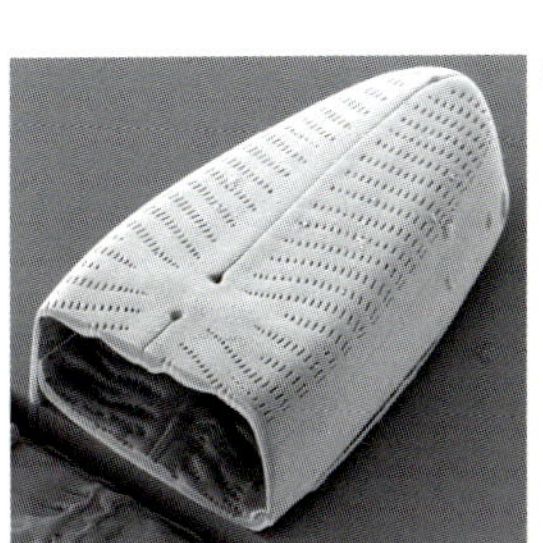

珪藻断面

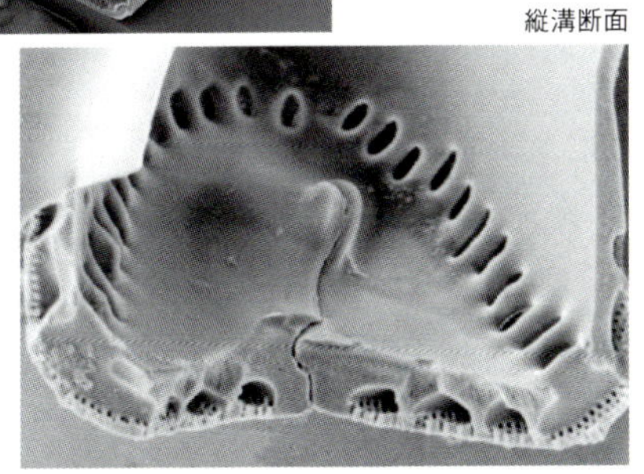

縦溝断面

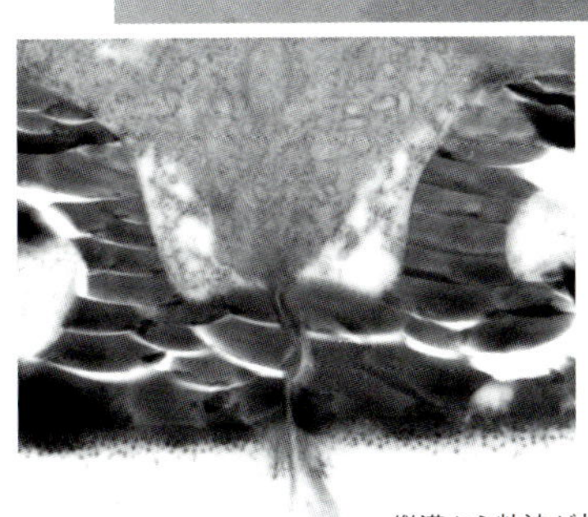

←縦溝から粘液が放出された瞬間
写真提供:出井雅彦(文教大)

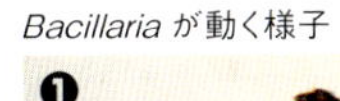

Bacillaria が動く様子

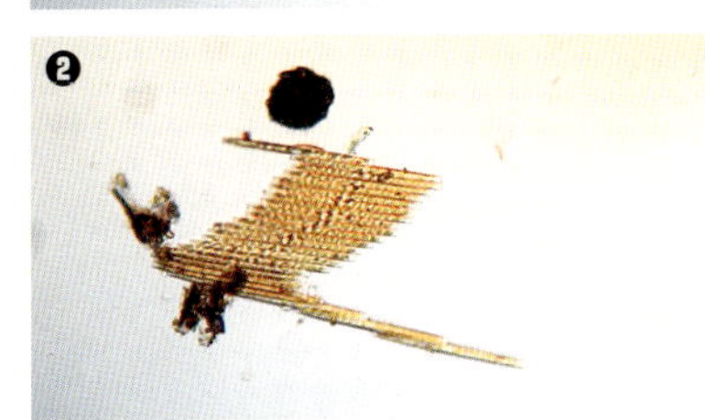

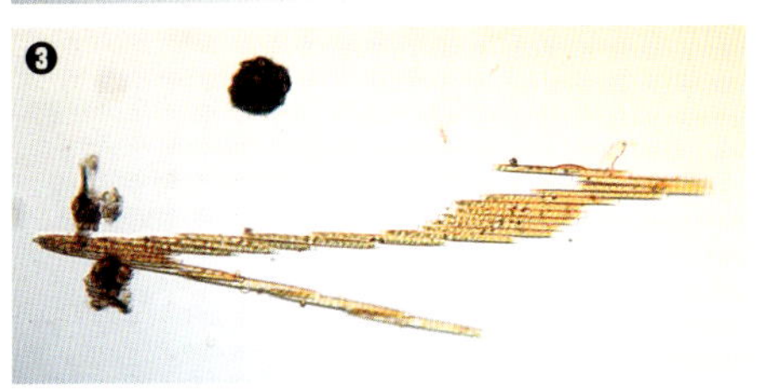

生殖、配偶子

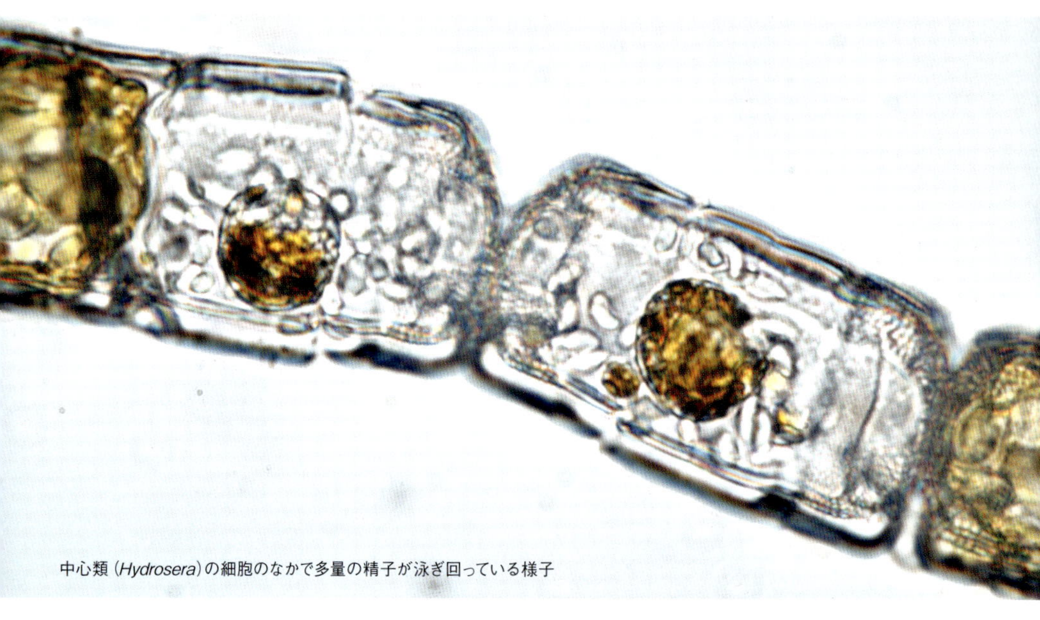
中心類（*Hydrosera*）の細胞のなかで多量の精子が泳ぎ回っている様子

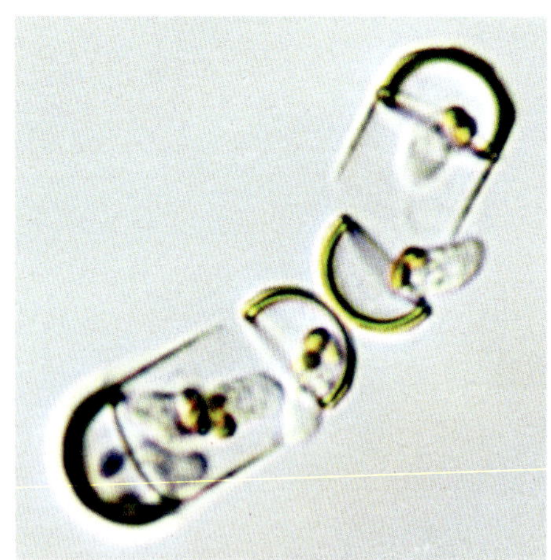

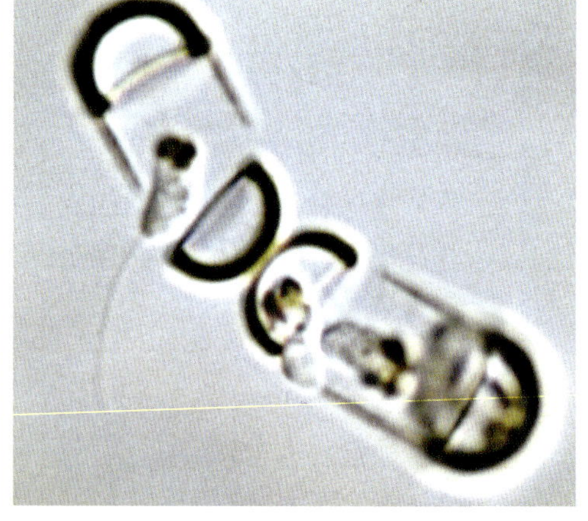
Melosira　被殻が開いて中から精子が泳ぎ出る様子
P.198 写真３点提供：出井雅彦（文教大学）

生きた珪藻を観察していると、ごく稀に生殖段階のものをみつけることができる。

中心類と羽状類では生殖の方法が異なっている。中心類は雌が卵を、雄が精子をつくる卵生殖を行う。サンプルが新鮮なうちに観察していると、中心類の細胞の中で多量（大抵４～32個）の精子が泳ぎ回っている様子をみることがある。こうした場合、観察を続けると被殻が開いて中から精子が泳ぎ出る様子をみることができるかもしれない。

羽状類では同形配偶というタイプの生殖を行う。向かい合った細胞同士[1]が配偶子（精子や卵に相当する）を形成し[2]、これらを交換・接合させる[3]。接合した細胞は伸長を開始し[4]「増大胞子」という特殊な細胞となり[5]、文字通り増大する。やがてこの増大胞子から大きなサイズの細胞が誕生するのだ[6]。

珪藻が生殖を行う頻度は年に１回（もしくはそれ以下）と少なく、増大胞子でいる期間も数日だが、中には頻繁に増大胞子をつくる種類もいるので、根気よく探してみると意外とみつかるものである。

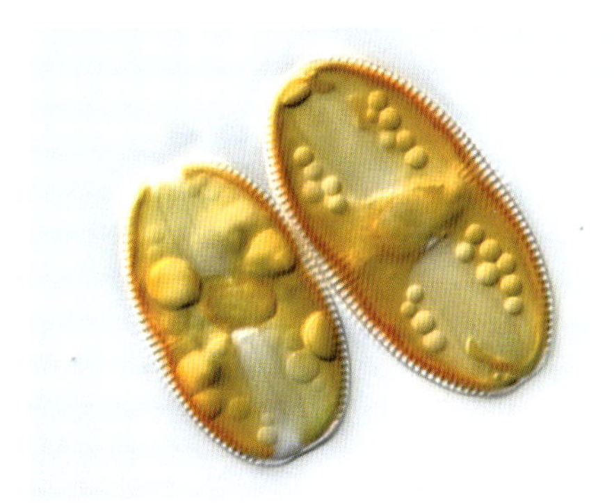

1. 向かい合った細胞同士

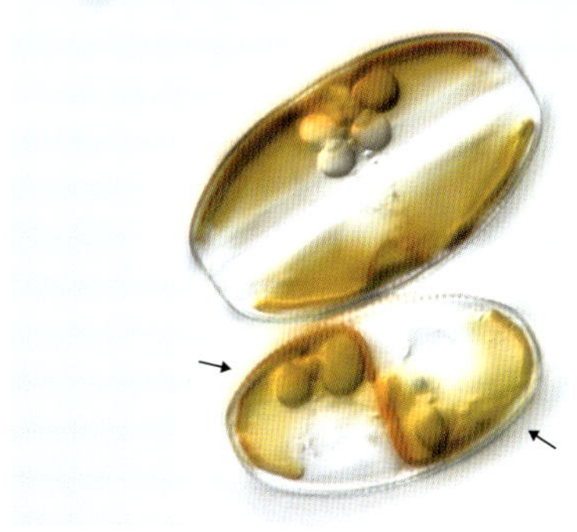

2. 配偶子を形成

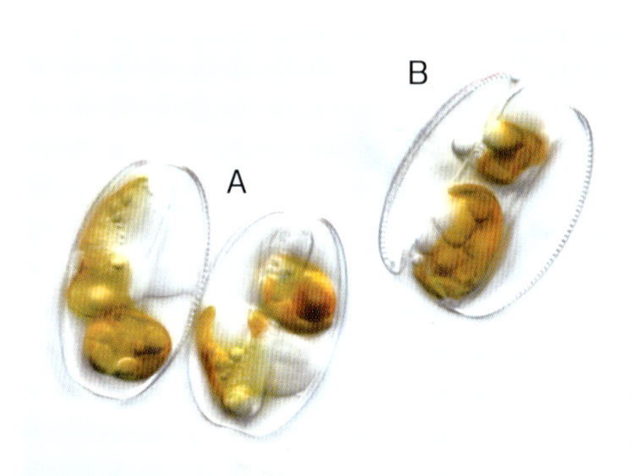

3. 配偶子を交換(A)・接合(B)

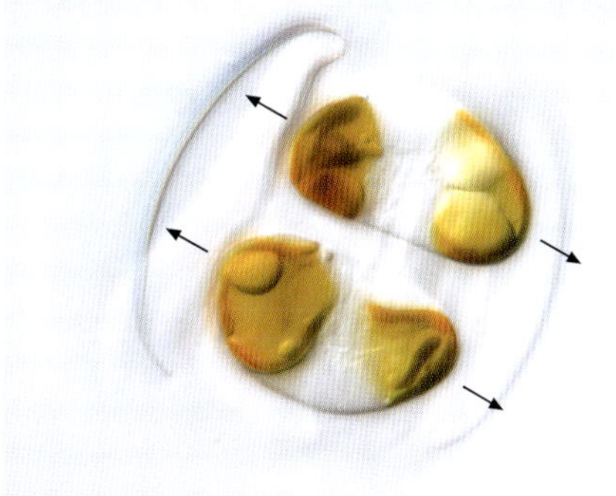

4. 接合子が伸長を開始。矢印の方向に伸びていく。

5. 増大胞子

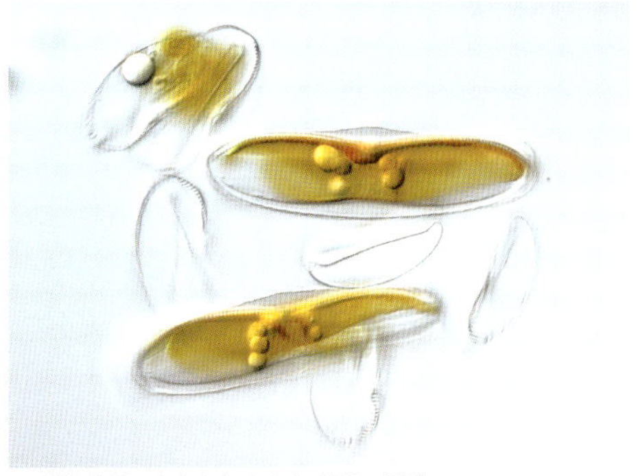

6. 増大胞子から大きなサイズの細胞が誕生

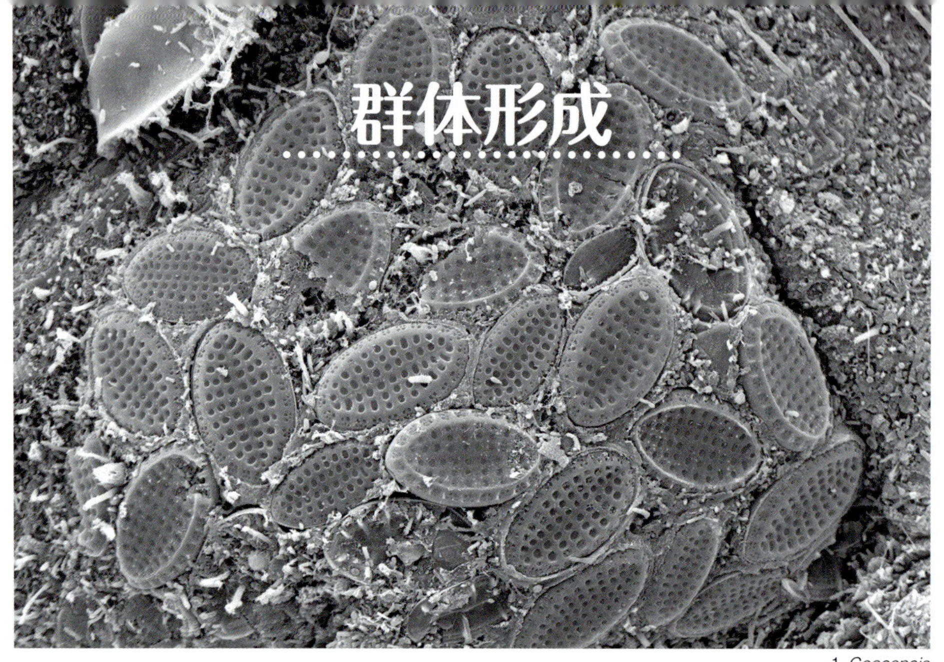

1. *Cocconeis*

一口に珪藻といっても様々な生きざまがある。例えば石や水草の表面から採集された付着珪藻を観察した時におそらく最初に目につくのは、元気よく滑走運動する縦溝珪藻だろう。ただし珪藻は動くものばかりではない。粘液状の物質を細胞外に放出して基質にくっついている種類も多く、細胞の表面でピッタリ付着するもの(1)、粘液の柄で基質から少し距離を置き付着するもの(2)、この粘液の棒がどんどん枝分かれして複数の個体がまるで樹の葉のような状態で生活しているもの(3)もいる。

また細胞同士が粘液でつながることにより群体をつくる仲間もいるのだ。箱状の細胞が一列に連なることでリボン状群体(4)となったり、細胞の末端でのみ繋がることでできる星状群体(5)やジグザグ群体(6)などバリエーション豊かである。ちなみに被殻がもつ突起状の構造により機械的に連結する種類(7)もいて、これらは以下で述べる洗浄処理を行っても群体構造を保持することが多いため、粘液によってつながっている群体とは区別できる。プランクトン珪藻（水の中を浮

2. *Striatella*

3. *Licmophora*

4

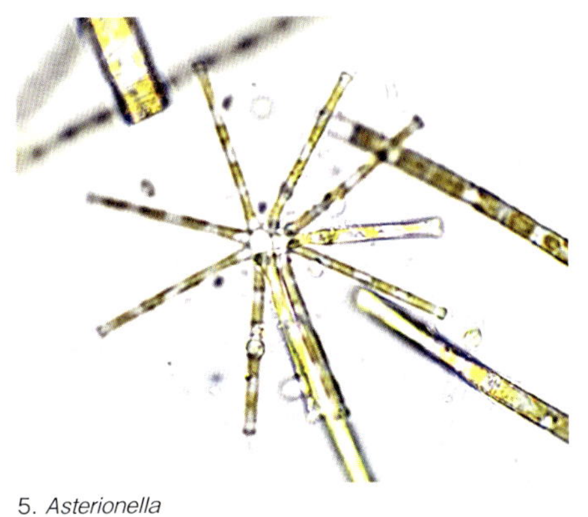

5. *Asterionella*

6. *Grammatophora*

7. *Skeletonema*

8. *Thalassiosira*

9. *Asterionellopsis*

10. *Eucampia*

遊するタイプ）も群体をつくる種類が多く、細胞同士が直接つながってリボン状になるものや、糸状の粘液によって細胞同士がつながるもの(8)など様々である。

特にプランクトン珪藻では、多くの種類がらせん状の群体をつくる(9, 10)（*Eucampia*, *Chaetoceros*, *Asterionellopsis*, *Plagiogrammopsis*, etc）。プランクトン珪藻がらせん状になることを好む理由は分かっていないが、この形をとることで浮遊生活するうえでのメリットがあると考えられている。

長いのに丸い仲間

Toxarium hennedyanum (Gregory) Pelletan

珪藻類の属については既に記してきた。観察の基本“殻は中心から放射状＝中心類珪藻”“殻は中心からX、Y軸＝羽状類珪藻”だが、奇異な種類が再確認されている。殻長は400～500μmにもなる。この種は、無縦溝の *Synedra* 属として記載されたが、その後 *Toxarium* に帰属していた。近年分子系統解析などの結果から中心類珪藻に属することが確認されている(Kooistra et al. 2003)。海産、高知県の太平洋沿岸で採取されている。

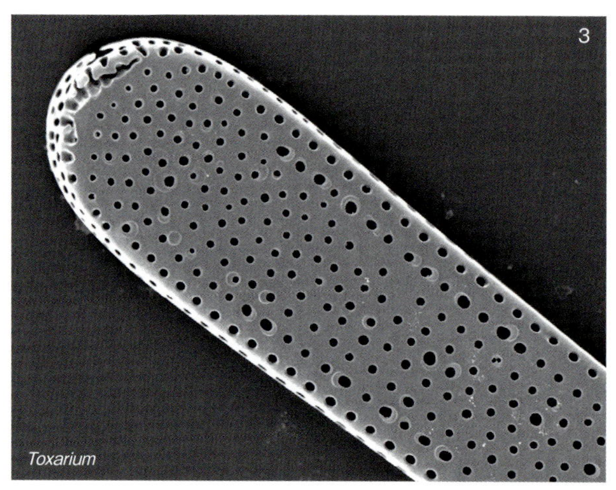

1 生細胞
2 殻（光顕像）
3 殻端電顕像
4 被殻端電顕像

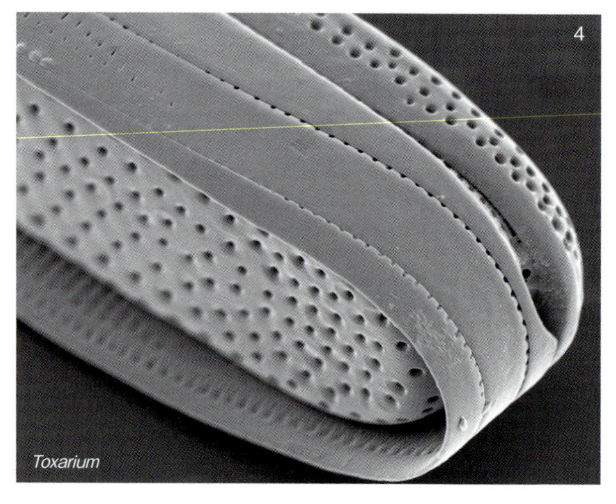

丸いのに長い仲間

Psammodiscus nitidus (Gregory) Round & D. G. Mann

本邦では南西諸島など温暖な海域の砂粒表面に着生している。以前*Coscinodiscus nitidus* Gregory (1857) として記載されたが、電顕観察などの結果から羽状類珪藻に属することが確認されている (Round & Mann 1980)。現在では分子系統解析などの結果を受け現在の分類学的位置が受け入れられている (Watanabe et al. 2013)。海産、南海諸島の沿岸で採取されている。

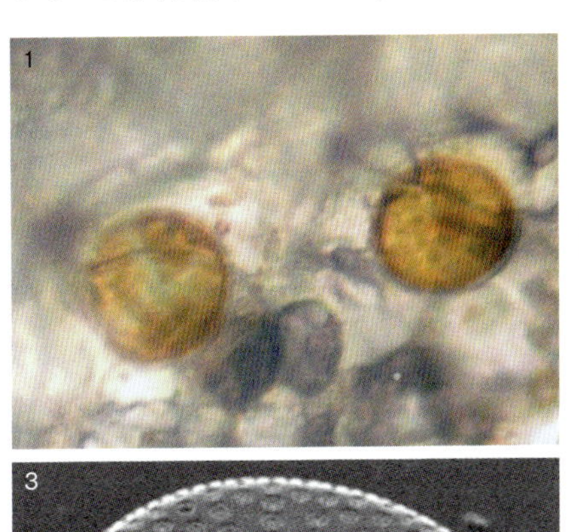

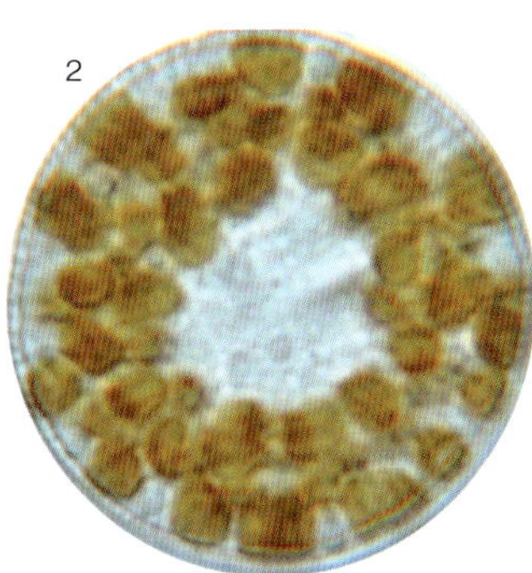

1. 砂粒に着生している。
2. 生細胞
3. 殻外面観
4. 被殻光学顕微鏡像
5. 殻内面観
6. 唇状突起

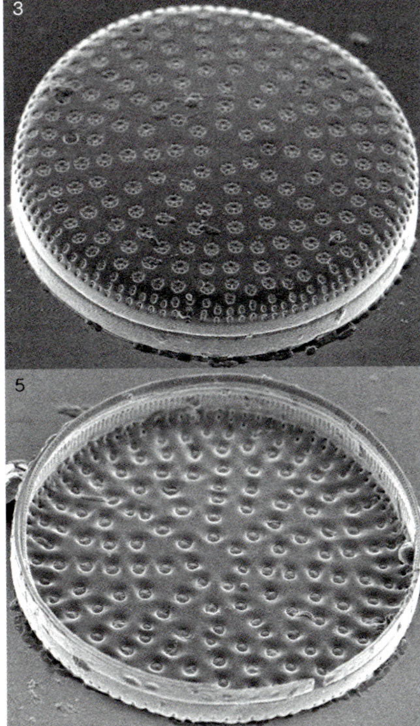

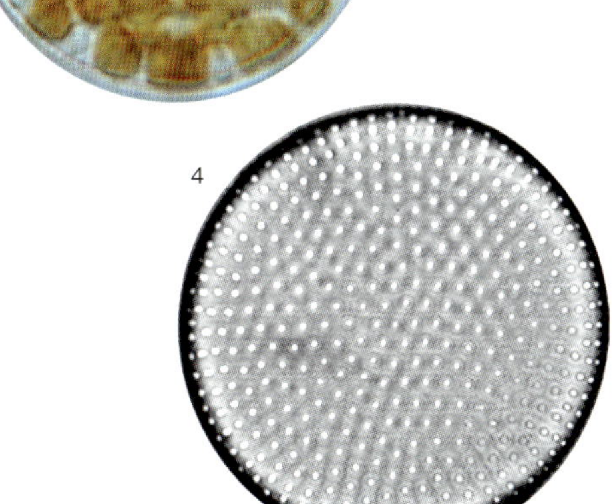

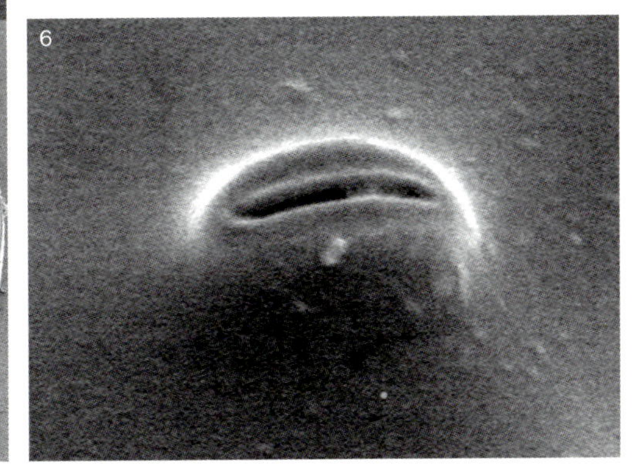

化石珪藻

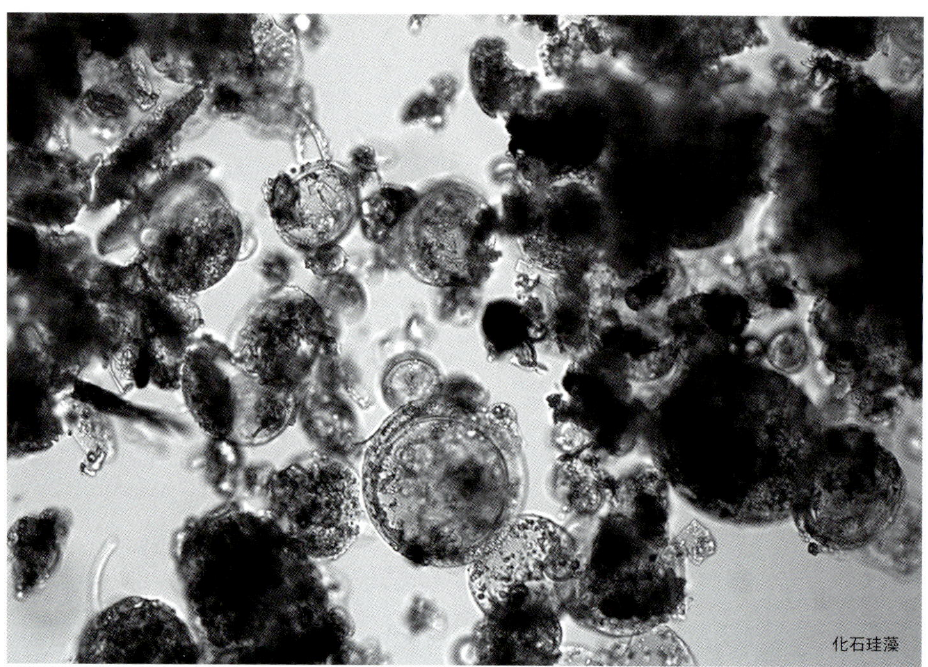
化石珪藻

珪藻土

珪藻土採掘場

日本の各地、世界の各地に珪藻土が埋没されている。

珪藻が大量発生して、その殻が堆積された物である。この堆積物は人々の生活のあらゆる処で重要な役を担っている。

珪藻土

珪藻が使われているもの

歯科印象材（歯形を採る際に使う）、壁材や生活用品、ダイオキシン吸着フィルター、醸造吸着剤など。

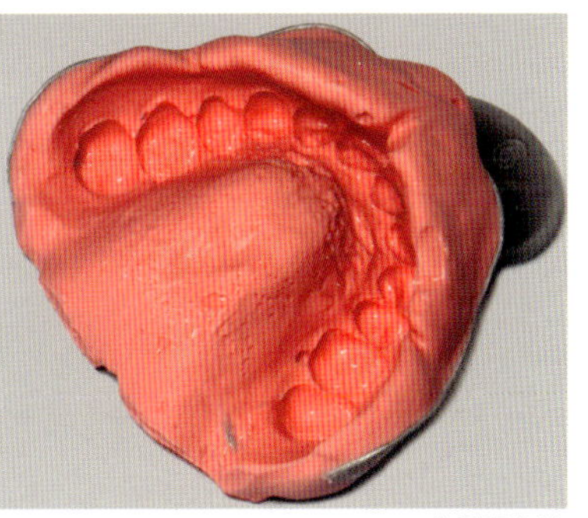
歯科印象材

七輪にも珪藻土が使われているものがある。
伊豆半島　七尾の珪藻土が有名。

強酸性水域に出現する珪藻

日本には強酸性の温泉が各地に多くある。PHが2とか3という強酸性の水環境にも生育する珪藻が知られている。*Pinnularia acidojaponica* M.Idei et H.Kobayasiがその種類である。温泉付近の水溜りの底が茶色になっていると、この種類が大量発生している。

温泉に出かけたときは水辺をちょっとのぞいてみよう。

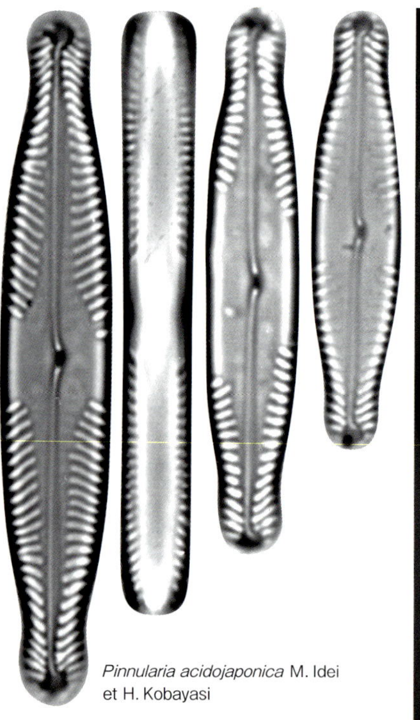

Pinnularia acidojaponica M. Idei et H. Kobayasi

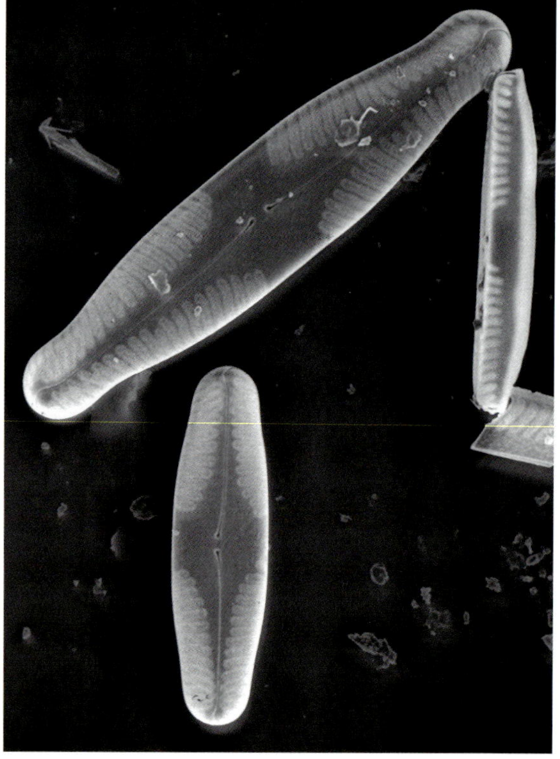

付録

採集方法

珪藻類は種類数が大変多く、水気のある環境ならばどこにでも生育している。採集・観察するためには水域の状態や研究の目的にあった方法が必要である。

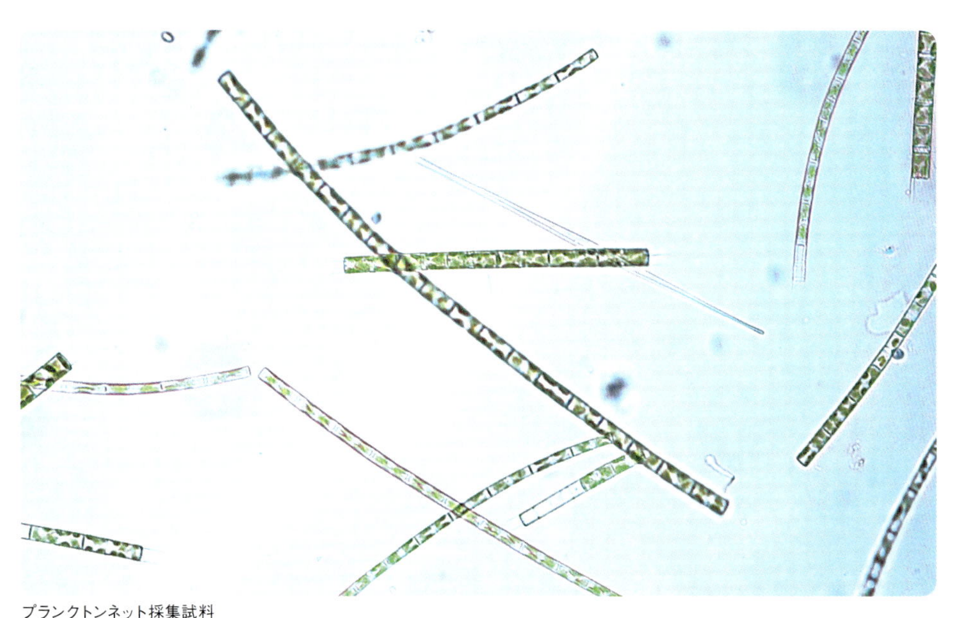

プランクトンネット採集試料

(1) 湖や沼の珪藻

湖沼にはプランクトン性(浮遊性)、基物付着、底生性などの種類が生育する。そのため、湖沼に生育する種類数をできるだけ多く採集するには、プランクトン、底の泥や付着試料を採集する必要がある。

・プランクトン性珪藻の採集

プランクトン性の種類を採集するには、細かい布目(ナイロン製ミュラーガーゼ No. 25、網目は約 20 ~ 30μm)のプランクトンネットを使用するのが良いだろう。プランクトンネットを使用しない場合は、湖水を少し大きめの瓶に採水し、数時間静置する。すると瓶の底に沈殿物が生ずる

採集に使う道具

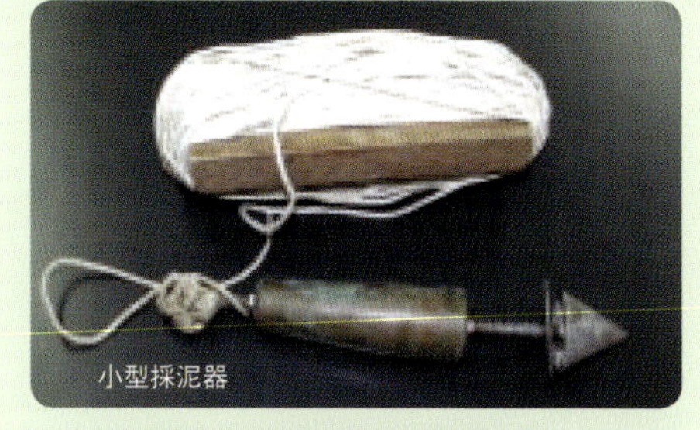

小型採泥器

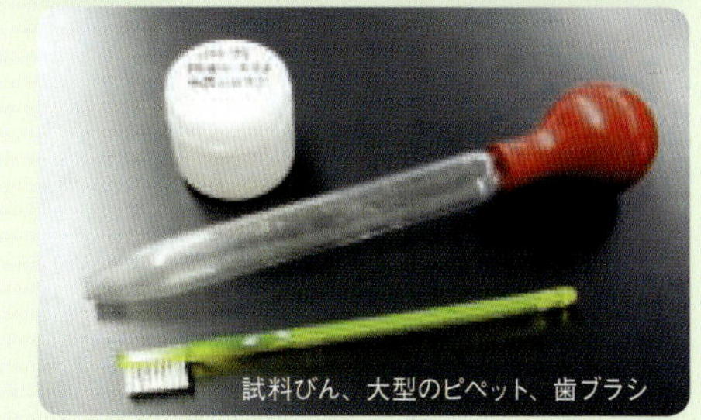

試料びん、大型のピペット、歯ブラシ

プランクトンネットによる採集

ので、上澄みを静かに流して、底の沈殿物をピペットで吸い上げて採集する。

・着生性珪藻の採集

湖沼の岸に水没した石や樹木などがある場合は、その表面のツルツルしている部分を歯ブラシやスプーンで削ぎ落とし、ピペットなどで採集する。水中から拾い上げられる適当な大きさの基物がある時は、基物をバットの中に拾い上げ、表面を歯ブラシでこすり落とし、そのバットの中に集まった色づいた水を試料とする。

・底生性珪藻の採集

湖沼の底には、底泥としてその水域に生育していた種類のほぼ全種類の被殻がみられる。このような底泥を採集するには、一般的には採泥器を使用する。採泥器としては古くからエクマンバージ採泥器や柱状採泥器などが知られているが、これらはボートなどから湖水に垂直に落下させて採泥するため、どこでも使えるとは限らない。そのため湖岸から投げ込みで使える、小型の採泥器を準備しておくと便利である。この小型採泥器は理化学機器店などで入手できる。

(2) 河川の珪藻

河川には付着着性の種類が石や岩の表面に付着している。水の中にある適当な大きさの石を拾い上げ、バットの中に入れ、歯ブラシやスパチュラ等で表面のつるつるした物を完全にこすり落とす。

定量的に採集したい場合は、厚手のビニールを5×5cmに切ったものを用意し、拾い上げた石の表面に密着させる。次にこのビニールで覆われた部分以外の石表面に付着している物を歯ブラシで完全にこすり落とす。最後にビニールの覆いを取り外し、残っている5×5cmの付着物を完全にこすり落とし、バットの中の着色した水をピペットで瓶に入れる。

河口など適当な付着基物がない場合は、人工的な付着基物として、素焼き陶板やスライド

付着試料

石付着珪藻採集に便利な道具

歯ブラシでこすると茶色の付着物が採取できる。

グラスなどにフロート（浮き）をつけて一定期間調査水域に設置し、10日程度（水温20℃の場合）放置した後、回収して試料とするのも一方法である。

(3) 湿原や湿地の珪藻

水深の浅い湿原や湿地の場合、水溜の底に沈殿した泥や泥の表面をピペットで吸い取ることによって、底生性の種類を採集する。また付着性種は水の中に沈んでいる枯れ木、枯れ草、沈水植物の表面に付着したものを採集する。

底生試料の採取は、大型ピペットなどで採取する。

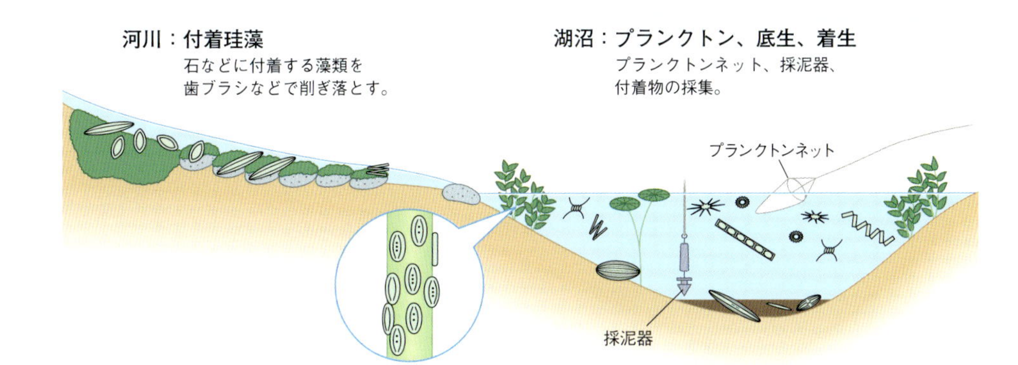

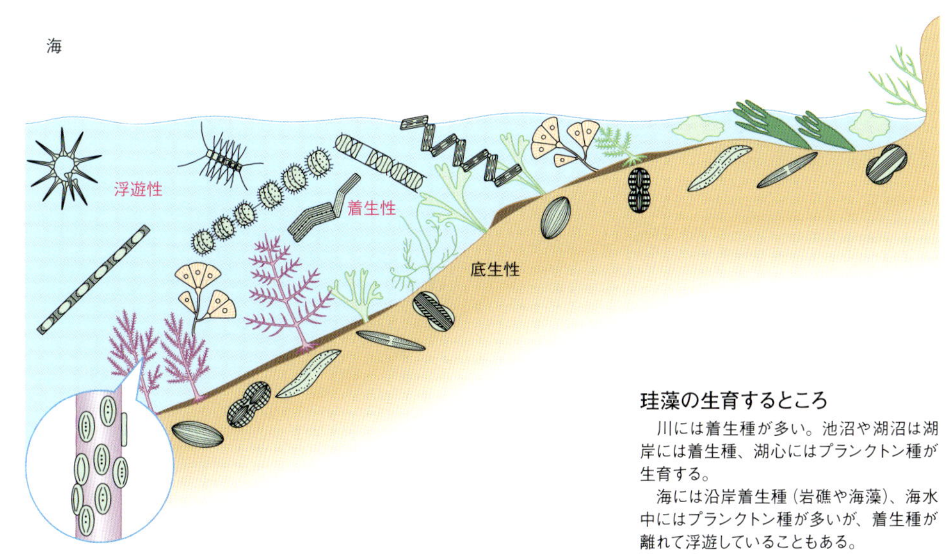

珪藻の生育するところ

川には着生種が多い。池沼や湖沼は湖岸には着生種、湖心にはプランクトン種が生育する。

海には沿岸着生種（岩礁や海藻）、海水中にはプランクトン種が多いが、着生種が離れて浮遊していることもある。

観察方法

採集したサンプルをさっそく観察してみよう。よく手入れされた光学顕微鏡であれば、それほど高価なものでなくても珪藻の観察を楽しむことができる。もちろん性能が良い（分解能が高い）レンズがあれば、珪藻の美しさはより引き立つだろう。

まずは生きている細胞を観察してみよう

珪藻の観察というと、細胞壁の形や細かい模様が注目される。確かに珪藻の種類を見分け正しく種同定するためには細胞壁の観察は必須である。しかし、生きている珪藻の観察も大変面白いもので、さらに珪藻について深く知るために重要なステップでもある。サンプルを採集したら、細胞を洗浄して永久プレパラートにしてしまう前に、まずは生きた状態で観察してみよう。観察はとても簡単で、ピンセットやピペットで少量のサンプルをスライドグラスにのせ、気泡が入らないようにそっとカバーグラスをのせるだけでプレパラートの完成である。生きた珪藻を観察することで、次のような面白いことが分かる。

細胞でわかること

生きている珪藻を顕微鏡で観察すると、まず葉緑体が目につく。色はたいてい茶、オレンジ、黄といったところで、細胞に元気がなくなると薄い黄や緑がかった色になることもある。葉緑体は形や数もバリエーション豊富で、小さな顆粒状のものを数十個もつもの（中心類）から板状のものを1～2枚だけもつもの（羽状類）まで様々である。なかには葉緑体の特徴が同定の助けになるものもいるのだ。例えば細胞いっぱいに配置した板状の葉緑体が細胞中央部のみ非対称にくびれていると *Placoneis* 属[1]、長軸に沿って葉緑体が2枚あり片側のみ折れ曲がっていると *Nitzschia* 属やそれに近縁の仲間[2, 3]、ひも状の葉緑体が細胞の中を蛇行し

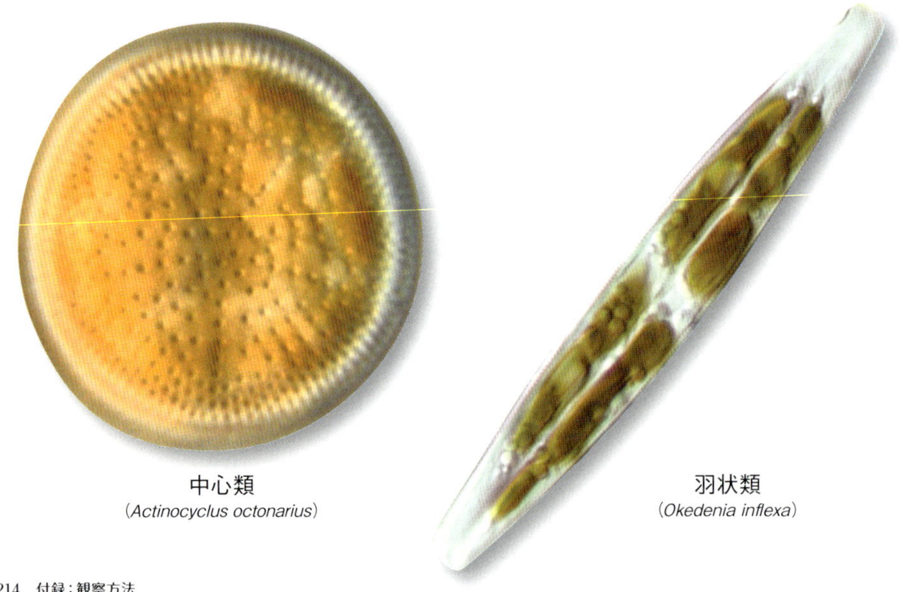

中心類
(*Actinocyclus octonarius*)

羽状類
(*Okedenia inflexa*)

ていたらおそらく*Pleurosigma*属[4]、また、蝶のような葉緑体を多数もっていたら*Melosira varians*[5]だろう。

もし顕微鏡に油浸観察用の対物レンズがついていれば、高い倍率で細胞内を観察してみることもできる。カバーガラスと対物レンズの間に油浸レンズ専用のオイルを一滴たらしてみよう。この場合、サンプルの水分蒸発やカバーグラスとレンズがくっついてしまうことを避けるため、カバーガラスのふちをワセリンで塗り固めると観察がしやすくなる。また、プレパラートをつくる際に大きめのカバーガラスを用いると作業がしやすい。高倍率だと葉緑体以外にも細胞核[7]がみえて、細胞内に張り巡らされた糸状のネットワークの上を顆粒が動き回っている様子を見ることができるかもしれない[6]。時には葉緑体の中に存在するピレノイドという独特の形をした部位[8, 9]（これも種類により多様である）を観察することもできる。

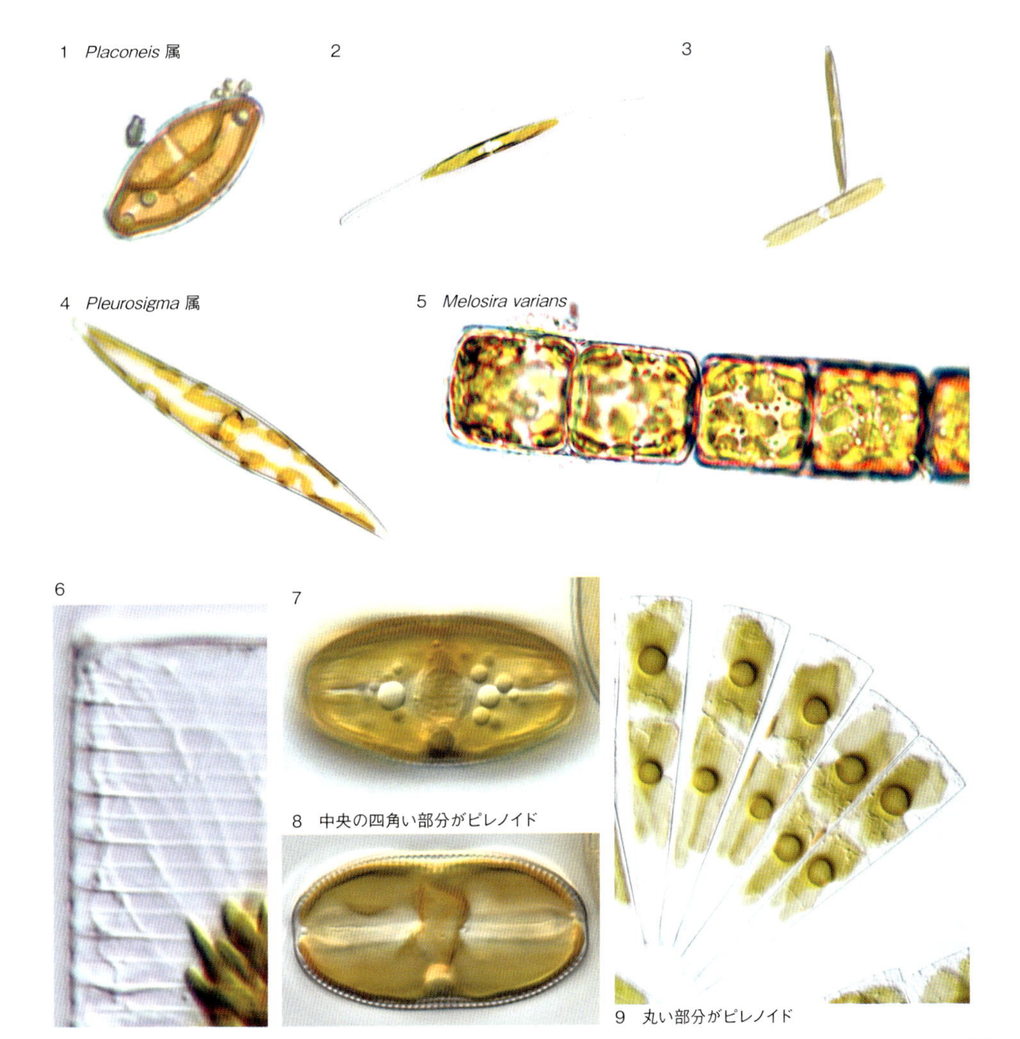
1 *Placoneis* 属
2
3
4 *Pleurosigma* 属
5 *Melosira varians*
6
7
8 中央の四角い部分がピレノイド
9 丸い部分がピレノイド

(1) 被殻洗浄法

被殻洗浄の方法としては、これまで多くの方法が報告されているが、どの方法を使用するかは、詳細な観察とより良い写真を撮るための一つの条件といえる。筆者もこれまでいろいろの方法を試してきたが、その中で簡便で、結果も良いと思われる方法を紹介する。

〈配水管洗浄剤法〉

この方法は特殊な薬品や装置を必要とせず、家庭用品店で販売している配水管洗浄剤を洗浄液として使用する。この洗浄剤は手軽に入手でき、また洗浄に使用した廃液も一般排水として処理できるなど、簡単で安全な方法である。

（手　順）

1). 珪藻試料を適当な容器（遠沈管や試験管が便利）に約1～2mL 程度入れる。

2). 配水管洗浄剤を試料の3～5割程度加え、撹拌後静置する。

3). 20分程度放置した後、さらに蒸留水を加え静置する。

4). しばらく静置し、珪藻被殻が沈殿した後、上澄み液を静かに捨てる。この操作を最低5回繰り返し、加えた排水洗浄剤を完全に取り除く（遠沈装置を使用すると短時間に済む）。

(2) 光学顕微鏡用プレパラート作成

被殻洗浄方法で処理をした試料を用いて、プレパラートを作成する。

（手　順）

1). 表面の汚れを落としたカバーグラス（アルコール洗浄あるいはレンズペーパーなどで拭く）を簡易型ホットプレート（理化学機器として市販されている）あるいはセラミック付金網の上に並べる。カバーグラスはJIS No.1規格品を用いるのが良い。

2). カバーグラスの上に、洗浄済みの珪藻被殻を含む懸濁液をピペットで滴下する。この時滴下したした試料に、アルコールを一滴加えると試料が均一に広がる。

3). ホットプレートあるいはセラミック付金網を加熱し、乾燥させる。カバーグラス上の水分が無くなってもしばらく加熱し、完全に乾燥させる。

4). 加熱中のカバーグラスの脇に、汚れを落としたスライドグラスを置き、中央に一滴封入剤を滴下する。

5). このスライドグラスの封入剤の部分に、カバーグラスの試料がスライドグラス側になるよう密着させる。再度数分間加熱を続けると、封入剤(※)や殻の中の気泡が出る。

6). スライドグラスをピンセットでつまんで、ホットプレートあるいはセラミック付金網から取り、平坦な実験机上に置き、ピンセットの先で軽く押しつけ、 平坦にする。

7). スライドグラスが冷えると封入剤は固まるので、はみ出した封入剤をカッターの刃先などで削り落とし、ラベルを付けプレパラートが完成する。

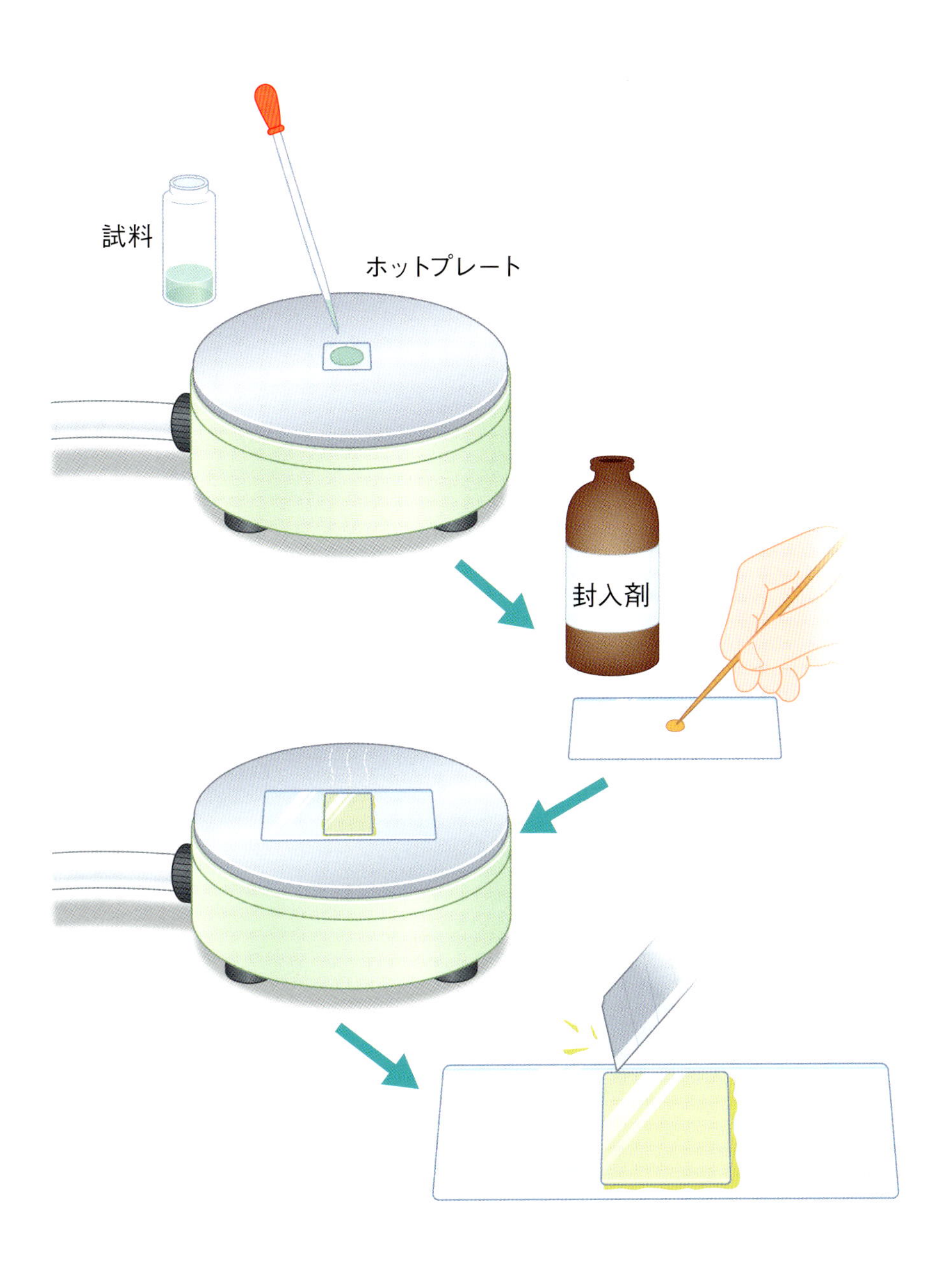

※封入剤：
珪藻類の被殻はガラスと同様の屈折率であるため、封入剤は高い屈折率の物を使う。代表的な物としては、プリューラックス（Pleurax）、ハイラックス（Hyrax）、スティラックス（Styrax）、ナフラックス（Naphrax）などが知られている。プリューラックスは自分で合成できるが、マウントメディア（和光純薬工業 K.K.）の商品名で販売されている。また高屈折率封入剤 MX や GK-S（松浪硝子 K. K.）なども使用できる。

系統樹

珪藻の分子系統樹（18SrDNA 配列をベイズ法で解析したもの。太い枝は信頼度が高い分岐）。各グループの代表的な種類を右ページ（学名は p.220 ～ 226）に示す。

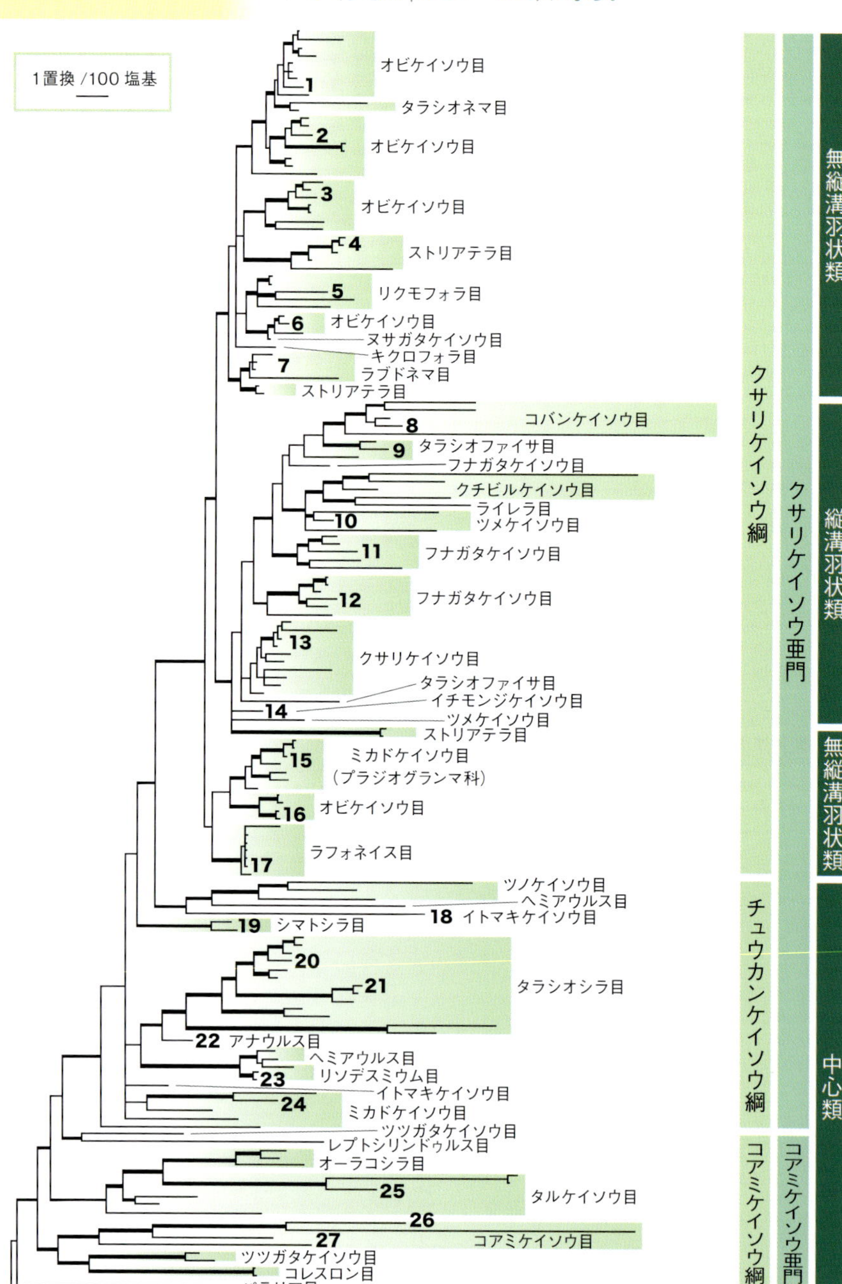

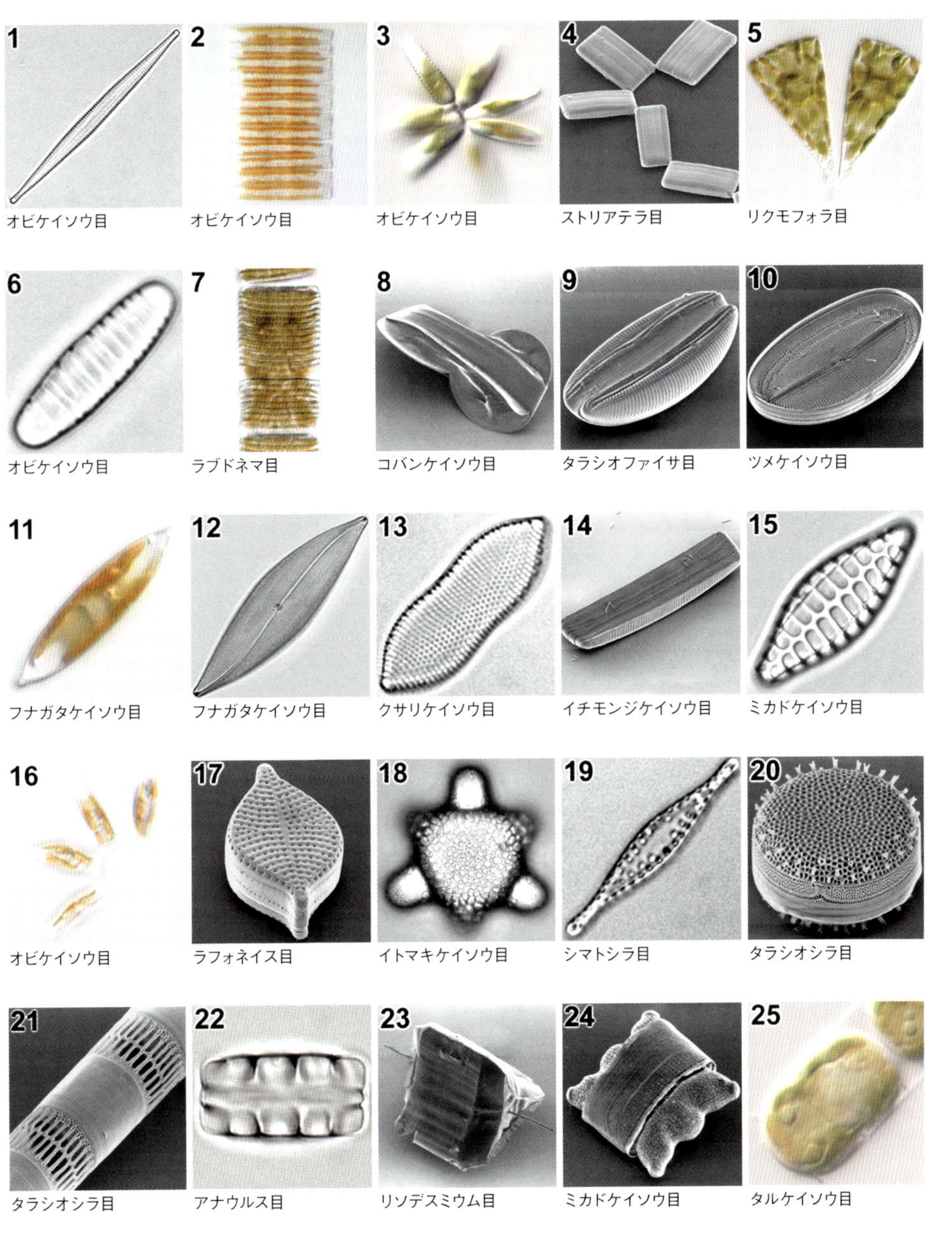

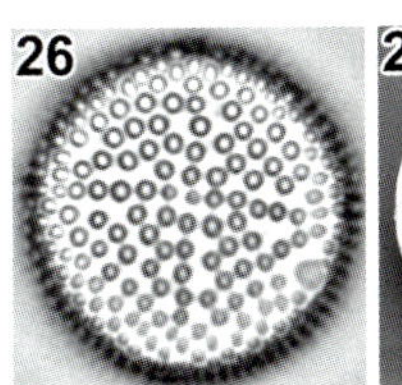

コアミケイソウ目

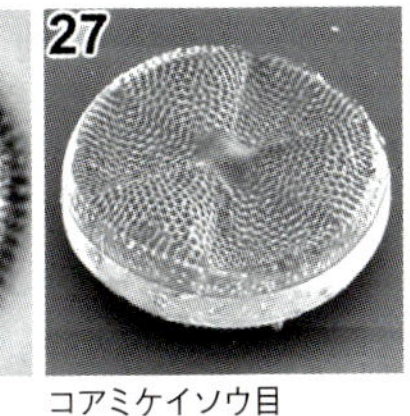

コアミケイソウ目

系統樹（p.218-219）は
佐藤晋也、L,M,Medlin. 2006. 珪藻の進化と分子系統学. 海洋と生物　28：477-483. より改変

分類表　属名リスト

BACILLARIOPHYTA 珪藻植物門

COSCINODISCOPHYTINA コアミケイソウ亜門

COSCINODISCOPHYCEAE コアミケイソウ綱

CHRYSANTHEMODISCALES キクノハナケイソウ目

Chrysanthemodiscaceae キクノハナケイソウ科
Chrysanthemodiscus　クリサンテモディスカス

MELOSIRALES タルケイソウ目

Melosiraceae タルケイソウ科
Druridgea ドゥルリジア
Melosira メロシラ

Stephanopyxidaceae クシダンゴケイソウ科
Stephanopyxis ステファノピキシス

Endictyaceae アミカゴケイソウ科
Endictya エンディクティヤ

Hyalodiscaceae ドラヤキケイソウ科
Hyalodiscus ヒアロディスカス
Podosira ポドシラ

PARALIALES タルモドキケイソウ目

Paraliaceae タルモドキケイソウ科
Paralia パラリア
Ellerbeckia エレベキア

AULACOSEIRALES スジタルケイソウ目

Aulacoseiraceae スジタルケイソウ科
Aulacoseira オーラコシラ
Strangulonema ストラングロネマ

ORTHOSEIRALES ウスガサネケイソウ目

Orthoseiraceae ウスガサネケイソウ科
Orthoseira オルソシラ
Cavernosa カベルノーサ

COSCINODISCALES コアミケイソウ目

Coscinodiscaceae コアミケイソウ科
Brightwellia ブライトウェリア
Coscinodiscopsis コシノディスコプシス
Coscinodiscus コシノディスカス
Craspedodiscus クラスペドディスカス
Palmeria パルメリア
Stellarima ステラリマ

Rocellaceae ハグルマケイソウ科
Rocella ロセラ

Aulacodiscaceae コウロケイソウ科
Aulacodiscus オーラコディスカス

Gossleriellaceae ホネカサケイソウ科
Gossleriella ゴスレリエラ

Hemidiscaceae ハンマルケイソウ科
Actinocyclus アクチノキクルス
Azpeitia アツペティア
Hemidiscus ヘミディスカス
Roperia ロペリア

Heliopeltaceae タイヨウケイソウ科
Actinoptychus アクチノプティクス
Glorioptychus グロリオプティクス
Lepidodiscus レピドディスカス

ETHMODISCALES オオコアミケイソウ目

Ethmodiscaceae オオコアミケイソウ科
Ethmodiscus エスモディスカス

STICTOCYCLALES ニセヒトツメケイソウ目

Stictocyclaceae ニセヒトツメケイソウ科
Stictocyclus スティクトキクルス

ASTEROLAMPRALES クンショウケイソウ目

Asterolampraceae クンショウケイソウ科
Asterolampra アステロァンプラ
Asteromphalus アステロンファルス

ARACHNOIDISCALES クモノスケイソウ目

Arachnoidiscaceae クモノスケイソウ科
Arachnoidiscus アラクノイディスカス

STICTODISCALES ハスノミケイソウ目

Stictodiscaceae ハスノミケイソウ科
Stictodiscus スティクトディスカス

CORETHRALES イガクリケイソウ目

Corethraceae イガクリケイソウ科
Corethron コレスロン

RHIZOSOLENIALES ツツガタケイソウ目

Rhizosoleniaceae ツツガタケイソウ科
Dactyliosolen ダクチリオソレン
Guinardia グイナルディア
Neocalyptrella ネオカリプトレア
Proboscia プロボッシア
Pseudosolenia シュードソレニア
Rhizosolenia リゾソレニア
Urosolenia ウロソレニア

Pyxillaceae トンガリボウシケイソウ科
Gladius グラディウス
Gyrodiscus ギロディスカス
Mastogonia マストゴニア
Pyrgupyxis ピルグピキシス
Pyxilla ピクシラ

LEPTOCYLINDRALES ホソミドロケイソウ目

Leptocylindraceae ホソミドロケイソウ科
Leptocylindrus レプトシリンドゥルス

BACILLARIOPHYTINA クサリケイソウ亜門

MEDIOPHYCEAE チュウカンケイソウ綱 (4)

CHAETOCEROTALES ツノケイソウ目

Chaetocerotaceae ツノケイソウ科
Bacteriastrum バクテリアスツルム
Chaetoceros キートケロス
Gonioceros ゴニオケロス

Acanthocerataceae ジャバラケイソウ科
Acanthoceras アカンソケロス

Attheyaceae カクダコケイソウ科
Attheya アッテヤ

BIDDULPHIALES イトマキケイソウ目

Biddulphiaceae イトマキケイソウ科
Biddulphia ビドゥルフィア
Biddulphiopsis ビドゥルフィオプシス
Hydrosera ヒドロセラ
Isthmia イスミア
Pseudotriceratium シュードトリケラチウム
Terpsinoe テルプシノエ
Trigonium トリゴニウム

CYMATOSIRALES オビダマシケイソウ目

Cymatosiraceae オビダマシケイソウ科
Arcocellulus アルコセルルス
Brockmanniella ブロックマニアラ
Campylosira カンピロシラ
Cymatosira シマトシラ
Extubocellulus エクスツボセルルス
Hyalinella ヒアリネラ
Lennoxia レノキシア
Leyanella レヤネラ
Minutocellus ミヌトセルルス
Papiliocellulus パピロセルルス
Pierrecomperia ピエレコンペリア
Plagiogrammopsis プラジオグランモプシス
Pseudoleyanella シュードレヤネラ

Rutilariaceae シンボウツナギケイソウ科
Rutilaria ルティラリア
Syndetocystis シンデトキスチス

THALASSIOSIRALES ニセコアミケイソウ目

Thalassiosiraceae ニセコアミケイソウ科
Bacteriosira バクテリオシラ
Conticribra コンティクリブラ
Ehrenbergiulva エーレンベルギウルバ
Livingstonia リビングストニア
Minidiscus ミニディスカス
Planktoniella プランクトニエラ
Porosira ポロシラ
Shionodiscus シオノディスカス
Spicaticribra スピカティクリブラ
Thalassiocyclus タラシオキクルス
Thalassiosira タラシオシラ

Skeletonemataceae ホネツギケイソウ科
Cyclotubicoalitus キクロツビコアリタス
Detonula デトヌラ
Pleurocyclos プレウロキクロス
Skeletonema スケレトネマ

Stephanodiscaceae トゲカサケイソウ科
Brevisira ブレビシラ
Cyclostephanos キクロステファノス
Cyclotella キクロテラ
Discostella ディスコステラ
Mesodictyon メソディクティオン
Pelagodictyon ペラゴディクティオン
Pliocaenicus プライオカエニクス
Puncticulata プンクティキュラータ
Stephanocostis ステファノコーティス
Stephanodiscus ステファノディスカス

Lauderiaceae ヒメホネツギモドキケイソウ科
Lauderia ローデリア

TRICERATIALES ミカドケイソウ目

Triceratiaceae ミカドケイソウ科
Amphitetras アンフィテトラス
Auliscus オーリスクス
Cerataulus ケラタウラス
Eupodiscus ユーポディスカス
Lampriscus ランプリスクス
Odontella オドンテラ
Pleurosira プレウロシラ
Proteucylindrus プロテウシィンドゥルス
Sheshukovia シェシュコビア
Triceratium トリケラチウム

Plagiogrammaceae ニセハネケイソウ科
Dimeregramma ディメレグランマ
Dimeregrammopsis ディメレグランモプシス
Glyphodesmis グリフォデスミス
Plagiogramma プラジオグランマ
Psammoneis プサンモネイス
Talaroneis タラロネイス

Hemiaulales シマヒモケイソウ目

Hemiaulaceae シマヒモケイソウ科
Abas アバス
Ailuretta アイルレッタ
Baxteriopsis バキシテリオプシス
Briggera ブリッゲラ
Cerataulina ケラタウリナ
Climacodium クリマコディウム
Eucampia ユーカンピア
Hemiaulus ヘミアウルス
Keratophora ケラトフォラ
Kittonia キットニア
Pseudorutilaria シュードルティラリア
Riedelia リエデリア
Sphynctolethus スフィンクトレーサス
Strelnikovia ストレニコビア
Trinacria トリナクリア

Bellerocheaceae ヒモケイソウ科
Bellerochea ベレロキア
Neostreptotheca ネオストレプトテカ
Subsilicea サブシリセア

ANAULALES ミズマクラケイソウ目

Anaulaceae ミズマクラケイソウ科
Anaulus アナウルス
Eunotogramma ユーノトグランマ

LITHODESMIALES サンカクチョウチンケイソウ目

Lithodesmiaceae サンカクチョウチンケイソウ科
Ditylum ディティルム
Helicotheca ヘリコテカ
Lithodesmioides リソデスミオイデス
Lithodesmium リソデスミウム

TOXARIALES F.E.Round in F. E. Round et al., 1990 アミカケケイソウ目

Toxariaceae アミカケケイソウ科
Toxarium トクサリウム

ARDISSONEALES デカハリケイソウ目

Ardissoneaceae デカハリケイソウ科
Ardissonea アルディッソネア

MEDIOPHYCEAE チュウカンケイソウ綱位置不明
Fryxelliella フリクセリエラ

BACILLARIOPHYCEAE クサリケイソウ綱

FRAGILARIALES オビケイソウ目

Fragilariaceae オビケイソウ科
Adoneis アドネイス
Asterionella アステリオネラ
Asterionellopsis アステリオネロプシス
Asteroplanus アステロプラヌス
Bleakeleya ブレーケレヤ
Brandinia ブランディニア
Brassierea ブラジエレア
Centronella セントロネラ
Ctenophora クテノフォラ
Desikaneis デシカネイス
Diatoma ディアトマ
Distrionella ディストリオネラ
Falcula ファルキュラ
Fossula フォッスラ
Fragilaria フラジラリア
Fragilariforma フラジラリフォルマ
Frankophila フランコフィラ
Hannaea ハナエア
Hyalosynedra ヒアロシネドラ
Koernerella ケルネレラ
Martyana マルティアナ
Meridion メリディオン
Nanofrustulum ナノフルスツルム
Neofragilaria ネオフラジラリア
Neosynedra ネオシネドラ
Opephora オペフォラ
Perideraion ペリデライオン
Plagiostriata プラジオストリアータ
Podocystis ポドキスチス
Pseudostaurosira シュードスタウロシラ
Pteroncola プテロンコラ
Punctastriata プンクタストリアータ

Reimerothrix ライメロスリクス
Rimoneis リモネイス
Sarcophagodes サルコファゴデス
Stauroforma スタウロフォルマ
Staurosira スタウロシラ
Staurosirella スタウロシレラ
Synedra シネドラ
Synedrella シネドレラ
Synedropsis シネドロプシス
Tabularia タブラリア
Thalassioneis タラシオネイス
Tibetiella チベティエラ
Trachysphenia トラキスフェニア
Ulnaria ウルナリア

FRAGILARIALES オビケイソウ目位置不明
Pravifusus プラビフューサス

TABELLARIALES ヌサガタケイソウ目

Tabellariaceae ヌサガタケイソウ科
Oxyneis オキシネイス
Tabellaria タベラリア
Tetracyclus テトラキクルス

LICMOPHORALES オウギケイソウ目

Licmophoraceae オウギケイソウ科
Licmophora リクモフォラ
Licmosoma リクモソマ
Licmosphenia リクモスフェニア

RHAPHONEIDALES オカメケイソウ目

Rhaphoneidaceae オカメケイソウ科
Delphineis デルフィネイス
Diplomenora ディプロメノラ
Neodelphineis ネオデルフィネイス
Perissonoe ペリソノエ
Rhaphoneis ラフォネイス
Sceptroneis セプトロネイス

Psammodiscaceae スナマルケイソウ科
Psammodiscus プサンモディスカス

THALASSIONEMATALES ウミノイトケイソウ目

Thalassionemataceae ウミノイトケイソウ科
Lioloma リオロマ
Thalassionema タラシオネマ
Thalassiothrix タラシオスリクス
Trichotoxon トリコトクソン

RHABDONEMATALES ドウナガケイソウ目

Rhabdonemataceae ドウナガケイソウ科
Rhabdonema ラブドネマ

STRIATELLALES ハラスジケイソウ目

Florellaceae フロレラ科
Florella フロレラ

Striatellaceae ハラスジケイソウ科
Grammatophora グラマトフォラ
Hyalosira ヒアロシラ
Microtabella ミクロタベラ
Pseudostriatella シュードストリアテラ
Striatella ストリアテラ

CYCLOPHORALES シンツキケイソウ目

Cyclophoraceae シンツキケイソウ科
Cyclophora キクロフォラ

Entophylaceae ミゾナシツメケイソウ科
Entopyla エントピラ
Gephyria ゲフィリア

CYCLOPHORALES シンツキケイソウ目位置不明
Astrosyne アストロサイネ

CLIMACOSPHENIALES オオヘラケイソウ目

Climacospheniaceae オオヘラケイソウ科
Climacosphenia クリマコスフェニア
Synedrosphenia シネドロスフェニア

PROTORAPHIDALES ハジメノミゾモドキケイソウ目

Protoraphidaceae ハジメノミゾモドキケイソウ科
Protoraphis プロトラフィス
Pseudohimantidium シュードヒマンティディウム

EUNOTIALES イチモンジケイソウ目

Eunotiaceae イチモンジケイソウ科
Actinella アクチネラ
Amphorotia アンフォロティア
Colliculoamphora コリクロアンフォラ
Desmogonium デスモゴニウム
Eunophora ユーノフォラ
Eunotia ユーノチア
Semiorbis セミオルビス

Peroniaceae ツマヨウジケイソウ科
Peronia ペロニア

LYRELLALES タテゴトモヨウケイソウ目

Lyrellaceae タテゴトモヨウケイソウ科
Lyrella ライレラ
Moreneis モレネイス
Petroneis ペトロネイス

MASTOGLOIALES チクビレツケイソウ目

Mastogloiaceae チクビレツケイソウ科
Aneumastus アノイマスタス
Mastogloia マストグロイア
Mastogloiopsis マストグロイオプシス
Skeletomastus スケレトマスタス

DICTYONEIDALES ニセチクビレツケイソウ目

Dictyoneidaceae ニセチクビレツケイソウ科
Dictyoneis ディクティオネイス

CYMBELLALES クチビルケイソウ目

Rhoicospheniaceae マガリクサビケイソウ科
Campylopyxis カンピロピキシス
Cuneolus クネオルス
Gomphonemopsis ゴンフォネオプシス
Gomphoseptatum ゴンフォセプタータム
Rhoicosphenia ロイコスフェニア

Anomoeoneidaceae サミダレケイソウ科
Anomoeoneis アノモエオネイス
Staurophora スタウロフォラ

Cymbellaceae クチビルケイソウ科
Afrocymbella アフロキンベラ
Brebissonia ブレビッソニア
Cymbella キンベラ
Cymbellafalsa キンベラファルサ
Cymbopleura キンボプレウラ
Delicata デリカータ
Encyonema エンキオネマ
Encyonopsis エンキオノプシス
Gomphocymbella ゴンフォキンベラ
Gomphocymbellopsis ゴンフォキンベロプシス
Navicymbula ナビキンブラ
Oricymba オリキンバ
Placoneis プラコネイス
Pseudencyonema シュードエンキオネマ

Gomphonemataceae クサビケイソウ科
Didymosphenia ディディモスフェニア
Gomphoneis ゴンフォネイス
Gomphonema ゴンフォネマ
Gomphopleura ゴンフォプレウラ
Remeria レメリア

CYMBELLALES クチビルケイソウ目位置不明
Crucicostulifera クルシオスツリフェラ

ACHNANTHALES ツメケイソウ目

Achnanthaceae ツメケイソウ科
Achnanthes アクナンテス
Amphicocconeis アンフィコッコネイス
Platessa プラテッサ

Cocconeidaceae コメツブケイソウ科
Anorthoneis アノルソネイス
Bennettella ベネッテラ
Campyloneis カンピロネイス
Cocconeis コッコネイス
Epipellis エピペリス
Psammococconeis プサモコッコネイス

Achnanthidaceae ツメワカレケイソウ科
Achnanthidium アクナンティディウム
Astartiella アスタルティエラ
Eucocconeis ユーコッコネイス
Karayevia カライェビア
Lemnicola レムニコラ
Pauliella パウリエラ
Planothidium プラノシディウム
Platessa プラテッサ
Psammothidium プサモシディウム
Rossithidium ロッシチディウム

ACHNANTHALES ツメケイソウ目位置不明
Pogoneis ポゴネイス
Scalariella スカラリエラ
Vikingea バイキンゲア

NAVICULALES フナガタケイソウ目

Berkeleyaceae ヒメクダズミケイソウ科
Berkeleya ベルケレヤ
Climaconeis クリマコネイス
Parlibellus パルリベラス
Stenoneis ステノネイス

Cavinulaceae ニセコメツブケイソウ科
Cavinula カビヌラ

Cosmioneidaceae フルイノメケイソウ科
Cosmioneis コスミオネイス

Scolioneidaceae ネジレフネケイソウ科
Scolioneis スコリオネイス

Diadesmidaceae オビフネケイソウ科
Diadesmis ディアデスミス
Luticola ルティコラ

Amphipleuraceae アミバリケイソウ科
Amphipleura アンフィプレウラ
Amphiprora アンフィプロラ
Cistula シスツラ
Frickea フリッケア
Frustulia フルスツリア
Halamphora ハルアンフォラ

Brachysiraceae サミダレモドキケイソウ科
Brachysira ブラキシラ

Neidiaceae ハネフネケイソウ科
Labellicula ラベリキュラ
Neidiomorpha ネイディオモルファ
Neidium ネイデイウム

Scoliotropidaceae シンネジケイソウモドキ科
Biremis ビレミス
Progonoia プロゴノイア
Scoliopleura スコリオプレウラ
Scoliotropis スオリオトロピス

Sellaphoraceae エリツキケイソウ科
Caponea カポネア
Fallacia ファラシア
Pseudofallacia シュードファラシア
Rossia ロッシア
Sellaphora セラフォラ

Pinnulariaceae ハネケイソウ科
Craspedopleura クラスペドプレウラ
Diatomella ディアトメラ
Dimidiata ディミディアータ
Ostrupia エスツルピア
Pinnularia ピヌラリア

Phaeodactylaceae デキソコナイケイソウ科
Phaeodactylum フェオダクチルム

Diploneidaceae マユケイソウ科
Diploneis ディプロネイス

Naviculaceae フナガタケイソウ科
Adlafia アドラフィア
Alveovallum アルベオバルム
Amicula アミキュラ
Caloneis カロネイス
Capartogramma カパルトグランマ
Chamaepinnularia カメピンヌラリア
Cocconeiopsis コッコネイオプシス
Craspedostauros クラスペドスタウロス
Cymatoneis シマトネイス
Decussata デクッサータ
Envekadea エンベカデア
Eolimna エオリムナ
Fistulifera フィスツリフェラ
Fogedia フォゲディア
Geissleria ガイスレリア
Haslea ハスレア
Hippodonta ヒポドンタ
Kobayasiella コバヤシエラ
Kurpiszia クルピシア
Lacunicula ラクニキュラ
Lecohuia レコフイア
Mayamaea マヤミア
Meuniera メウニエラ
Microcostatus ミクロコスタータス
Microfissurata ミクロフィッスラータ
Muelleria ムエレリア
Navicula ナビキュラ
Naviculadicta ナビキュラディクタ
Navigiolum ナビジオラム
Neidiopsis ネイディオプシス
Pinnunavis ピヌナビス
Prestauroneis プレスタウロネイス
Pseudogomphonema シュードゴンフォネマ
Rhoikoneis ロイコネイス
Seminavis セミナビス
Trachyneis トラキネイス

Pleurosigmataceae メガネケイソウ科
Arcuatasigma アルキュアータシグマ
Carinasigma カリナシグマ
Cochlearisigma コクレアリシグマ
Costasigma コスタシグマ
Donkinia ドンキニア
Gyrosigma ギロシグマ
Pleurosigma プレウロシグマ
Rhoicosigma ロイコシグマ

Plagiotropidaceae イカノフネケイソウ科
Pachyneis パキネイス
Plagiotropis プラジオトロピス

Stauroneidaceae ジュウジケイソウ科
Craticula クラティキュラ
Stauroneis スタウロネイス

Proschkiniaceae ウミジュウジケイソウ科
Proschkinia プロスキニア

NAVICULALES フナガタケイソウ目位置不明
Austariella オースタリエラ
Boreozonacola ボレオゾナコラ
Brevilinea ブレビリネア
Nupela ヌペラ
Olifantiella オリファンティエラ
Pseudofallacia シュードファラシア

THALASSIOPHYSALES ハンカケケイソウ目

Catenulaceae ニセイチモンジケイソウ科

Amphora アンフォラ
Catenula カテヌラ
Hamatusia ハマツシア
Lunella ルネラ
Undatella ウンダテラ

Thalassiophysaceae ハンカケケイソウ科

Thalassiophysa タラシオファイサ

BACILLARIALES クサリケイソウ目

Bacillariaceae クサリケイソウ科

Bacillaria バシラリア
Ceratoneis ケラトネイス
Cylindrotheca シリンドロテカ
Cymatonitzschia シマトニッチア
Cymbellonitzschia キンベロニッチア
Denticula デンティキュラ
Denticulopsis デンティキュロプシス
Fragilariopsis フラジラリオプシス
Giffenia フィッフェニア
Gomphotheca ゴンフォテカ
Hantzschia ハンチア
Nitzschia ニッチア
Perrya ペリヤ
Psammodictyon プサンモディクティオン
Pseudo-nitzschia シュードニッチア
Simonsenia ジモンゼニア
Tryblionella トリブリオネラ

BACILLARIALES クサリケイソウ目位置不明

Archibaldia アーキバルディア
Nagumoea ナグモエア

RHOPALODIALES クシガタケイソウ目

Rhopalodiaceae クシガタケイソウ科

Epithemia エピテミア
Rhopalodia ロパロディア

SURIRELLALES コバンケイソウ目

Entomoneidaceae ヨジレケイソウ科

Entomoneis エントモネイス

Auriculaceae ミミタブケイソウ科

Auricula オーリキュラ

Surirellaceae コバンケイソウ科

Campylodiscus カンピロディスカス
Cymatopleura シマトプレウラ
Hydrosilicon ヒドロシリコン
Petrodictyon ペトロディクティオン
Plagiodiscus プラジオディスカス
Stenopterobia ステノプテロビア
Surirella スリレラ

干渉顕微鏡で観察すると、殻の厚さや構造の違いで綺麗な色が付いてみえる。

索引

【A】

【B】

【E】

【F】

【G】

【H】

【I】

【K】

【L】

【M】

【N】

【R】

【S】

【す】

【せ】

【そ】

【た】

【ち】

【つ】

【て】

【と】

【な】

参考文献

Hustedt, F.1927-1966. Die Kieselagen Deutschlands, Österreichs und der Schweiz. In Dr. I. Rabenhorst's. Kryptogamen-Flora von Deutschland, Österreichs und der Schweiz. 7. Akademische Verlagsgesellschaft, Leipzig.

小林弘・高野秀昭. 珪藻綱(Bacillariophyceae). 小島貞男・須藤隆一・千原光雄編. 環境微生物図鑑. 210-298. 講談社サイエンティフィック. 東京.

小林弘、出井雅彦、真山茂樹、南雲保、長田敬五. 2006. 小林弘珪藻図鑑. 531pp. 内田老鶴圃、東京.

Krammer, K. & H. Lange-Bertalot. 1986. Bacillariophyceae. 1. Naviculaceae. 876pp. In Ettl, H., J. Gerloff, H. Heyning und D. Mollenhauer (eds.). Süsswasserflora von Mitteleuropa. Band2, Gustav Fischer.

Krammer, K. & H. Lange-Bertalot. 1988. Bacillariophyceae. 2. Bacillariaceae, Epithemiaceae, Surirellaceae. 596pp. In Ettl, H., J. Gerloff, H. Heyningund D. Mollenhauer (eds.). Süsswasserflora von Mitteleuropa. Band 2/2, Gustav Fischer, Stuttgart.

Krammer, K. & H. Lange-Bertalot. 1991.Bacillariophyceae. 3. Centrales, Fragilariaceae, Eunotiaceae, 576pp. In Ettl, H., J. Gerloff, H. Heyningund D. Mollenhauer(eds.), Süsswasserflora von Mitteleuropa. Band 2/3, Gustav Fischer, Stuttgart.

Krammer, K. & H. Lange-Bertalot. 1991. Bacillariophyceae. 4. Achnanthaceae Kritische Ergänzungen zu Navicula (Lineolatae) und Gomphonema. 436pp. In Ettl, H., J. Gerloff, H. Heyningund D. Mollenhauer(eds.), Süsswasserflora von Mitteleuropa. Band 2/4, Gustav Fischer, Stuttgart.

南雲 保. 1995. 簡単で安全な珪藻被殻の洗浄法. Diatom 9:88.

Nagumo, T. and Kobayasi, H. 1990. The bleaching method for gently loosening and cleaning a single diatom frustule. Diatom 5:45-50.

南雲保、出井雅彦、長田敬五. 2000. 珪藻の世界. 58pp. 国立科学博物館、東京.

Patrick, R. and Reimer, C. W. 1966. The diatoms of the United States. Vol. 1. 688pp. Monogr. Acad. Nat. Sci. Philadelphia.

Patrick, R. & C. W. Reimer. 1975. The diatoms of the United States, Exclusive of Alaska and Hawaii. Vol. 2, part2. 213pp. Monographs of the Academy of Natural Sciences of Philadelphia. No. 13.

Round, F. E. Crawford, R. M. and D. G. Mann. 1990. The diatoms. Biology & morphology of the genera. 747pp. Cambridge University Press, Cambridge.

佐藤晋也、L,M,Medlin. 2006. 珪藻の進化と分子系統学. 海洋と生物 28：477-483.

鈴木秀和、南雲保. 2013. 珪藻類の分類体系(総説)～現世珪藻の属ランクのチェックリスト. 日本プランクトン学会報 60 (2): 60 – 79.

Witkowski, A. H. Lange-Bertalot and D. Metzeltin. 2000. Diatom Flora of marine coast I. 925pp. A. R. G. Gantner Verlag K. G.

著者紹介

南雲 保(なぐも たもつ)

1974年日本大学農獣医学部卒業、1978年東京学芸大学大学院修士課程理科教育専攻科修了(教育学修士)。1997年東京水産大学(現東京海洋大学)にて博士号(水産学)を取得。1978年日本歯科大学生命歯学部生物学教室助手に着任。2002年より同大教授。大学の頃から珪藻の分類に惹かれ、形態学・分類系統学的研究に取り組んでいる。日本珪藻学会会長。現日本歯科大学名誉教授。

鈴木 秀和(すずき ひでかず)

1982年東京水産大学(現東京海洋大学) 卒業、同大学院修了(水産学修士)。1986年より神奈川県の県立高校と私立青山学院高等部にて理科教諭として生物学を担当。2003年東京水産大学にて博士号(水産学) を取得。2006年東京水産大学海洋科学部海洋環境学科助手に着任。2016年より同大学学術研究院教授。形態学・分類学的研究をベースに海産付着珪藻の種多様性と生育戦略の解明に取り組んでいる。

佐藤 晋也(さとう しんや)

1998年東京水産大学(現東京海洋大学)資源育成学科卒業、同大学院修士課程修了(水産学修士)。2008年ドイツ・ブレーメン大学博士課程修了(自然科学博士)。イギリス・エジンバラ王立植物園でのポスドクなどを経て、2013年より福井県立大学講師に着任。2018年より同大准教授。珪藻類の進化系統を明らかにするため、顕微鏡観察や培養実験、比較ゲノム解析など様々な角度から研究を行っている。

謝辞

寄　稿　澤井 祐紀（産業技術総合研究所）
写真提供　出井 雅彦（文教大学）
中村 憲章（福井県立大学）
鎌倉 史帆（福井県立大学）
渡辺　剛（東北区水産研究所）
溝端 浩平（東京海洋大学）
小林 凪子（東京海洋大学）
滝本 彩佳（特定非営利活動法人　海苔のふるさと会）

あとがき

「珪藻観察図鑑」というタイトルに合うよう、身近な水域からすくった水を顕微鏡で観察したときに、どんな種類が観られるかを考えて、書籍をまとめてみました。

この書籍をまとめるにあたっては、筆者らの蓄積したデータや珪藻採集に出かけて、採集地の近くで検鏡して写真を取り揃えました。

まとめて行く際に、写真をみて同定しようと思うと適切な資料が無いことに気づいた次第です。これまで長年、珪藻の研究に携わってきましたが、淡水域から海域まで、また極域までもと、改めて、珪藻の多様性を再認識させられました。

近年、珪藻を研究対象としたテーマが注目を集めています。シリカ沈着の機構解析、オイル生成、珪藻についてはまだ解明されていないことが沢山あります。

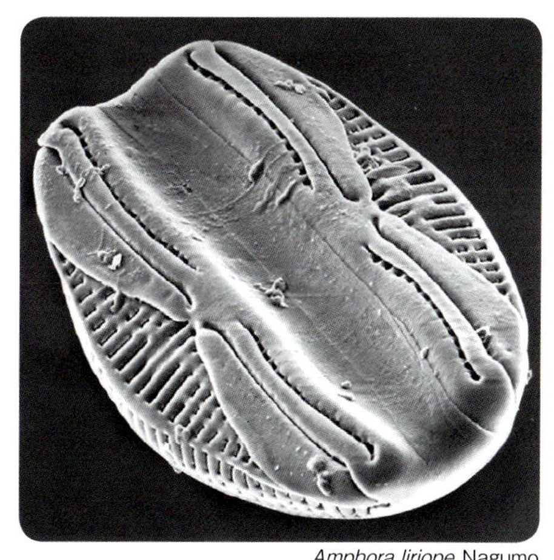

Amphora liriope Nagumo

一滴の水、その中の微小な珪藻の美しく不思議な世界を知るために、この書籍が少しでもその糸口になれたらと祈念しております。

南雲　保

写真提供：ミクロワールドサービス　奥 修（p.186, 190, 191）
編集制作：有限会社 ケイデザイン
編　　集　長道 奈美・谷口 聡和子
D T P　屋田 優佳
本文デザイン　松永 葵
図版イラスト　ぼん＊ねぎとろ・東野小夜子・ちょこちっぷ

ガラスの体を持つ不思議な微生物「珪藻」の、
生育環境でわかる分類と特徴

NDC474

2018 年 7 月 30 日　発　行

共　著　南雲 保、鈴木 秀和、佐藤 晋也
発行者　小川雄一
発行所　株式会社 誠文堂新光社
〒113-0033　東京都文京区本郷 3-3-11
（編集）電話 03-5800-5779
（販売）電話 03-5800-5780

印刷所　株式会社 大熊整美堂
製本所　和光堂 株式会社

ISBN978-4-416-51844-1